排放权交易机制中的策略性行为研究初探

A Preliminary Study on Strategic Behavior in Emissions Trading Scheme

王 许 朱 磊◎著

图书在版编目（CIP）数据

排放权交易机制中的策略性行为研究初探/王许，朱磊著．—北京：经济管理出版社，(2023.8重印)

ISBN 978－7－5096－8781－9

Ⅰ.①排… Ⅱ.①王… ②朱… Ⅲ.①二氧化碳—排污交易—研究—中国 Ⅳ.①X511

中国版本图书馆 CIP 数据核字(2022)第 195373 号

组稿编辑：申桂萍
责任编辑：赵天宇
责任印制：黄章平
责任校对：王淑卿

出版发行：经济管理出版社
（北京市海淀区北蜂窝 8 号中雅大厦 A 座 11 层 100038）
网　　址：www. E－mp. com. cn
电　　话：（010）51915602
印　　刷：北京厚诚则铭印刷科技有限公司
经　　销：新华书店
开　　本：720mm×1000mm/16
印　　张：17. 25
字　　数：328 千字
版　　次：2023 年 1 月第 1 版　　2023 年 8 月第 2 次印刷
书　　号：ISBN 978－7－5096－8781－9
定　　价：78. 00 元

序

习近平主席在第七十五届联合国大会一般性辩论和气候雄心峰会上郑重宣布了中国新的二氧化碳排放达峰目标与碳中和愿景，为中国应对气候变化、走绿色低碳发展的道路注入了强大动力。2020 年底的中央经济工作会议则首次将“做好碳达峰、碳中和工作”作为 2021 年的重点任务，并强调“加快建设全国用能权、碳排放权交易市场”。碳排放权交易机制是一类市场化的减排政策工具。在“十二五”规划期间，中国陆续在多个地区开展碳排放权交易试点工作。自 2021 年 7 月 16 日开始，中国以发电行业为突破口正式启动全国统一碳排放权交易市场。碳排放权交易市场已成为中国实现 2030 年前碳达峰和 2060 年前碳中和目标的重要制度安排。

从理论上讲，与命令控制型政策相比，排放权交易机制可以在明确的排放控制目标下，让参与者以最低的履约成本完成减排。这种成本有效的优势使排放权交易机制被多个国家和地区的政策设计者与市场监管者所青睐。目前，世界范围内已有近 30 个国家和地区正在开展或准备开展碳排放权交易。而从实际运行情况来看，目前已有的碳排放权交易机制设计对不完全竞争的市场结构带来的影响考虑不足。简单来说，碳排放权交易机制因交易成本费用较高而难以覆盖所有的排放源。目前各国碳市场所覆盖的排放源大多来自钢铁、电力等能源密集型行业中一定规模以上的厂商，而这些厂商所面临的产品市场大多具有寡头垄断的特点。这就意味着，这些厂商有可能借助在产品市场中的市场势力而操纵排放权市场的价格。厂商的这种市场势力及在碳排放权交易市场的策略性行为很可能会带来配额市场价格的扭曲，从而影响排放权交易机制的成本有效性和环境有效性。因此，对厂商在排放权交易机制中的市场势力与策略性交易行为加以刻画，评判其对碳排放权交易机制有效性的影响，并在机制设计中做出相应的安排，是目前气候变化相关政策研究领域的学术热点，也是政策制定者关注的焦点之一。

中国矿业大学的王许副教授和北京航空航天大学的朱磊教授自 2012 年以来一直关注排放权交易机制不完全竞争的市场结构。针对上述市场失灵的现象和中国能源密集型行业的市场集中度偏高、市场寡头垄断的特征更加明显的特点，他们在厂商市场势力的理论建模及中国碳排放交易试点地区的相关实例分析方面取得了一系列的重大进展。《排放权交易机制中的策略性行为研究初探》一书就是他们多年研究的成果集成。本书从厂商微观视角出发，系统阐述了不完全竞争的市场结构对排放权交易机制有效性的影响，重点分析了策略性配额交易者的识别、排放权交易成本节约效应的实现、不完全竞争市场结构下减排技术的扩散、交易成本与排放权交易机制的有效覆盖范围等重要问题，形成了一个有效的不完全竞争的排放权交易机制分析框架。此外，他们还给出了有关厂商边际减排成本曲线的集成估计方法，可以很好地在信息不完全的条件下对不同厂商的减排成本进行近似估计。这些排放权交易机制中市场势力与策略性行为的理论模型与实证研究成果，既有扎实的理论基础，又有深入的实证分析，可以为中国正在推进的全国统一碳排放权交易机制的优化设计提供支持。

这是一部关于碳排放权交易机制理论建模与实证分析的优秀著作。全书内容丰富、论述严谨、理论与实证相结合，具有创新性、前沿性、可操作性和实用性。我相信这本书的出版不仅可以丰富排放权交易的理论和实证研究成果，同时还可以为进一步完善中国统一碳排放权交易机制的设计提供重要支撑，从而为中国运用市场化机制实现温室气体排放控制目标的伟大实践做出贡献。

范　英

北京航空航天大学经济管理学院

院长、教授

2022 年 10 月

前　言

作为一种数量型的市场化减排政策工具，排放权交易机制以成本有效的方式完成量化排放控制目标而被广泛关注。依据科斯定理（Coase，1960），政策制定者在按照一定原则向排放个体分配初始排放配额后，各排放个体通过配额交易均可以最低的履约成本完成减排任务。因此，相对于传统的命令控制型政策，排放权交易机制以其政策的灵活性、减排目标的可控性而成为多个国家和地区用于控制污染排放的有力工具。美国在 20 世纪 90 年代推出覆盖全国的二氧化硫排污交易计划（即“酸雨计划”）就是排放权交易机制成功实践的典型范例。

不同于一般的传统污染物所带来的区域性环境污染，以二氧化碳为主的温室气体排放会给全球环境带来负外部性，从而被大量研究证实为造成全球气候变化的主要驱动力。因此，在过去的 20 年里，以欧盟碳排放交易体系（EU ETS）为代表的多个以控制温室气体排放为目标的碳排放权交易机制开始在诸多国家和地区实施。截至 2021 年底，已有 25 个大大小小的碳市场正在 34 个不同级别的司法管辖区运行。

中国自 2008 年以来一直是全球最大的温室气体排放国。同时，传统能源消费造成的环境污染给中国经济发展和人民健康生活均带来负面的影响。面对来自国内外应对气候变化、控制温室气体排放的双重压力，中国提出“2030 年碳排放达峰，2060 年碳中和”的战略目标。同时，中国也开始尝试运用排放权交易机制完成减排任务：在“十二五”规划期间，深圳、上海、北京、广东、天津、湖北和重庆七个地区先后启动碳排放权交易试点。2016 年初，福建碳排放权交易市场正式启动。而在 2017 年底，国家发展和改革委员会印发《全国碳排放权交易市场建设方案（发电行业）》，标志着中国碳排放权交易体系完成总体设计并正式启动。2018 年初，生态环境部成立并负责应对气候变化和温室气体减排工作，从过去的国家发展和改革委员会接手承担全国碳排放权交易市场建设和管理有关工作。2020 年底，《碳排放权交易管理办法（试行）》等一系列重磅文件出台。而更振奋人心的消息是，全国碳排放权交易市场于 2021 年 7 月 16 日正式开始上线交易。

尽管排放权交易机制已被公认为有效控制温室气体排放的市场化政策工具，

但现实环境中带来“市场失灵”现象的诸多因素会影响这一机制的有效性。从理论上依据科斯定理所证明的排放权交易机制的成本有效性是由理想的完全竞争市场假设而推演得到的，而现实的排放权交易市场并不是完全竞争的。需要特别指出的是，排放权交易机制因交易成本等因素的制约而不可能覆盖所有的经济部门。因此，目前多个国家和地区将以电力、钢铁为代表的能源密集型行业纳入这一减排机制中。这些行业本来就因受政府管制或其他方面的制约而具有寡头垄断的市场结构特征，其生产厂商具有通过产出决策影响产品价格的能力。而这些厂商在参与碳排放权交易市场时也会有意愿或者有能力操纵配额市场价格：减排潜力较大、边际减排成本较低的厂商希望通过控制配额的市场供给以推升配额市场价格，而减排潜力较小、边际减排成本较高的厂商则希望通过控制配额市场需求以压低配额市场价格。厂商在排放权交易机制中的上述行为被称为策略性行为，而厂商操纵配额市场价格的能力则被称为市场势力。

厂商在排放权交易市场中的市场势力和策略性行为会影响排放权交易机制的成本有效性和环境有效性。一方面，厂商的上述策略性行为会带来配额市场交易量的降低，而配额市场均衡价格会偏离完全竞争水平，从而使参与排放权交易的总履约成本上升而削弱了该机制的成本有效性；另一方面，厂商的策略性行为带来配额市场均衡价格的扭曲，而扭曲后的配额市场价格不能为减排技术投资者提供准确的市场信号，因干扰技术投资者的决策而可能影响该机制的环境有效性。

作为一个发展中国家，中国高耗能行业排放占比较大，同时不完全竞争的市场结构特征更加明显，因此厂商的市场势力与策略性行为势必会成为现实环境中影响中国统一碳排放权交易市场有效性的重要因素。围绕不完全竞争市场结构的一系列科学问题，我们需要在理论和实证上加以研究和探讨，以为中国进一步推进碳排放权交易机制的实践提供决策依据和支撑。因此，本书在总结和比较各国碳排放权交易机制设计经验的基础上，结合中国目前碳市场试点工作和全国统一碳市场建设过程中的问题，着重从厂商微观层面刻画配额交易者的策略性交易行为，进而分析不完全竞争的市场结构对碳排放权交易机制的成本节约效应、减排技术激励效应和有效覆盖范围等重要方面的影响，并为中国未来统一碳排放权交易机制的优化设计提出科学的政策建议与决策参考。

不完全竞争的市场结构是各个国家和地区进行排放权交易机制设计时不容忽视的问题。不论是早期针对二氧化硫等传统污染物的排污权交易机制还是目前应对气候变化而实行的碳排放权交易体系，政策制定者均制定了有关监控和处理市场参与者价格操纵行为的举措。而目前针对排放权交易机制设计的经验研究较多，而从规避厂商市场势力与厂商策略性行为影响的角度加以总结和梳理的资料较少。因此，本书在总结目前排放权交易机制的实践经验时，着重考量了不完全市场结构这一因素对排放权交易机制的成本有效性和低碳技术投资与扩散可能带来的影响。

而准确刻画厂商在排放权交易市场中的市场势力和策略性行为是分析不完全竞争市场结构对排放权交易机制有效性影响的理论基础，也是本书尝试解决的一个关键科学问题。早期被广泛采用的 Hahn – Westskog 模型需要事先对参与排放权交易的策略性交易者和价格接受者加以区分，并以 Stackelberg 动态博弈模型的形式刻画二者的配额交易行为。由此，“市场中存在一定数量的价格接受者”是该模型均衡解存在的充分条件。而目前理论上鲜有区分策略性交易者与价格接受者的有效方法，同时配额交易者实际上在一定限度内均有操纵市场的能力与意愿。因此，本书首先运用传统的 Hahn – Westskog 模型对中国试点地区碳排放权交易机制不完全竞争的市场特征加以初步探讨，其次依据完全市场模型提出识别与刻画排放权交易机制中策略性配额交易者的方法，并将这一模型作为后续评估策略性厂商市场势力影响排放权交易机制有效性的理论基础。

促进厂商减排技术的投资与更新以实现经济社会的低碳转型是实施碳排放权交易机制的最终目的。而排放厂商的异质性和不完全竞争的市场结构则会影响到排放权交易机制环境有效性的实现。特别需要指出的是，排放厂商在产能规模和减排潜力上的异质性一方面影响到其投资减排技术的资金规模和投资时点；另一方面，这一异质性还会引起厂商在产品市场和配额市场中的市场势力，进而影响厂商参与排放权交易的履约成本。因此，本书提出了考虑厂商产能规模异质性的技术更新时点模型，并将完全市场模型与多寡头古诺模型相结合以刻画厂商在配额市场中的策略性排他行为。通过相关的模型构建、理论推导和实例分析，本书揭示了厂商市场势力对排放权交易机制在低碳技术扩散上的激励作用所带来的影响。

交易成本已经被证实为政策制定者在决定排放权交易机制覆盖范围时是需要考虑的重要因素。而不完全竞争的市场结构也已被诸多从事相关研究的学者所考虑：厂商在排放权交易机制中的策略性行为会影响市场的配额交易量，从而会影响厂商所需支付的交易佣金；而这些厂商在任何市场结构下均需要支付与温室气体排放监测相关的 MRV 费用等固定成本。因此，本书提出考虑交易成本的厂商排放权交易模型并与上述完全市场模型相结合，探讨不完全竞争的市场结构下典型交易成本（交易佣金与 MRV 费用）对排放权交易机制有效覆盖范围的影响。

厂商边际减排成本曲线是开展有关排放权交易机制有效性实例研究的关键技术工具。因此，采用合适的方法估计厂商的边际减排成本曲线是针对厂商市场势力和策略性行为开展量化实例分析的前提。估计厂商减排成本曲线所采用的自底而上建模的方法需要收集厂商有关减排技术的采用成本与减排潜力的大量数据，而从诸多工艺技术复杂的高耗能厂商中获取这些数据是十分困难的。本书提出一种集成估计方法以解决这一问题，即以由可计算一般均衡模型得到的行业减排成本曲线和厂商碳排放强度数据为基础，以坐标轴平移方法得到厂商层面的边际减排成本曲线。本书将这一替代方法运用到我国碳排放权交易试点地区厂商边际减排成本曲线的估计中，以为上述有关实例分析提出数据支撑。

由此，我们在本书中从理论建模和实例分析两个方面出发，对厂商在排放权交易机制的市场势力与策略性行为进行了全面系统的研究。在研究内容上，本书从刻画厂商策略性行为的经济学模型出发，拓展到策略性配额交易者的识别与分析、排放权交易机制成本有效性的评估、低碳技术采用与扩散、排放权交易机制有效覆盖范围等主要理论议题中。在研究视角上，我们提出有关厂商边际减排成本曲线的集成估计方法，从厂商微观视角针对碳排放权交易机制的有效性开展实例研究。在研究方法上，我们将产业组织理论、博弈论、局部均衡分析方法等经典经济学分析工具运用到排放权交易机制中，着重讨论不完全竞争的市场结构下厂商策略性行为的分析与刻画。

本书第一章介绍了碳排放权交易机制实践的国际经验，在分析各国探索与优化碳市场机制的时代背景的基础上梳理市场化减排机制设计的国际经验，并介绍排放权交易机制有效性及其影响因素的理论基础，着重分析当前碳市场建设对市场结构、交易成本等因素的考量和相关机制设计。第二章为中国碳排放权交易机制实践的现实挑战，在分析我国实施碳市场机制的时代背景的基础上回顾与整理中国碳市场建设的探索历程和实践经验，着重分析了中国应对厂商市场势力与交易成本等市场失灵问题的碳市场优化方案的设计。第三章运用传统的 Hahn - Westskog 模型，对中国试点地区不完全竞争的市场结构及其对排放权交易成本有效性的影响开展初步的分析。第四章运用完全市场模型提出排放权交易机制中策略性配额交易者的识别方法，并对中国试点地区碳市场策略性厂商的特征及其影响加以分析。第五章将完全市场模型与多寡头古诺模型相结合，分析厂商的策略性排他行为对低碳技术采用与扩散的影响，并将中国试点地区参与碳交易的主要钢铁厂商作为样本开展实例分析。第六章将厂商策略性行为与交易成本相结合，分析不完全竞争的市场结构下中国试点地区碳排放权交易机制的有效覆盖范围的确定思路。第七章对全书的内容加以总结，并依据相关研究结论对中国统一碳排放权交易机制的优化设计提出政策建议。附录部分从国家、地区和厂商层面对排放权交易者减排成本曲线的估计方法加以介绍，并构建中国碳排放权交易试点地区高耗能厂商减排成本数据库以为上述各章节的实例分析提供数据支持。

本书内容是作者团队在排放权交易机制设计领域长期研究积累的成果，王许和朱磊负责全书内容的设计和统稿。恩师范英教授一直关心我们各项研究工作的推进，为本书内容的编排提出了宝贵建议。张大永教授、杜慧滨教授、解百臣教授、杨冕教授、姬强研究员、夏炎副研究员、莫建雷副研究员、段宏波副教授、张晓兵副教授、崔连标教授、亢娅丽博士后、李远博士、彭盼博士、刘馨博士、曾炳昕博士、姚星博士等专家学者对我们的研究工作都提供了相关的帮助。研究生董勖、吴雪艳、刘潮、贾清、闻子郁、李玮、潘艳美、叶乐川、丁郁葱等同学协助我们完成书稿的整理工作。在此我们一并表示感谢。

在长期开展排放权交易机制有效性评估的研究过程中，我们得到了中国矿业大学、北京航空航天大学等科研机构的诸多专家、学者的帮助和指导。我们首先感谢恩师范英教授长期以来对我们研究工作的指导并为本书作序！同时，我们对李新春教授、陈红教授、龙如银教授、王群伟教授、王新宇教授、丁志华教授、吕涛教授、孙自愿教授、王德鲁教授、何凌云教授、张磊教授、张明教授、董锋教授、许士春教授、芈凌云教授等领导和专家致以最诚挚的谢意和深深的敬意！

本书是对王许所主持的国家自然科学基金面上项目“考虑厂商策略性排他行为的碳市场机制有效性研究与优化设计”（No. 72274195）和青年科学基金“考虑厂商策略性行为的碳排放权交易机制建模与优化设计”（No. 71603256）阶段性研究成果的一个总结。并且，本书的研究工作还得到了国家自然科学基金优秀青年科学基金项目（No. 72122002）、面上项目（No. 71273253、No. 71573214、No. 71673019）、重点国际（地区）合作研究项目（No. 71210005）、创新研究群体项目（72021001）、江苏省博士后科研资助计划（No. 1601086C）、中国矿业大学培育国家优秀青年科学基金项目（英才培育工程专项）（No. 2021YCPY0112）和江苏省煤基温室气体减排与资源化利用重点实验室 2021 年度开放基金（2020KF02）的支持，在此一并表示感谢！

限于我们的知识范围和学术水平，书中难免存在不足与疏漏之处，恳请广大读者批评指正！

王许　朱磊

2022 年 11 月于徐州

目　录

第一章　碳排放权交易机制实践的国际经验

第一节　国际社会探索与优化碳排放权交易机制的时代背景

一、多国政府构建与完善碳市场机制以促进社会低碳转型

气候变化问题目前已成为全球最大的环境挑战。联合国政府间气候变化专门委员会（Intergovernmental Panel on Climate Change，IPCC）2018 年发布的《全球升温 1.5℃特别报告》在呼吁各国迅速采取强有力的气候行动控制温室气体排放的同时也指出，强劲的碳价信号与其他政策工具的协调配合将有助于落实减排措施并实现成本效益。因此，碳税和碳排放权交易机制因能为市场提供明确的价格信号而被公认为是有效的市场化减排政策工具。但是相对于碳税而言，碳排放权交易机制因提供明确的排放总量控制目标而更受各国政策制定者青睐。

排放权交易机制由美国政府首创并采用总量控制与交易（Cap and Trade）机制有效控制二氧化硫的排放；而欧盟于 2005 年通过构建其排放权交易机制以将这一政策工具用于温室气体排放的控制上。截至目前，共计 25 个碳交易体系已陆续在 34 个不同级别的司法管辖区（包括 1 个超国家机构、8 个国家、19 个省/州和 6 个城市）运行，其所覆盖的排放已占全球碳排放总量的 17%。另外，有 8 个司法管辖区正计划在未来启动碳交易体系。除此以外，还有 14 个不同级别的政府开始考虑建立碳市场，以将其作为应对气候变化政策响应的重要组成部分（ICAP，2022）。

这些国家和地区的政策制定者近年来均在不断制定或者完善碳市场的机制设计，以为有效履行各自在世界气候大会上提交的“国家自主减排贡献”所规定的未来一定时期的碳排放目标做好充分的准备。主要发达国家和地区正出台各项改革措施以完善其碳市场机制设计：EU ETS 有关加速减排进程等举措的第四阶段改革方案获批，并启动市场稳定储备机制以减少过剩配额、提升抵御未来冲击

的能力；瑞士已在2020年实现其碳市场与EU ETS的链接；美国加利福尼亚州在批准其碳市场2020年后改革举措的同时实现了与加拿大安大略省和魁北克省碳市场的连接，区域温室气体倡议（RGGI）则在制定收紧总量控制和建立排放控制储备等新措施的同时还纳入弗吉尼亚州和新泽西州两个“新成员”，而马萨诸塞州、俄勒冈州和加拿大新斯科舍省也先后建立或者启动各自的碳市场体系；新西兰通过引入拍卖机制、成本控制储备、向国际市场开放及确定配额供应五年计划等政策推动其碳市场不断发展；韩国对其第二阶段碳市场实施包括引入拍卖机制、允许使用一定额度国际抵消信用额度和设定新的配额储存规则等调整举措；而日本实现了东京和埼玉县连接的开创性城市级碳市场，以推进大型建筑和工厂的减排。

需要指出的是，新兴经济体也正在通过吸取发达国家的实践经验而努力为建立涵盖或逐步涵盖电力等主要工业行业的全国碳市场奠定基础。哈萨克斯坦已于2018年重新启动已经暂停两年的全国碳市场；墨西哥计划公布有关涵盖能源和工业部门的全国碳市场的最终草案；哥伦比亚于2018年通过了一项构建全国交易体系的气候变化管理法；而中国在2017年宣布以发电行业为突破口开启全国碳市场建设，并于2021年7月16日正式启动全国碳市场。

各国政府构建和完善碳排放权交易机制的目的在于，力求以成本有效的方式完成减排目标的同时促进低碳技术的发展和社会的低碳转型。目前，以碳捕获与封存（CCS）技术为代表的先进减排技术被认为是控制温室气体排放的有效技术选择；但是，这些技术的研发除具有技术创新的高风险、收益不确定、溢出性强等特点，还具有公共产品属性（张鲁秀等，2014）。并且，这些技术本身尚未成熟且成本高昂，而政府支持力度和公众认知程度不足。因此，这类技术的大规模推广面临着严重的融资渠道不通畅、融资机制缺失的问题（朱磊等，2016；王许等，2018）。

因此，多个国家的政策制定者希望通过完善其市场化减排机制以为低碳技术的发展构建有效的融资激励机制：以碳排放权交易机制为代表的市场化减排政策工具可对温室气体排放进行市场定价，而排放权的市场价格为低碳技术投资提供了明确的信号——投资者通过发展低碳技术而得到的减排量可在市场中得到价值确认并获得一定的收益，进而获得进一步投资的有效激励。

虽然目前尚未有较为完善的碳排放权交易机制为低碳技术的商业化使用提供足够的推动力，但是EU ETS在价格稳定机制、配额分配规则、拍卖收益融资及相关方法学等方面的政策设计值得关注与借鉴（陈征澳等，2013）：欧盟将以CCS为代表的低碳技术纳入EU ETS中，对其在碳市场中的角色、有偿和无偿配额的分配及新进入者对其投资的活动给出明确说明（范英等，2010）；合理设计

技术装置的配额分配等相关规则，将配额拍卖收入用于其技术融资；设计有效的方法学，解决技术使用过程中的排放核算问题；延长机制第三阶段时长以增加政策透明性，并构建有效的价格稳定机制以为技术投资提供稳定明确的市场信号。

目前，中国已在多个地区开展试点工作的基础上开始启动全国统一碳市场的建设工作。而在现实市场环境下，减排政策工具在实现减排成本节约和促进低碳技术投资扩散方面的作用及其机制的优化设计是目前多国探索碳市场机制过程中必须关注的重要议题。本书将在梳理碳排放权交易机制国内外实践经验的基础上，从厂商微观视角评估碳市场机制的成本与环境有效性，从而为中国碳市场相关机制的优化设计提出政策建议。

二、环境经济学者关注市场化机制设计以解决气候变化问题

使用传统能源而带来的污染物排放被经济学家视为典型的负外部性问题，因为污染物排放者无须为其行为造成的环境损失支付任何费用即没有承担由此所带来的所有成本。而不同于二氧化硫等一般污染物，温室气体排放造成的环境损失具有其新的特点：第一，其大小由排放存量而非流量决定，因为温室气体在大气中的留存时间过长；第二，其大小与排放源无关，因为各地区的温室气体排放均会带来全球平均气温的上升和气候系统的紊乱。因此，环境经济学者在关注温室气体排放问题时，需要对传统经济学中有关污染物排放造成环境损失（收益）的分析方法加以修正，并且摒弃传统经济学中的区域控排理论，而将其按照均质混合污染物（Uniformly Mixed Pollutant）的特点加以研究。

而更为重要的是，环境经济学者需要设计合适的经济工具以解决因温室气体排放所造成的气候变化问题。依据其对排放个体行为约束方式的差异，环境政策工具或环境规制被分为命令控制型（Command and Control）和以市场为基础或导向的激励型（Market - Based Incentives）两类（张嫚，2005）。在本书中，后者也被称为市场化减排政策工具。

命令控制型政策，也称直接管理工具，是政府利用其公共权力而通过建立和实施法律或行政命令来规定排放个体必须遵守其制定的排污目标、标准和技术。相关的政策工具包括发放排放许可证、制定行业排放标准等。此时，排放个体没有选择权而只能机械化地遵守规章制度，否则将面临通过法律或行政渠道所施行的处罚。作为在一定条件下所设计的较为简单的管理方式，这一强制性的政策工具在环境污染问题出现的早期被广泛使用。

但是随着环境政策实践的不断深入和环境问题的日益复杂，环境经济学者已发现命令控制型政策的诸多弊端：第一，该类政策的实施完全依赖于政府的执行能力和排放个体的接受限度，从而造成过高的管理与执行成本（Stavins，1989）；第二，强制性的监管机制容易给予监管者一定的寻租控制，所造成的滥用职权的行为会严重影响其实施效果；第三，政府与排放个体间在排放行为及其监管上存在严重的信息不对称，而政府监管一般范围过宽且较为死板，容易造成政府监管出现漏洞；第四，政府与排放个体间的信息不对称还会造成监管者在确定排放个体减排责任时无法考虑厂商间减排潜力的异质性，这一缺乏灵活性的责任分摊不能给予厂商有效的减排激励（曾刚等，2010）。

因此，市场化减排机制因能为排放个体提供履约的灵活性并降低政府的监管成本而逐渐成为各国解决环境污染特别是控制温室气体排放的首选政策工具。市场化减排机制是指政府紧密利用市场机制，借助市场信号以引导经济主体排污行为的制度设计。该机制主要分为价格型政策工具（排放税或补贴）和数量型政策工具（排放权交易机制）两种形式。这两种类型虽然均具有一定的灵活性，但两者的理论基础存在明显差异：排放税的思想源于 Pigou（1920）提出的庇古税，即将经济主体排放活动的外部性内部化，对其造成环境外部性的经济活动征税从而激励厂商更新减排技术并可将所征税款用于减排技术的投资。排放权交易机制的构想则来自 Coase（1960）提出的“科斯定理”，即通过明确产权来解决具有相互性特征的外部性问题，给予厂商一定数量的初始排放权（配额）并允许相互之间的配额交易，从而通过由交易产生的排放权定价而将外部成本内部化。

从理论上讲，两类市场化减排政策工具均能以成本有效的方式保证既定减排目标的完成：依据既定标准向排放厂商征收排放税或者允许厂商以一定的市场价格完成排放配额的交易均可以实现排放厂商间边际减排成本的均等化（所有厂商的边际减排成本相等且均等于碳税税率或者配额市场均衡价格），进而实现全社会减排成本的最小化。但是，上述论断是基于理想化的完全竞争市场环境得出的。而现实中厂商间减排潜力明显的异质性、政府与厂商间以及厂商之间信息的不对称性等因素在影响各自政策效果的同时也使二者存在较大差异。

对此，环境经济学者针对现实环境下温室气体减排的市场化机制设计开展了如下研究：一方面，沿用传统考虑环境成本与收益不确定性的研究视角并考虑折现率、存量衰减率等温室气体的典型特征，以给出评判两类市场化减排政策工具优劣的理论依据（Hoel and Karp，2001，2002；Newell and Pizer，2003；Newell et al.，2005；Nordhaus，2007）。另一方面，创造性地将一类市场化减排政策工具作为另一类减排政策工具的补充，构建混合型政策工具以力求在发挥各自优势的同时弥补单一政策的不足（McKibbin and Wilcoxen，1997；Pizer，1997，2002；Pezzey，2003）。

近年来，环境经济学者则更倾向于将关注点集中在碳排放权交易机制的相关科学问题。相对于碳税，碳排放权交易机制这一数量型的政策工具能够帮助政策

制定者实现明确既定的减排目标，因此多个国家和地区已将碳市场作为应对气候变化的重要手段。而更需要指出的是，环境经济学者已将现实环境下的碳市场有效性评估与机制设计作为一大研究焦点。随着中国等发展中国家筹划或者已经启动各自的碳排放权交易机制，当地不完善的市场环境可能会使碳市场这一市场化减排政策工具无法最终实现资源的最优配置。而较为典型的“市场失灵”现象便是碳排放权交易机制不完全竞争的市场结构，因为参与配额交易的厂商大多来自具有寡头垄断特征的高耗能行业。同时，高昂的交易成本也会引起阻碍碳排放权交易机制的成本有效性。因此，本书将以碳排放权交易机制中市场势力与策略性行为为主要研究对象，探讨策略性配额交易者的识别、排放权交易成本节约效应的实现、不完全竞争市场结构下减排技术的扩散、交易成本与排放权交易机制的有效覆盖范围等主要议题，并基于以中国试点地区参与碳排放权交易的厂商为样本开展的实例分析，为中国碳排放权交易机制的优化设计提出相应的政策建议。

第二节　国际社会优化市场化减排机制设计的丰富经验

有效控制温室气体排放目前已成为世界各国应对全球气候变化的重要任务。而在“共同而有区别责任”这一国际环境合作原则指导和《联合国气候变化框架公约》的框架下，对历史上全球温室气体排放负主要责任的发达国家被要求立即采取灵活行为以作为全球应对战略的第一步。同时，随着环境经济学者有关市场化减排机制设计研究的不断深入，发达国家自20世纪80年代起开始在传统污染物治理方面尝试采用环境税或者排放权交易机制从而以成本有效的方式完成控排任务。而丰富的实践经验和良好的市场经济环境为发达国家运用市场化减排机制应对气候变化奠定了良好的基础。

同时，发展中国家在控制温室气体排放、应对气候变化方面也并不“独善其身”：一方面，发展中国家同样受到气候变化这一全球性问题的影响，并且由此受到的冲击可能比发达国家更为严重；另一方面，发展中国家还未完全实现工业化，而在工业化进程中对传统能源的巨大需求必然会带来更多的温室气体排放。特别是以中国、印度为代表的发展中大国近年来因温室气体排放量增速加快而面临与日俱增的减排压力。这些国家在当前的国际环境下已不断被要求在控制温室气体排放方面承担一定的国际责任，并需要采取必要的行动以实现国内经济社会的低碳转型。因此，包括中国在内的诸多发展中国家也在学习发达国家有关市场化减排机制的实践经验，并开始尝试采用碳税或者碳排放权交易机制以有效控制当地的温室气体排放。

市场化减排机制虽然相较于命令控制型政策工具在提供履约灵活性、减少监管成本、促进低碳技术进步等方面具有一定优势，但在各国特别是发展中国家的实践过程中仍存在诸多问题。发展中国家在环境管制政策方面的经验不足，缺乏较好的实践先例。同时，所实施的市场化减排政策的有效性受经济发展阶段、市场经济体制等因素的制约：一方面，这些国家发展经济与改善民生的任务依然艰巨，减排对经济发展的影响不可低估，因此需要在发展经济与促进减排间做出优化选择；另一方面，当地市场化程度不高，市场信息不完全，市场主体的寻租行为较为严重，直接导致交易成本过高且政策实施效果不佳。因此，面对诸多现实挑战的发展中国家更需要审慎考虑市场化减排政策的机制设计（王许等，2015）。本书则对各国在市场化减排机制方面的实践经验加以总结与归纳。

一、复杂的全球气候变化治理格局为实践探索带来机遇与挑战

1992 年《联合国气候变化框架公约》（以下简称《公约》）的通过标志着全球应对气候变化治理格局的确立。《公约》指出“应对气候变化的政策和措施应当讲求成本效益，确保以尽可能最低的费用获得全球效益”，而由此设立的缔约方会议要制定“评估”这些政策的“有效性的可比方法”。自此伴随着近三十年的气候变化谈判进程，市场化减排政策的制定、实施及其有效性评估成为历年联合国气候变化大会的重要议题之一。同时，IPCC 的第四次和第五次报告均明确指出“一个有效的碳价信号能在所有行业实现显著的减排潜力”，从而“碳交易机制是减缓气候变化的动力”。可以看出，全球气候变化治理格局的转变也影响着全球碳定价机制的确立与发展。

1997 年在《公约》第三次缔约方会议（COP 3）通过的《京都议定书》（以下简称《议定书》）标志着面向全球碳市场的“管制型”京都机制的确立。《议定书》就减排途径提出了三种灵活机制，即清洁发展机制（Clean Development Mechanism，CDM）、联合履行机制（Joint Implementation，JI）和排放权交易（Emissions Trading，ET），以帮助《公约》附件一国家以成本有效的方式完成其“部分”减排任务。京都机制创立了国际碳市场，为附件一国家之间以及附件一国家与发展中国家之间构建了温室气体排放权交易方面的合作关系，从而成为环境产权化首次在国际气候治理体系下的应用成果（曾文革和党庶枫，2017）。

“管制型”京都机制在明确附件一国家 2012 年减排目标的同时提出灵活履约方案，为各国开展市场化碳定价机制带来了发展机遇。一方面，部分发达国家凭借其市场化减排机制在控制传统污染物方面的实践经验，构建了以 EU ETS、美国 RGGI 等区域和国家碳市场为典范的碳排放权交易机制；另一方面，发展中国

家开始利用CDM机制获得发达国家在控制温室气体排放方面的资金与技术支持。同时，在《京都议定书》达成后的多次《公约》缔约方大会上通过的决议均对CDM机制做出了更为明确的安排和部署，而作为监督机构的CDM执行理事会的成立则更加促进了CDM机制的迅速启动，为发展中国家在市场化减排机制方面的实践探索提供了帮助。在2013年之前的“京都时代”，碳定价机制所覆盖的全球碳排放量增长3倍而且似有蔓延全球之势（董亮和张海滨，2014）。

但实际上，《议定书》所倡导的碳排放权交易体系因“管制型”京都机制自身的制度缺陷而始终没有真正建立起来：首先，《议定书》针对“排放权交易”仅提出《公约》缔约方会议应就“排放权交易”的核查、报告和计算的相关原则、模式、规则和指南做出界定，但未采纳美国等国有关将“排放权交易”作为单独条款的倡议，从而使市场化机制在气候变化国际谈判上一直没有获得有力的支持；其次，《议定书》的阶段性限制为国际谈判和灵活机制实施均造成障碍，“后京都时代”减排机制的不确定性影响市场参与者的信心与行动（骆华等，2012）。特别需要指出的是，发达国家淡化其历史责任和“共同但有区别的责任”原则的倾向致使2012年后的全球碳交易框架很不明朗，CDM机制因此出现交易量下降、预期需求量降低的现象（崔晓莹和李慧明，2011）。

面对“管制型”京都机制的失败，2011年“华沙决议”提出的“国家自主贡献方案”（DNDC）带来“自主参与”的“新市场机制”。而新机制的建立需要满足“自愿参与、扩大减排范围、确保环境完整性、实现净减排量、帮助完成部分减排目标”等条件（高帅等，2019）。2015年，巴黎气候变化大会针对国际碳市场机制的构建提出建立“合作方法和可持续发展机制”，所通过的《巴黎协定》以国家自主贡献取代《议定书》二元履约模式，从而实现国际气候治理从“行动力度有约束”向“参与范围有约束”的转变（高翔，2016）。

而必须指出的是，“自主参与”的“新市场机制”会阻碍国际碳市场的发展。《巴黎协定》采取“基线与信用”机制取代“碳交易机制”顺应了缔约方“自主参与”的诉求，却舍弃了催生碳市场的主要形态与结构；同时，缔约方的“自主参与”淡化了对其减排的约束力与强制性，各国所提交的INDC给出绝对量减排目标的仅占32%。国际碳市场仅开放于承担量化减排义务的缔约方，从而又产生一个新的封闭的国际碳市场（曾文革和党庶枫，2017）。

二、充分的前期准备与交流合作为实践探索打下坚实基础

欧美发达国家在运用市场化减排机制控制传统污染物排放上的成功实践为其广泛采用碳税和碳排放权交易机制以应对气候变化提供了充分的实践经验。但必须指出的是，这些国家的政策制定者依然非常重视温室气体减排机制的各种前期准备工作。作为目前正在运行的全球第一个国际间碳排放权交易机制，EU ETS

的构建在正式启动前近十年的时间里经历了从政策创议（Policy Initiation）、决策（Decision-making）到运行（Implementation）三个阶段（Skjærseth and Wettestad，2009）的“磨炼”。

在政策创议阶段（1997～2000年），欧盟在有关实施碳税的提案遭否决后开始关注被《议定书》列为灵活机制的排放权交易机制，从而将构建碳市场（Creation of a Carbon Market）作为其温室气体减排政策的重点。在经过近两年的充分讨论后，欧盟在2000年所制定的《绿皮书》（*Green Paper*）明确了参与配额交易的六大部门，并正式提出构建一个具有明确减排目标且更为集权而统一（Centralized and Harmonized）的减排机制。同时，欧盟针对排放权交易的成本有效性开展经济分析与评估，并通过先后构建包括法律、工程技术等业界人士在内的专家组以及有关排放权交易的知识库（Knowledge Base）为政策制定建言献策。欧盟还与行业内有关环境治理的非政府组织等开展广泛交流与沟通，以使排放权交易机制获得相关利益主体的支持。

在决策阶段（2001～2004年），美国退出《议定书》的举动使欧盟开始尝试在国际环境治理上实现从追随者向领导者的转变（Ellerman et al.，2010）。欧盟在2001年正式宣布构建全球首个涵盖工业排放源的国际排放权交易机制，从而以更低的履约成本完成《议定书》要求的减排目标。随后，欧盟在2003年通过第一个排放权交易指令（Directive on Emissions Trading）以为EU ETS的启动和实施奠定基础。同时，欧盟通过出台《绿皮书》使多数成员国转变观念而对排放权交易机制持正面支持态度。更为重要的是，欧盟将决策机制向分权型模式（Dencentralized Approach）转变。这一由各成员国确定排放上限的分权决策机制使欧盟在保证强化机制环境整体性（Environmental Integrity）的同时获得更多成员国的支持，从而为EU ETS的采纳与启动做好了前期设计工作。

在运行阶段（2005～2007年），欧盟通过分阶段实施、开展试点运行的举措以为机制的调整带来灵活性。此时，欧盟在为相关部门提供指导、构建核证监测机制和国际配额登记体系等方面开展大量工作，并加强针对总量配额设定的监管工作。欧盟还通过构建针对配额超发的配额分配共同规则（Common Criteria），从而能够在出现市场配额超发时及时削减该阶段的配额总量。这些实践也为EU ETS在以后各阶段机制的完善提供了宝贵的经验。

而发展中国家因经济体制市场化限度不高，在市场化减排机制方面的实践经验较为匮乏，因而各国在政策设计时更应重视前期的准备工作并加强与发达国家的经验交流与合作。发展中国家在碳定价机制设计方面的准备工作主要有以下几个特点：第一，通过制定、完善相关法律法规为碳定价机制的实施提供法律保证，哈萨克斯坦提前两年就为2013年实施的碳市场开展相关环境法规的修订与

补充工作；第二，尝试构建 MRV 体系以为开展碳定价机制提供数据支撑，俄罗斯、泰国、土耳其、越南等国家针对温室气体监测工作制定法律体系与指导意见或在能源工业部门试点 MRV 系统，墨西哥实施厂商强制性排放报告制度，土耳其则对未按要求核证排放量的排放设施加以处罚；第三，安排试点阶段工作以为碳定价机制的正式启动积累经验，墨西哥正在实施“2 +3”年的试点阶段和一年的转型阶段工作来检验交易体系，越南开展了针对碳信用的“国家适当减缓行动”（NAMA）试点，巴西则要求一些排放规模较大的厂商参与相关模拟试验以为完善机制提供政策建议；第四，在发达国家的帮助与指导下为实施碳定价机制开展全面的经济评估与分析工作，哥伦比亚、乌克兰、印度尼西亚、土耳其等国家以构建咨询团队、完善法律体系和 MRV 机制并开展各方面评估等方式与市场准备伙伴计划（PMR）开展合作，智利则邀请新西兰等国的专家对本国实践进行评估（Kerr et al. , 2012）。

三、优势互补的政策组合工具为实践探索带来灵活性

欧美主要发达国家在碳税和排放权交易机制这两大碳定价机制上均有丰富的实践经验；并且，各国在运用市场化减排政策工具时发现，价格型政策工具与数量型政策工具各具优势但均存在一定的问题（温岩等，2013；Hood C. , 2010；骆华等，2012；World Bank and Ecofys，2014）。因此，发达国家和目前正开始尝试运用市场化减排机制的发展中国家在采取价格型或者数量型政策工具作为各自主要减排政策手段的同时，也开始尝试采用构建政策组合（Policy Mix）的方式以充分发挥两种政策工具的优势，从而实现“取长补短、优势互补”的效果。

碳税机制的实践起步较早，在 20 世纪 90 年代就已被北欧多国采用。这一机制的设计相对较为简单、管理成本相对较低，同时能给予厂商明确的价格信号；但是，这一机制不能明确既定的减排目标，从而影响其环境有效性（Prasad，2010）。因此，目前单纯实施碳税机制的国家和地区相对较少。并且，共计 26 个已实施或计划采用碳税机制的国家在适时提高边际税额的同时将其作为排放权交易机制的一种补充，以保证总量减排目标的实施：第一，对未被纳入碳交易的排放部门实施碳税，而对于纳入碳交易的部门可被减免碳税负担或者继续承担一定的费用，挪威对离岸石油行业继续实施碳税以控制其电力行业的燃油消费；第二，将碳税机制作为有效应对目前碳市场价格低迷的有效工具，英国、挪威等国家在目前 EUA 价格低迷的情况下通过实施碳税为电力部门提供稳定的价格信号；第三，将参与排放权交易机制作为免除厂商碳税负担的条件，丹麦的能效提高自愿协议和瑞士碳排放权交易机制均有相关的规定，而南非、墨西哥则允许以 CDM 机制等碳抵消项目的实施来替代碳税税额（World Bank，2014）。同时，哥伦比亚、智利等发展中国家在筹划本国碳市场机制之前首先实施碳税政策以帮助

排放厂商对减排机制有一定的了解和适应能力，从而为以后实施总量控制型减排政策工具做好充分的准备（Goyal et al.，2018）。

碳排放权交易机制在被《议定书》明确为一项灵活履约机制后才被更多的国家和地区所关注和使用。这一机制帮助政策制定者实现明确的排放控制目标，并且为排放厂商提供配额交易这一灵活的履约方式；但是，这一机制的政策设计更为复杂且带来过高的监管成本，并且波动相对剧烈的碳价格不利于为厂商减排技术投资提供稳定的市场信号（刘明明，2013）。因此，多数正在实施或者规划构建碳市场机制的国家和地区希望将这一机制与其他政策工具相结合，以在保证环境监管整体性的同时弥补碳市场机制设计的不足：第一，在碳市场启动前期采取类似固定碳价的政策以维持市场稳定，澳大利亚2012年实施的碳排放定价机制（CPM）即规定前三年的碳价格以23澳元/吨为初始固定水平并按每年2.5%的比例向上调整（Jotzo，2012）；第二，引入配额市场价格上/下限机制这一类似碳税的要素作为稳定碳市场配额价格的手段，从而使得韩国、美国加利福尼亚州等国家和地区的碳市场实际上成为一个混合型的减排政策工具；第三，将其他政策工具作为碳市场政策的补充手段，瑞士继续实施碳税并按碳税标准对在碳市场未履约的厂商加以处罚，英国将气候变化协议（Climate Change Agreement）和碳基金与其排放权交易机制（UK ETS）相结合，澳大利亚CPM机制则采用低碳农业倡议（CPM）、清洁能源融资合作（CEFC）等措施，而实施区域碳市场的日本则同时采用了应对全球变暖措施税、强制上网电价（FIT）等政策（Kossoy and Guigon，2012；Chesney et al.，2016）。

四、多样化的机制设计要素为实践探索积累丰富的经验

各国虽然尝试实现碳税和排放权交易机制的优势互补，但均确定其中之一项作为主要的减排政策工具。由此，各国不再拘泥于理论上单一碳税或碳排放权交易机制的特征而是注重机制全方位要素的设计，从而为市场化减排机制积累了更为丰富的实践经验。

在碳税机制方面，在20世纪90年代最早实施碳税的北欧国家以及在过去二十年才尝试实行的其他发达国家均通过吸取在环境税方面的实践经验，通过优化相关政策要素以在尽可能减少对经济不利冲击的前提下保证这一机制的环境有效性：第一，针对不同行业或能源品种实施差异化的边际税率标准，芬兰按照不同税基对能源品种计征并依据排放量采取高额累进的征税标准，挪威针对汽油、轻燃料油和中燃料油均采取了不同的征税标准，瑞典根据燃料含碳量实施差异化征税，英国的气候变化税（Climate Change Levy）则针对不同能源品种设定不同税率并对不同行业的能源品种设定差异化税率（Bruvoll et al.，2004；Vehmas et al.，2005）；第二，根据实施情况和减排效果及时调整征税标准，瑞士2012

年在减排效果不甚理想的情况下将碳税税率上调了近70%，加拿大不列颠哥伦比亚省等多个国家和地区在过去几年里均将其征税标准按一定比例上调（Goyal et al.，2018）；第三，通过引入税收返还和调节机制来减轻对厂商、居民等利益相关者福利的影响，丹麦、挪威较早地制定了税收返还政策以补贴工业厂商节能项目，瑞士对部分未纳入碳交易但面临过重碳税负担和市场竞争压力的能源密集型行业仍实施税收减免（Böhringer et al.，2014），而丹麦、加拿大不列颠哥伦比亚省则将碳税部分或全部返还给厂商和中低收入家庭。

在碳排放权交易机制方面，由于其本身机制设计相对更为复杂，各国在充分发挥其政策优势的同时更会结合实际环境对机制各要素加以优化和调整，以通过提高该机制的适用性和灵活性来保证其成本有效性和环境有效性的实现。这一点在各国碳市场机制设计的方方面面均有所体现：有关碳市场机制在厂商纳入门槛和应对厂商市场操纵行为的规定将在本章第四节着重讨论，而其他因素的设计特点见表1-1。可以看出，目前正在实施碳排放权交易的国家和地区在这一机制的方方面面都采取十分灵活的策略，特别是通过设定履约年限、设计市场稳定机制等措施以提供更为稳定而明确的市场价格信号，从而为厂商低碳技术投资提供有效的激励。各国在碳市场机制各方面要素设计上的探索丰富了市场化减排机制的实践经验。

表1-1　主要发达国家碳排放权交易机制设计要素及其主要特点

设计要素	主要特点	举例
覆盖范围（气体与行业）	已运行的碳市场机制有意扩大覆盖气体和范围；国家/地区的能源消费结构、主要能耗行业的特点和减排潜力、厂商参与碳交易成本与收益的权衡等是政策制定者所考虑的主要影响因素	加拿大魁北克省、欧盟、韩国、美国加利福尼亚州在后续交易阶段逐步纳入新的行业；日本埼玉县和东京纳入商业建筑的能源消费；美国RGGI仅覆盖使用化石能源的发电装置；新西兰是唯一将农业部门纳入碳市场机制的国家
初始配额分配方式	（1）基于祖父法的免费分配方式多用于碳市场运行初期或者考虑到保护行业国际市场竞争力的情形； （2）基于基准线法的免费分配方式被逐步采用以激励厂商提高能源效率； （3）拍卖机制已逐步被更多国家和地区的碳市场所采用	加拿大新斯科舍省、日本埼玉县和东京按祖父法进行配额免费分配；加拿大魁北克省、欧盟、新西兰、美国加利福尼亚州对面临国际竞争的行业按祖父法分配一定比例的免费配额；瑞士、美国马萨诸塞州不断扩大配额拍卖的比例；美国RGGI直接采用拍卖机制分配初始配额
借贷机制	在满足一定条件下允许一定限度的配额跨期（年）预留以为厂商提供履约的灵活性，虽允许延迟履约但不准预借配额	日本埼玉县和东京仅允许在两个连续履约期之间进行配额预借；韩国、美国马萨诸塞州和加利福尼亚州限制配额预借比例；美国RGGI在厂商预借配额后调整总量约束目标

续表

设计要素	主要特点	举例
抵消机制	多数国家在为厂商提供灵活性的同时对项目质量和数量有明确要求，从而体现其在气候变化政策上的态度	欧盟、韩国对抵消项目的规定更为严格；哈萨克斯坦、墨西哥仅允许使用国内项目或早期行动取得的减排量；新西兰在2012年前允许使用符合一定条件的抵消排放配额，但2015年后被终止
市场稳定机制	多数国家出台多样化的市场稳定政策为应对配额价格波动过度情形而使其为厂商行为提供有效市场信号	加拿大新斯科舍省设计配额存储机制；韩国、加拿大魁北克省、美国加利福尼亚州设计拍卖底价机制；欧盟设计市场稳定储备并按照市场配额流通量加以调节；新西兰采用1∶2林业抵消机制和固定价格上限机制
市场强制措施	多数国家针对厂商未按时履约等方面的问题采取财务惩罚与其他形式惩戒相结合的方式	多数国家按历史价格或既定标准进行罚款；瑞士等要求上缴不足的配额；新西兰对提供错误信息者进行惩罚
拍卖收益使用机制	随着拍卖机制的使用，各国针对拍卖配额所获收益的用途给出相应的规定以支持减排和低碳技术投资	加拿大新斯科舍省和魁北克省构建绿色基金；欧盟通过NER300项目支持CCS示范项目和可再生能源技术；美国加利福尼亚州、RGGI等将收益返还给厂商与消费者

资料来源：Hood C.（2010）、Chesney等（2016）、陈洁民（2013）、Sopher（2012）。

五、相对完善的市场经济体制为实践探索提供良好环境

价格型减排政策工具和数量型减排政策工具均最早在发达的资本主义国家实施。在碳税方面，以芬兰为代表的北欧国家早在20世纪90年代就在能源税基础上推行碳税并取得良好的减排效果（Vehmas et al.，2005）；在排放权交易机制方面，美国在20世纪70年代为控制二氧化硫排放而实施的“排放抵消”政策（Offset Air－pollution Control Policy）被认为是这一市场化减排机制的雏形（Tietenberg，2010），而该国在90年代提出“清洁空气法修正案”（Clean Air Act Amendments）则正式确立了发电厂二氧化硫排放许可证发放与跨区域的排放权交易制度。美国的上述政策成功且提前实现了控制污染物排放的预定环境目标，并充分表明这一成本有效的政策工具能够激励厂商技术创新并自觉控制污染物排放。随后德国在西欧国家中率先实施排污权交易政策，英国则决定自2002年实施可在国内厂商间自由买卖的二氧化碳排放量交易制度，从而标志着碳排放权交易机制作为新生事物在欧洲的“登场亮相”。同时，丹麦和荷兰也在未有欧盟政策的条件下实施各自的环境税或者排放权交易体系。这些欧盟成员国的早期行动也进一步为欧盟

依据《议定书》构建碳市场机制提供动力。

而发达国家相对更为完善的市场经济体制正是为市场化减排机制的探索提供了良好的实践环境。不同于发展中国家，发达国家经济体的市场化限度较高，在市场经济机制运行与管理方面有诸多珍贵的经验；同时，这一市场环境为市场参与者提供了较为畅通的市场信息流通平台，使其在参与市场交易时负担较为低廉的管理与交易成本。而且，市场参与者自身也具有较高的市场经济意识：上述因素都为市场化减排机制的推行提供了有利的外部环境。

首先，完整统一的市场环境为市场化减排机制实践提供了环境条件。欧盟能以排放权交易的形式控制温室气体排放即依赖于"欧洲共同市场"（Idea of European Common Market）的思想。1986 年各成员国签署的《单一欧洲法令》（*Single European Act*）强化了"欧洲意识"并提出实现统一的内部市场。欧盟倡导取消各成员国的贸易壁垒，协调成员国间的各项经济政策，取消私人和政府所采取的限制自由竞争的措施，保证成员国之间劳动力、资本和工商企业家的流动性。而经济资源的自由流动使得有关减排责任分摊协议（Burden - sharing Agreement）的达成成为现实（Ellerman et al. ，2010）。

同时，健全的法制体系是市场化减排政策成功实施的体制保障。发达国家确定市场经济体制以来就一直运用完善健全的法律法规制度来规范市场参与者的行为，从而保证良好的市场经济秩序。而各国在构建市场化减排政策工具时也首先从构建相关法律体系入手以为其实践提供制度保障。我们已经看到，欧盟在 EU ETS 启动前后以欧盟理事会通过相关法令的形式为制定和完善排放权交易机制给出明确的法律规定；新西兰、韩国的立法机构分别出台《应对气候变化法》（*Climate Change Response Act*）和《低碳绿色增长基本法》（*Framework Act on Low Carbon*，*Green Growth*）为各自碳市场建设提供了坚实的法律保障；加拿大政府出台的《清洁增长和气候变化泛加拿大框架》（*Pan - Canadian Framework on Clean Growth and Climate Change*）为其各省的碳市场实践提供法律基准；美国加利福尼亚州则制定《议会法案第 398 号》（*Assembly Bill* 398）为其 2020 年后碳市场建设明确了发展方向。

第三节　碳排放权交易机制有效性的理论依据与影响因素

通过本章前两节的经验分析可以发现，碳排放权交易机制被作为典型的市场化减排政策工具所采用，以便在更多的国家和地区实现温室气体更为有效的控制与减少；同时，各国特别是发展中国家则在碳市场建设的实践中暴露出诸多问题。因此，包括发达国家在内的正在或者计划实施碳排放权交易机制的国家或地区均在不断完善与优化减排机制的各项设计要素，以求在现实市场环境下实现这一机制的有效性。而我们为了更为科学合理地评估碳排放权交易机制的有效性，首先需要正确认识排放权交易机制的理论基础与影响其机制有效性的主要因素。

排放权交易机制的相关理论基础源于“科斯定理”（Coase，1960）。通常科斯定理的内容被理解为“在市场交易成本为零的情况下，产权制度安排对资源配置没有影响”。随后，相关学者在 20 世纪 60 年代提出“环境产权化”的论述（Crocker，1966；Dales，1968）：将大气容量产权化，使产权明晰而能够激励排放者实现外部效应内在化以解决污染物排放的负外部性。而由此通过明确排放权并构建自由的配额交易市场以优化减排成本，成为“科斯定理”在环境治理上的一种阐释。并且，发达国家在 20 世纪 80 年代也开始寻求引导将生态环境与经济发展的关系转变为“并立”的“生态现代化”理论，倡导运用市场化减排机制代替命令控制型政策工具来解决环境问题，从而为排放权交易机制的发展提供重要理论依据（曾文革和党庶枫，2017）。

随着应对气候变化议题在 20 世纪 90 年代引起更多关注，美国经济学家正式提出“排污权交易”并由此衍生出“碳排放权交易”的概念：碳排放权的本质即对环境容量资源的限量使用权，而碳排放权交易则是指政策制定者依据一定原则分配温室气体的排放总量或标准，并允许排放厂商在特定的市场上进行自由交易（曾刚和万志宏，2010）。

自“环境产权化”的概念被提出以来，欧美经济学家即开展有关“环境产权交易”的理论研究并通过实证分析表明：明确排污权并允许自由交易的机制能够通过市场竞争机制实现最优的排污权市场均衡价格，从而实现有效降低污染排放的目标（Atkinson and Lewis，1974；Baumol and Oates，1971；Coase，1960；Dales，1968；Montgomery，1972）。而自 20 世纪 90 年代以来，诸多研究也对碳市场机制的成本节约效应给予肯定（Muller and Mestelman，1994；Linn，2008；Frey，2013；崔连标等，2013；Holland et al.，2015）。

但需要指出的是，排放权交易机制成本有效性的理论依据仅源自“科斯定理”中第一定理有关“产权的初始分配与机制效率无关”的表述，并且忽略了“交易成本为零”的前提条件。而“科斯定理”中的第二定理明确指出：在交易成本大于零的现实世界中，产权初始分配状态不能通过无成本的交易向最优状态变化，从而产权初始界定会对经济效率产生影响（袁庆明和郭艳平，2005）。因此，脱离完全竞争市场的现实环境并不符合“科斯定理”中第一定理所给出的前提条件，而使所谓的“产权独立性”（Independence Property）不再成立，进而

影响了排放权交易机制成本有效性的实现。

除交易成本以外，现实市场中存在多种因素影响排放权交易机制有效性。Hahn 和 Stavins（2011）识别出导致现实中排放权交易机制“产权独立性”不再成立的六种影响因素：①多样化的交易成本（Transaction Cost）对厂商的配额交易造成一定的障碍；②厂商在配额市场（和产品市场）的市场势力（Market Power）造成配额市场价格的扭曲；③有关未来配额价格的不确定性（Uncertainty）影响配额交易的实现并使排放厂商对市场风险更为敏感；④排放厂商因依据其过去行为而获得有条件的配额分配（Conditional Allowance Allocation）进而影响其未来减排决策；⑤厂商所采取的非成本最小化的行为（Non - cost - minimizing Behavior）；⑥不同地区/行业的排放厂商受差异化监管方式（Differential Regulatory Treatment）约束所采取的减排行为决策。在上述因素存在的条件下，厂商的配额交易行为会使最终排放配额在厂商间的分配偏离其理论最优水平，进而因违背“环境产权独立性”而影响排放权交易机制的有效性。本书则主要围绕市场势力和交易成本这两大重要因素针对碳排放权交易机制的有效性开展理论建模与实例研究。因此，我们将在下一节着重分析这两大重要因素影响碳排放权交易机制有效性的主要表现，并且梳理目前国际社会应对碳市场机制两类市场失灵现象的优化设计方案。

第四节　市场势力、交易成本与碳市场机制的优化设计

一、碳排放权交易机制市场失灵的主要表现

我们已指出，市场势力、交易成本等六种因素使得现实环境中的碳排放权交易机制不再成为有效的市场化减排政策工具。并且，我们通过梳理市场化减排机制设计的国际经验也发现，完善的市场经济环境是碳排放权交易机制有效运行的前提。虽然 Coase（1960）提出的“科斯定理”被用以佐证“排放权交易机制是以成本有效的方式实现既定减排目标的政策工具”，但是这一定理的成立需满足一项异常苛刻的前提条件——交易成本为零的完全竞争市场。而毋庸置疑的是，这一条件即使在欧美地区高度成熟的市场经济体中也是很难实现的。

在偏离理想条件的现实市场环境中，资源不再能够实现最优配置；传统经济理论将这一现象统称为市场失灵（Market Failure）。并且经济学家认为，市场失灵现象的发生可能归咎于不完全竞争、交易成本、外部效应、公共物品和信息不对称等因素及其可能的共同作用。而我们很容易认识到，这些因素是政策制定者

在设计与实施碳排放权交易机制以应对气候变化问题时均不可忽视的：

我们首先需要强调的是，温室气体排放问题本身就根源于外部效应问题。造成温室气体排放的生产者在获取利润的同时并未对其排放承担一定的成本；更重要的是，不同于一般污染物，温室气体在全球不同地理空间位置上的排放给全球气候系统带来无差别的影响，从而气候变化问题成为全球尺度上的负外部性问题。

而在碳排放权交易机制实施的过程中，作为监管者的政府部门与作为配额交易者的排放厂商之间始终存在着信息不完全、不对称的问题。特别需要注意的是，监管者对排放厂商减排潜力（减排成本）的认知是不足的，从而更难避免厂商在履行减排义务时出现逆向选择和道德风险等问题；并且，监管者也很难合理设置总量控制目标并制定合适有效的初始配额分配方式等关键要素，从而使排放权交易机制很难发挥其环境有效性。

而不同于上述有关信息不对称问题所造成的影响，不完全竞争的市场结构与高昂的交易成本会直接影响履约厂商的成本进而削弱碳排放权交易机制的成本节约效应，并且会带来配额市场价格的扭曲从而可能影响厂商的减排技术投资决策：首先，排放权交易机制主要覆盖电力、钢铁等高耗能行业，而这些行业在自身自然垄断和行政垄断属性的共同作用下形成了垄断竞争的市场格局，那么这些行业中参与排放权交易的大厂商亦有可能运用其市场势力操纵配额价格以获得超额利润；其次，作为人为构建的环境规制政策，排放权交易机制的运行会带来较高的交易成本，其中政府需要承担一定的监管成本以保证交易机制的顺利实施，而参与排放权交易的厂商则需要支付交易佣金、MRV 费用等显性成本以及有关战略和风险管理等方面的隐性成本。

因此，我们对市场势力、策略性行为与交易成本影响排放权交易机制有效性的主要表现以及目前国际社会为应对市场失灵现象在优化碳市场机制设计上的实践经验进行梳理。而本书将从厂商微观角度出发考察其在排放权交易机制中的策略性配额交易行为，进而针对市场结构与交易成本对碳市场机制有效性造成的影响加以理论探讨与实例分析。我们的研究结论将帮助碳排放权交易机制的设计者与市场监管者认识到关注市场失灵现象的重要性，并建议他们及时采用必要的应对措施以保证碳市场机制有效性的实现。

二、市场势力、策略性行为与碳市场的相关机制设计

现实中的碳排放权交易市场具有不完全竞争的市场结构，因为参与配额交易的厂商多数来自具有垄断竞争特征的行业。而这些行业垄断格局的产生则归咎于多种因素。

以电力为代表的能源供应行业兼具自然垄断和行政垄断的特征：一方面，能

源资源的稀缺性、生产的规模效应和成本的次可加性与弱增性决定了电力供应行业需要采用集中经营的方式以追求成本的最小化；另一方面，能源资源的重要价值使发电厂商需要获得专营权的行政授予并且必须按照政府能源主管部门的指令安排生产，而作为唯一购电者的电网经营厂商在价格谈判中拥有绝对主导权，从而造成脱离电力市场的广大用户对电力价格的市场需求弹性极低。

而以钢铁行业为代表的能源使用行业则因政府管制放松使其垄断竞争的市场格局主要源于进入壁垒的出现：第一，为实现规模经济效应而对巨额资金的需求成为阻挡新进入者的资金壁垒；第二，集中于高技术含量的产品竞争和更高科研实力的要求成为阻挡新进入者的技术壁垒；第三，国家对项目投资实施核准制并明确市场准入条件，同时因环保要求而严控生产规模则造成阻挡新进入者的政策壁垒；第四，生产经营对经验丰富的高素质管理和技术人员的需要成为阻挡新进入者的人才壁垒。

在上述行业中，市场参与者可以根据市场环境变化而灵活变动产品价格以实现厂商的经营目标，这是其竞争性市场结构的重要体现。同时，我们可以预见到，这些市场参与者如果被纳入碳排放权交易机制，也希望凭借其在产品市场上的优势地位来操纵配额价格，从而降低履约成本、获得超额收益。而市场参与者的这一行为将导致各厂商的边际减排成本偏离市场均衡价格而影响碳排放权交易机制的成本有效性，同时配额市场均衡价格的扭曲不能为厂商的低碳技术投资提供明确的市场信号进而影响碳市场的环境有效性。经济学理论将市场参与者单一或共同不恰当地影响产品市场价格的能力称为市场势力（Market Power）；同时，厂商通过影响竞争者对其行动的预期而使竞争者在此基础上做出对该厂商有利的决策行为则被称为策略性行为（Strategic Behavior）（Schelling，1958）。

在排放权交易机制中，为数不多的配额交易者（包括配额购买者和配额出售者）均可能操纵配额市场价格，从而形成双边垄断（Bilateral Oligopoly）市场（Schnier et al.，2014）。具体而言，配额购买者通过减排以降低配额需求而压低配额市场价格，而配额出售者则通过减排以减少配额供给而提升配额市场价格；因此在不完全竞争的碳排放权交易市场中，配额市场均衡价格是配额买卖双方共同博弈的产物，其相对于完全竞争水平的变化取决于双方市场势力大小的对比。

相关研究表明，参与排放权交易机制的厂商会凭借其在产品市场中的市场势力以操纵配额市场价格的现象普遍存在（Boemare and Quirion，2002）：在美国20世纪90年代的二氧化硫排放权交易市场中，四家较大的发电厂商获得43%的配额从而会对配额市场价格造成一定影响（Schmalensee et al.，1998；Stavins，1998；Ellerman and Montero，2007；Montero，2009）；Kolstad和Wolak（2003）指出在美国加利福尼亚州的清洁空气倡议市场中，多数电力垄断厂商会利用市场势力抬高配额市场价格；Smith 和 Swierzbinski（2007）发现参与 UK ETS 的厂商通过策略性行为造成配额拍卖市场价格和二级市场交易价格的巨大差异；Amundsen 和 Bergman（2012）发现因市场规模较小而电力市场需求下降，发电厂商在挪威可交易绿色证书（TGCs）市场上具有一定的市场势力并由此操纵北欧电力市场；美国 RGGI 机制允许碳市场覆盖范围以外的发电厂商以抵消机制的方式获得排放配额；Chen 和 Tanaka（2018）则发现参与交易的当地电力厂商会通过配额的跨期储存以强化其市场势力；同时，美国加利福尼亚州的碳市场机制也存在市场集中度高、配额交易集中在个别厂商中的现象（Lo，2016）。

EU ETS 作为规模较大的国际间排放权交易机制而覆盖超过 11000 家排放设备，但是多数设备因同属于一家厂商而可能会采取相同交易策略以影响配额市场价格（Haita，2014）：主要来自发电行业的若干大型厂商占据 EU ETS 覆盖排放量的主要份额，造成了“84% 的覆盖设备仅带来 10% 的排放”这一市场集中度较高的现象（Wirl，2009；Betz et al.，2010），从而带来“50% 的潜在市场供给集中在 30 家厂商，而 50% 的潜在市场需求集中在 10 家厂商”的市场表现（Ellerman et al.，2010）；同时，参与 EU ETS 第三阶段配额拍卖的交易者也集中在数量不超过 20 家的大型厂商中（Lo，2016）。而更为典型的策略性行为则体现在 EU ETS 的第一阶段：大型电力厂商凭借其拥有的过量初始配额（Excess Allowance Holding）操纵配额市场价格从而造成这一时期配额市场价格的持续低迷（Hintermann，2007；André and Castro，2015）。同时，这些参与配额交易的电力厂商还会利用欧盟有关碳市场机制立法监管方面的空白扰乱电力市场而带来电力交易价格的上升（Ehrhart et al.，2008）。并且，拥有较大市场份额的厂商在配额交易中也获得相对较高的市场收益（Liu et al.，2017；Wang et al.，2019；Guo et al.，2020）。

同时，地区或国家层面的决策者亦有可能操纵排放权交易机制的实施，扭曲配额市场价格进而影响排放权交易机制的有效性。决策者此时的策略性行为表现在以下多个方面：第一，在京都机制下的国际碳排放权交易市场上，以俄罗斯和美国为代表的主要配额交易者会干预国际碳价格水平，并且俄罗斯、中国等主要配额出售者的市场势力在美国退出《京都议定书》或者《巴黎协议》后可能更为明显（Burniaux，1998；Böhringer et al.，2007；Hahn and Stavins，2011；Duscha and Ehrhart，2016；Pickering et al.，2018）；第二，地方政府（包括在跨国家排放权交易机制中的参与国）可能会干预配额在区域层面的再分配机制，特别是在欧盟早期分权型的决策结构（Decentralized Structure）下各成员国会策略性地干预排放控制目标而通过在交易部门与非交易部门间的分配影响配额价格（Böhringer and Rosendahl，2009；Fan and Wang，2014）；第三，市场规模相对较

小的排放权交易机制的政策监管者可能会有意对整个交易流程加以干预（Lo，2016），中国山西排污权交易市场自2010年启动后由政府负责销售大部分配额并以政府指导价格的形式加以管控，从而在市场配额需求者较少时导致排污者缺乏减排激励，出现配额交易量较低这一明显的不完全竞争市场的特点（Guo，2018）；第四，国家或地方政府出于保护地方利益和厂商市场竞争力的考虑，可能还会鼓励所在地区具有市场势力的厂商相互协调配额交易行为（Hahn and Stavins，2011；Goulder et al.，2017）。被首先纳入中国统一碳市场的发电行业虽然市场竞争程度不断提高，但是其生产经营决策受政府干预的现象依然普遍，因而未来全国统一碳市场设计仍需要对厂商的策略性行为加以关注（Lo，2016）。

在梳理目前国际碳排放权交易机制设计时可以发现，哈萨克斯坦、墨西哥政府在构建碳市场机制时对市场结构没有相关的政策考虑，同时日本的东京都和埼玉县的碳市场监管者有意不采取必要的市场稳定措施，而其他国家和地区的政策制定者和市场监管者均设计一定的市场稳定机制以保证碳市场机制的健康运行（Fan et al.，2017；Karplus and Zhang，2017；Zhang et al.，2017；贾君君等，2018；Jia et al.，2020）。表1－2对目前正在运行的国外碳市场机制的相关政策措施进行了梳理。

表1－2　国外主要碳排放权交易市场应对厂商市场势力的相关机制设计

交易机制名称	主要措施
加拿大新斯科舍省碳排放权交易机制	配额购买比例限制：限制参与拍卖竞标的厂商单次购买配额的数量以避免出现个体通过造成配额短缺和价格飙升而操纵市场的现象，其中燃料供应商、工业设施和当地发电厂商的限额在其当年核证排放量的占比限值有所不同
欧盟排放权交易机制	（1）市场稳定储备（MSR）：构建配额储备机制以应对市场供需不均衡并提高应对市场冲击的恢复力（Resilience）；当市场流通配额总量超过一定额度时，多余部分被纳入MSR或用于未来的配额拍卖，而当其低于一定额度时不足部分将被重新注入市场； （2）注销机制：注销发电厂商在采用额外措施降低产能后参与配额拍卖的部分份额
韩国排放权交易机制	（1）拍卖配额比例限制：未获得免费配额的厂商通过拍卖购买的比例不能超过其总量的30%； （2）拍卖底价机制：有明确的价格计算方法； （3）在市场配额价格出现符合一定条件的过度波动时，排放配额分配委员会采取设置配额自留比例（Allowance Retention Limit）、设计临时配额价格上下限等措施； （4）配额储备机制：韩国发展银行和中小企业银行以做市商的身份利用政府配额储备增加市场流动性
新西兰排放权交易机制	（1）成本储备机制（CCR）：当配额市场价格高于设定水平时，CCR中的配额将以拍卖的形式供应市场； （2）配额底价机制：配额拍卖价格不得低于设定的价格水平

续表

交易机制名称	主要措施
美国加利福尼亚州排放权交易机制	（1）拍卖底价机制：所设定的价格水平在考虑通货膨胀率的前提下，每年按5%的比例向上调整； （2）配额价格储备机制：在不同阶段从当年配额总量预算中安排一定比例的配额，而政府在市场符合一定条件时可按照给定的价格对外出售一定额度的配额； （3）价格控制点（PCP）：当配额市场价格高于前两个控制点水平时PCR剩余配额和年度预留配额将用以供给市场；当配额市场价格继续攀升至第三控制点水平之上时履约厂商可以这一最高限价水平购买配额以满足其履约需求
美国马萨诸塞州发电厂商排放限定机制	拍卖保留价格机制：为启动后的前两次配额拍卖设定保留价格

资料来源：Hood C.（2010）、ICAP（2019）。

三、交易成本与碳市场的相关机制设计

即使履约厂商不具有市场势力，碳排放权交易也并不是在一个理想的、无摩擦的市场中进行。碳排放权交易机制的政策制定者与市场监管者以及参与配额交易的履约厂商均需要为碳市场的构建与运行支付一定的交易成本：一方面，政府需要构建交易场所及相关配套措施以保证碳市场机制的顺利运行；另一方面，履约厂商需要支付一定的成本学习了解碳排放权交易机制的基本知识，同时要为排放量的核查监测以及配额交易分别支付相应的MRV费用和交易佣金。交易成本的出现势必会成为政府与履约厂商为实现减排目标而不得不支付的额外费用，从而可能会提升厂商的总履约成本进而影响碳排放权交易机制的成本节约效应。

传统经济学中“交易成本”的概念源自Coase在1937年发表的*The nature of the firm*一文，并被定义为“完成一笔交易时交易双方在买卖前后所产生的各种与此交易相关的成本”。对于一般意义上的商品交易，交易成本包括寻找合适的交易对象和交易目标物的搜寻成本、交易双方为消除分歧所进行谈判与协商的协议成本、双方交易时签订契约所投入的订约成本、契约签订后监督对方依约执行的监督成本以及当交易一方违约时另一方激励契约履行所花费的执行成本等。我们发现，这些成本都是原本商品交易过程中没有明确但交易双方必须承担的隐性成本，进而会对商品交易的实现及其效率造成不利的影响。

而在排放权交易机制中，政策制定者和监管者以及参与配额交易的履约厂商也均需支付交易成本。Frasch（2007）将其定义为“使排放权交易不能实现有效减排而造成效率损失的费用”。本书依据Frasch（2007）、Jaraitė等（2010）和Betz等（2010）等文献将排放权交易机制中的交易成本分成六大类（见表1-3）。政策制定者与市场监管者需要承担排放权交易机制实施前期的准备费用和排放权交易机制实施过程中的市场监管费用，而履约厂商需要支付为参与排放权交易机制而进

行前期准备所需支出的费用、参与排放权交易时有关减排等相关决策所需花费的成本以及 MRV 费用和与配额交易相关而需交付给交易所的相关佣金等。

表 1-3　排放权交易机制中的各类交易成本

分类	具体内容	承担主体
为实施排放权交易而进行前期准备所支付的费用	对厂商参与排放权交易进行资格审查所产生的费用 安排配额分配工作所产生的费用 构建配额登记系统所产生的费用 构建配额交易场所所产生的费用 构建 MRV 机制所产生的费用 设定行业/厂商排放基准线所产生的费用（非必须）	政府（政策制定者与市场监管者）
为参与排放权交易而进行前期准备所支付的费用	获取有关排放权交易机制的信息并参与相关培训所支付的费用 评估参与碳排放权交易机制成本与收益所产生的决策成本 针对历史排放数据的量化核算所支付的费用 针对未来排放前景的预测与规划所支付的费用 构建与排放权交易有关的组织部门及职能设定、人员安排、材料采购所支付的费用	履约厂商
排放权交易机制实施过程中的监管成本	对厂商交易行为进行监管所产生的费用 组织向新进入厂商分配初始配额等相关工作所产生的费用 针对厂商违约等行为采取处罚措施所产生的费用	政府（市场监管者）
参与排放权交易过程中的决策与管理成本	减排措施与工具的识别、制定与实施所产生的费用 配额交易策略的制定与实施所产生的费用 配额交易风险策略管理与实施所产生的费用	履约厂商
测量、报告与核证（MRV 费用）	构建排放监测体系所产生的费用 年度排放量化核算所产生的费用 年度排放报告编辑与核证检查所产生的费用	履约厂商
配额交易费用	厂商观察市场、搜寻交易者所产生的费用 交易所收取的相关佣金（包括交易佣金、固定会员年费、经纪商佣金、清算金等）	履约厂商

资料来源：Frasch（2007）、Jaraité 等（2010）、Betz 等（2010）。

我们可以推断，上述种类繁多的交易成本会对碳排放权交易机制的成本节约效应造成显著的影响。Betz 等（2010）已通过实例分析发现，EU ETS 所覆盖的厂商所承担的交易成本过高；可以预见的是，由于市场化减排机制的起步较晚，过高的交易成本势必对发展中国家实施碳排放权交易机制带来更为沉重的负担。

Upston - Hooper 和 Swartz（2013）已指出，哈萨克斯坦的碳市场机制就面临着核证成本过高的问题。

其实，政策制定者已考虑到高昂交易成本可能带来的负面影响而不会将过多的排放个体纳入碳市场，从而明确各自的覆盖范围和厂商准入门槛（Betz and Schmidt，2010；Liu et al.，2017；Cong and Lo，2017；Fang et al.，2018；Liu et al.，2016；Li and Jia，2016）。如表 1 - 2 所示，各国在考虑碳市场机制覆盖范围时已经充分考虑到机制成本与收益的平衡。同时，目前主要国家和地区的碳市场机制对覆盖厂商（设备）的纳入标准也有各自明确的规定（见表 1 - 4）。并且，有些地区的政策制定者会根据市场实际表现对厂商准入门槛加以调整。EU ETS 在其第一、第二阶段将燃烧装置纳入而囊括了大量的小型设备。由于覆盖范围过大造成的交易成本相对较高，该机制的运作成本相比于其收益而言可能是非常高的（Betz et al.，2010）。鉴于此，欧盟排放权交易机制从 2013 年开始将设备纳入的门槛提高到 25000 吨二氧化碳（ICAP，2018）。

表 1 - 4　国外主要碳排放权交易机制有关覆盖厂商纳入门槛的规定

地区	有关覆盖厂商纳入门槛的规定
加拿大新斯科舍省	工业和电力部门：年排放量不低于 50000 吨二氧化碳；进口电力厂商年排放量不低于 10000 吨二氧化碳； 燃料供应部门：石油产品供应商在当地的销售量不低于 200 升燃料；天然气分销商年排放量不低于 10000 吨二氧化碳
加拿大魁北克省	通用标准：年排放量不低于 25000 吨二氧化碳； 燃料分销商：未达到排放门槛而销售量超过 200 升
欧盟/瑞士	发电厂与其他燃料装置：热额定输入不低于 20 兆瓦（危险废物或城市废物设施除外），其他工业部门采用各自不同的门槛标准； 航空业：商业运营的年排放量不低于 10000 吨二氧化碳，非商业运营的年排放量不低于 1000 吨二氧化碳； 小型设备：自第三阶段起，排放量低于 25000 吨的排放个体被移除
日本埼玉县和东京都	设施的年能源消费当量不低于 1500000 升原油
哈萨克斯坦	设备的年排放量超过 20000 吨二氧化碳
韩国	公司：年排放量超过 125000 吨二氧化碳 设备：年排放量超过 25000 吨二氧化碳
墨西哥	静态排放源：年直接排放量不低于 100000 吨二氧化碳
美国马萨诸塞州和 RGGI 机制	发电厂商的额定功率不低于 25 兆瓦

注：瑞士碳市场的厂商纳入门槛标准与 EU ETS 基本一致。

资料来源：Hood C.（2010）、ICAP（2019）。

第五节 有待进一步研究的主要问题

各国政策制定者正在尝试采用碳排放强度/碳排放达峰目标设定、碳定价机制设计和非化石能源补贴调整等多种举措来应对气候变化的严峻形势和温室气体减排的压力（莫建雷等，2018）。作为全球最大温室气体排放国，中国也已在八个地区开展试点工作后正式启动全国统一碳市场的建设。为充分发挥碳排放权交易机制的有效性，政策制定者和学术研究者均十分关注市场化减排政策的选择与设计（范英等，2016；范英，2018）。因此，碳排放权交易机制设计已成为目前包括中国在内的多个国家和地区相关学者亟须重视与研究的重大科学问题。

但是正如 Zhang 等（2015）所指出的，碳排放权交易机制的有效实施会受到履约厂商参与减排与配额交易的意愿、碳市场机制的设计及其可持续运行情况等因素的影响。因此，开展相关的研究必须要关注现实中碳排放权交易机制的市场结构、履约厂商的行为特征与交易成本的影响。而本书已从现实背景和理论研究两个方面充分论证了“市场势力与交易成本是现实环境中影响碳排放权交易机制有效性的两大重要因素”这一主要议题。围绕着这两个方面的一系列科学问题需要在理论和实证上加以研究和探讨。因此，本书将从厂商微观视角出发系统地阐述不完全竞争的市场结构对排放权交易机制有效性的影响，并对交易成本与排放权交易机制有效覆盖范围的关系加以探讨，从而为我国统一碳排放权交易机制的优化设计提出科学的政策建议与决策参考。

具体而言，本书尝试解决以下主要科学问题：

第一，提出基于宏观层面减排成本曲线和坐标轴平移技术的厂商微观层面边际减排成本曲线的集成估计方法。采用自底向上建模的方法虽然是评估厂商减排潜力最为公允的科学方法，但因信息的不充分与数据的有限可得性而难以用于大规模厂商数据的处理与估算。因此，我们依据 Bohm 和 Larsen（1994）及 Okada（2007）提出的坐标轴平移技术，并运用由可计算一般均衡（CGE）模型模拟得到的地区/行业减排成本数据来估计中国碳排放权交易试点地区覆盖厂商的边际减排成本曲线，从而作为后续开展实例分析的数据基础。

第二，提出排放权交易机制中策略性配额交易者的识别及其行为影响评估的经济学模型。博弈论的引入为利用产业组织理论分析厂商策略性行为提供了有力的工具。经典的 Hahn – Westskog 模型已被广泛用于刻画排放权交易机制中具有市场势力的厂商的策略性配额交易行为。但是，这一模型源于 Shitowitz（1973）提出的将市场交易者割裂为“原子”（Atoms）和“非原子”（Atomless）两大类的交易模型。而目前未有公允、普适的方法对市场中的策略性交易者和价格接受者加以区分，因此 Hahn – Westskog 模型在刻画现实厂商行为上仍存在一定的争议。因此，我们将在运用 Hahn – Westskog 模型对碳排放权交易机制市场结构加以初步分析的基础上，依据 Godal（2005）提出的完全市场模型给出“策略性交易者”的识别方法，进而着重分析策略性厂商的特点及其行为对碳配额市场均衡价格、厂商总履约成本、配额总交易量等重要指标的影响。

第三，提出排放权交易机制中厂商策略性行为影响低碳技术扩散的理论分析框架。政策制定者选择碳排放权交易机制的最终目标在于激励履约厂商尽快更新减排技术从而改善能源消费结构、推动社会绿色低碳转型。虽然有学者运用多种方法评估碳排放权交易机制对低碳技术扩散的影响，但是相关研究对这一机制的市场结构特征关注较少。我们一直强调，不完全竞争的市场结构对碳排放权交易机制有效性的影响不容忽视，而厂商策略性行为会带来配额市场价格的扭曲，进而对厂商的低碳技术投资与更新决策提供不准确的市场信号。但是产业组织理论的研究者有关市场的不完全竞争特征对厂商技术创新决策影响的研究结论始终存在一定的争议。因此，本书有意将上述构建的刻画排放权交易机制中厂商策略性行为的完全市场模型与刻画产品市场中厂商博弈行为的多寡头古诺模型相结合以分析厂商的策略排他性行为，从而比较厂商在不同市场结构下生产与减排行为决策的差异；同时，我们将厂商产能异质性这一引起市场不完全竞争特征的因素引入 Coria（2009）提出的厂商技术采用时序模型以比较厂商技术更新决策时点的差异。我们将结合理论探讨与有关我国高耗能厂商的实例分析来讨论策略性厂商行为影响低碳技术更新扩散的内在机理。

第四，提出排放权交易机制中交易成本影响机制有效覆盖范围的分析框架。依据科斯定理而得出有关“排放权交易机制可以实现总减排成本最小化”的结论忽视了现实中交易成本的存在。而现实市场环境中任何机制的运行都会存在交易成本。我们在本章第四节已对排放权交易机制所存在的交易成本及其主要分类加以探讨。而本书在后续的理论研究与实例分析中着重关注因排放核证工作所带来的 MRV 费用和因配额交易所产生的交易佣金这两大直接影响厂商履约成本的重要支出。目前，有关交易成本影响排放权交易机制成本有效性的理论探讨与实例分析众多，并已指出交易成本对碳市场机制成本节约效应的影响不容忽视（Stavins，1995；Betz，2004）；但是，这些研究并未与碳市场机制有关行业覆盖范围或厂商准入门槛结合起来。而交易成本正是政策制定者决策碳市场机制有效覆盖范围的重要考量因素。同时，本书还将排放权交易机制不完全竞争的市场结构特征考虑其中，即将刻画厂商策略性行为的完全市场模型引入到 Betz 等（2010）提出的“成本—收益”比较分析框架中。并且，我们继续以中国碳排放

权交易试点地区覆盖厂商为样本开展相关的实例分析，讨论、比较各类交易成本在地区间影响的差异，进而结合 EU ETS 等国际主要碳市场机制的设计经验探讨交易成本的合理收取标准。

第六节　研究设计与章节安排

本书将以碳排放权交易机制为主要研究对象，从厂商微观视角出发系统阐述了不完全竞争的市场结构对排放权交易机制有效性的影响，并针对策略性配额交易者的识别、排放权交易机制成本节约效应的实现、不完全竞争市场结构下减排技术的扩散、交易成本与排放权交易机制的有效覆盖范围等诸多科学问题开展理论建模与实例分析，并由此对中国当前统一碳市场的建设提出了优化设计方案。

本书的主要内容分为七章，而各章节的具体安排如下：

第一章为碳排放权交易机制实践的国际经验。作为本书的开篇，我们在该章节主要介绍与后续研究紧密相关的现实背景知识。首先，从国际社会的实践经验和环境与气候变化经济学的最新研究成果分析各国探索与优化碳排放权交易机制的时代背景；其次，从全球气候变化治理格局的演变、典型国家政策工具选择与优化、市场经济体制构建与完善等方面总结市场化减排机制设计的国际经验；再次，结合有关影响碳市场机制有效性的现实问题，从理论上给出排放权交易机制有效性的基本概念并梳理其主要影响因素；最后，着重介绍了市场势力与交易成本这两大影响碳市场机制有效性的重要因素及其现实表现，并分析当前各国政策制定者完善碳市场机制以应对市场失灵问题的主要优化方案。本章还结合现实背景提出需要进一步加以研究的主要科学问题，并简要介绍本书的研究设计方案。

第二章为中国碳排放权交易机制实践的现实挑战。首先，从中国节能减排形势严峻和市场化减排机制实践不足的现状入手介绍中国实施碳排放权交易机制的时代背景；其次，回顾整理中国碳排放权交易机制的探索历程，并通过比较分析不同碳市场试点地区机制设计特点来梳理中国碳市场建设需要关注的主要问题；最后，着重总结了中国目前应对碳市场机制市场失灵问题特别是厂商市场势力与交易成本影响的优化设计方案。

第三章为配额交易者的市场势力对碳市场机制成本有效性影响的初步分析。首先，从经济学理论研究的视角，针对不完全竞争的市场结构从基本概念界定、能源环境政策设计的关注、排放权交易机制的有效性影响分析等方面对相关的理论研究成果加以综述，并介绍了有关模拟与实例分析的研究成果；其次，在初步分析中国各试点地区碳排放权交易机制市场结构特征的基础上，尝试采用传统的

Hahn - Westkskog 模型刻画碳市场中策略性交易者和价格接受者的配额交易行为；最后，将交易量作为衡量市场势力大小的标准，运用本书构建的中国碳排放权交易机制试点地区高耗能厂商减排成本数据库开展初步的实例分析。本章着重比较各试点地区不完全竞争市场结构影响碳市场成本机制节约效应的实际表现，并结合碳市场连接、减排目标调整等现实问题探讨碳市场机制设计要素的变化对碳排放权交易机制市场结构所带来的影响。

第四章为碳市场策略性配额交易者的识别及其行为分析。针对传统的 Hahn - Westkskog 模型不能刻画所有配额交易者均具有市场势力情形的理论缺陷，我们在本章介绍了在两阶段非合作—合作模型框架下刻画策略性配额交易者行为的新方法。这一完全市场模型可以有效区分策略性交易者与价格接受者的交易行为，并且能够准确刻画出交易者行为特征的变化对配额市场均衡价格的影响。因此，我们在介绍该模型的基础上提出了碳市场策略性交易者的识别方法。另外，本章继续运用中国碳排放权交易机制试点地区高耗能厂商减排成本数据库开展实例分析，并以单个厂商配额交易行为对配额市场均衡价格的影响程度作为测度其市场势力的新指标，进而识别并比较分析中国不同试点地区策略性厂商的数量及其基本特征，还与传统的 Hahn - Westskog 模型的分析结果加以比较与分析。

第五章为碳配额交易者的策略性行为对减排技术扩散的影响分析。本章将碳市场机制有效性分析的关注点从成本有效性转向环境有效性的研究。首先，从经济学理论研究的视角，针对排放权交易机制对低碳技术投资与扩散影响的理论研究成果加以综述；其次，结合厂商产能异质性的特点提出刻画厂商减排技术更新决策的技术更新时序模型，并且将完全市场模型与分析厂商在产品市场中博弈行为的多寡头古诺模型相结合以刻画厂商的策略性排他行为；再次，我们从厂商技术更新收益与社会总福利变化的角度针对厂商策略性排他行为对减排技术扩散的影响机理加以理论探讨；最后，选取中国碳排放权交易机制试点地区高耗能厂商减排成本数据库中若干钢铁厂商的数据开展相关的实例分析，从而对上述理论探讨的结论加以佐证。

第六章为考虑厂商策略性行为的交易成本对碳市场机制有效覆盖范围的影响分析。本章首先从经济学理论研究的视角，针对交易成本的基本概念界定、能源环境政策设计的关注、排放权交易机制的有效性影响分析等方面的理论研究成果加以综述，并介绍了有关模拟与实例分析的研究成果；本章还结合上述有关厂商配额策略性交易行为的理论模型，在不完全竞争市场结构下关注影响碳市场机制有效性的另一个重要因素即交易成本的作用。并且，我们分析这一因素对碳市场机制有效覆盖范围的影响。首先，我们在“收益—成本分析”的基本框架下分别给出了完全竞争市场和不完全竞争市场结构下考虑交易成本的排放权交易模

型；其次，我们运用中国碳排放权交易机制试点地区高耗能厂商减排成本数据库比较分析不同地区交易成本与市场结构对碳市场机制有效覆盖范围的影响，讨论不同类型的交易成本在影响碳市场机制成本节约效应上的差异；最后，结合 EU ETS 的实践经验，我们就中国碳排放权交易机制交易成本的合理收取标准进行了讨论。

第七章为结论与展望。首先，本章针对不完全竞争的市场结构影响排放权交易机制有效性这一科学问题的理论建模与实例分析的主要研究结论加以梳理。其次，我们从实现碳排放权交易机制有效性的视角对中国未来统一碳市场机制的优化设计提出相应的政策建议。最后，我们对未来有关碳排放权交易机制设计的后续研究工作加以展望。

本书在附录部分介绍了碳市场配额交易者减排成本曲线的集成估计方法。首先，我们介绍了有关排放权交易者减排成本曲线估计方法的最新研究进展；其次，我们从国家、地区和厂商层面介绍了碳市场配额交易者减排成本曲线的集成估计方法；最后，我们以参与“万家节能低碳行动实施方案”的工业厂商为样本针对目前除福建以外其他七个碳排放权交易试点地区构建高耗能厂商减排成本数据库。此外，我们还运用该数据库中的厂商排放数据和边际减排成本曲线开展有关中国地区与厂商层面碳排放权交易的模拟分析，并以此说明集成估计方法运用的合理性。我们所提出的这一估计方法为本书第三至第六章的实例分析提供了数据准备。

第二章　中国碳排放权交易机制实践的现实挑战

第一节　中国实行碳排放权交易的时代背景

一、中国面临日益严峻的节能减排压力

改革开放以来，中国经历了四十余年的改革探索而成功实现了从计划经济体制向社会主义市场经济体制的转轨。作为全球第二大经济体，中国近年来对世界经济增长的贡献率稳居第一位。同时，中国的经济发展历程也经历了从“又快又好”到“又好又快”再到“好字当头”的转变，体现出从量的扩张转向质量、效率和可持续的统一上来。

但不可否认的是，中国目前依然是全球最大的发展中国家，工业化任务还没有完成。钢铁、化工、水泥等以高耗能、高排放为主要特征的重工业仍然在中国经济发展过程中扮演着重要的角色。几十年来惯性的粗放式发展模式能够帮助我们在短期内缩小地区差距、消灭绝对贫困、改善人民生活。但也必须看到，重工业大扩张式的发展也带来了能源过度消耗、环境加剧恶化等严重问题：

高耗能行业的快速发展引起中国能源消费量的迅速增长。中国的能源消费量自改革开放以来增加了 8 倍多，而以煤为主的能源资源结构导致煤炭消费量所占据的比例始终居高不下。近年来中国在控制传统能源消费的同时大力发展可再生能源；但是如图 2－1 所示，中国 2020 年的煤炭消费量在能源消费中的占比依然接近 60%，而较为清洁的天然气消费量仍不足 10%，非化石能源的消费占比也不足 15%。中国多煤、缺油、少气的能源资源禀赋特征决定了煤炭在未来几十年内仍将是一次能源主力。

同时更需引起注意的是，中国粗放式的经济发展模式导致传统能源消费主要来自工业部门。如表 2－1 所示，中国工业部门 2020 年的一次能源和二次能源消费量在全国总消费量中的占比均在 65% 以上，特别是其煤炭消费占比高达 96.91%。而工业部门的能源消费量又基本源自能源密集型行业。图 2－2 给出的

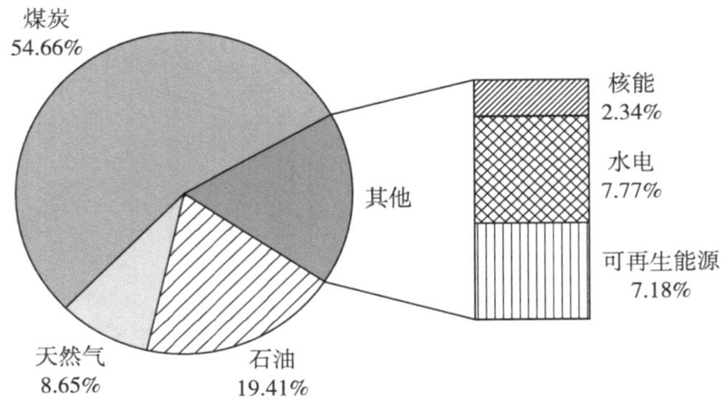

图2-1　2021年中国能源消费结构

数据来源：BP Statistical Review of World Energy Report（2022）。

表2-1　2020年中国各行业能源消费总量及分品种能源消费量占比　单位：%

行业	能源消费总量	煤炭	原油	天然气	电力
农、林、牧、渔业	1.86	0.50	1.68	0.04	1.83
工业	66.75	96.91	70.27	68.98	67.45
建筑业	1.87	0.14	1.01	0.08	1.30
交通运输、仓储和邮政业	8.29	0.05	19.25	10.61	2.26
批发、零售业和住宿、餐饮业	2.64	0.44	0.47	1.86	4.08
其他行业	5.67	0.57	3.22	1.66	8.40
生活消费	12.92	1.39	4.10	16.77	14.68

数据来源：《中国能源统计年鉴2021》。

中国工业部门分行业的能源消费量占比就体现出中国工业部门的能源消费量明显的行业集聚特征①：首先是金属冶炼业占比最高，为31.04%；其次是化工行业和非金属矿物制品业，占比分别为22.31%和11.90%；电力、热力生产行业则排在第4位，占比超过10%。这也充分说明高耗能行业是目前中国节能减排工作重点关注的对象，要充分挖掘其节能减排潜力以实现中国当前确立的“双碳”目标。

主要来自高耗能行业并不断增长的能源消费量也带来了中国以二氧化碳为主

① 图2-2所使用的工业行业部门分类方法的详细说明见附录二中附表1，与本书后续实例分析部分的行业分类方法相一致。

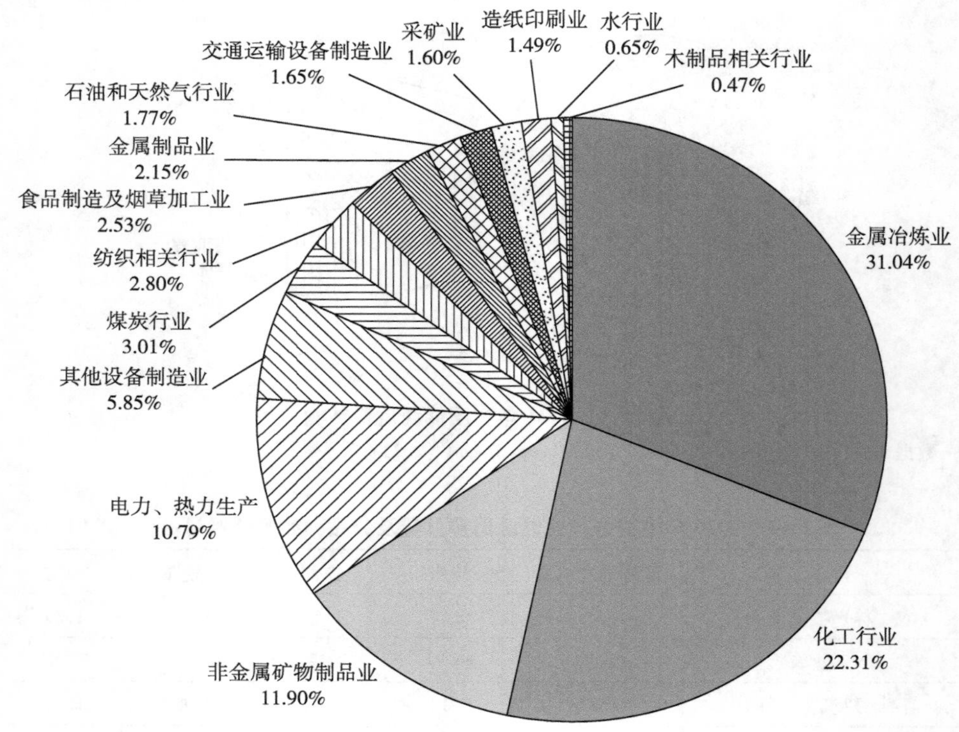

图 2-2　2020 年中国工业部门分行业能源消费量占比

数据来源：《中国能源统计年鉴 2021》。

的温室气体排放量的急剧上升①。如图 2-3 所示，改革开放以来中国的二氧化碳排放量已增加超 7 倍；并且，中国在 2008 年超过美国后一直是全球最大的温室气体排放国。虽然中国年度温室气体排放量自 2008 年以来仅增加了 43% 左右，但其排放量在全球总排放量中的占比已达到 30%。因受经济增速放缓、工业结构调整的影响，中国的煤炭消费量和二氧化碳排放量在 2014 ~ 2016 年出现了一定的波动。对此，有学者（Qi et al.，2016；Guan et al.，2018）做出了“中国的煤炭消费量或者温室气体排放量已经达峰”的判断；但是，这一论断也在学术界引起广泛争议。近年来，中国二氧化碳排放量增速有所提高的现实表明，中国温室气体排放占比较大的格局在短期内不会改变。

① 温室气体包括二氧化碳（CO_2）、甲烷（CH_4）、氧化亚氮（N_2O）、氢氟碳化物（HFC_s）、全氟碳化合物（PFC_s）和六氟化硫（SF_6），目前世界上大部分国家和地区的碳排放权交易机制仅考虑二氧化碳排放，因此本书实例研究部分主要核算二氧化碳的排放，而书中提到的“碳排放”在无特别说明时也仅指二氧化碳排放。

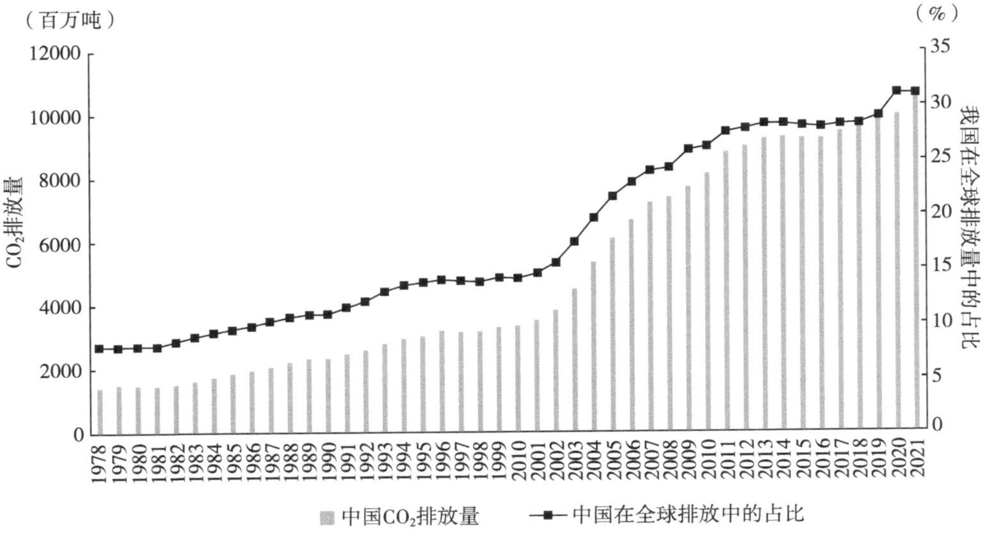

图 2-3　1978～2021 年中国二氧化碳排放量及其在全球排放量中的占比

数据来源：BP Statistical Review of World Energy Report（2022）。

由此可见，中国工业领域特别是高耗能行业需要大力控制传统能源消费以降低温室气体排放，这将有助于改善国内资源耗竭、污染严重的现状，也有助于应对国际气候变化谈判面临的外部压力。因此，本书立足于中国高耗能行业节能减排工作上面临的严峻挑战，探讨市场化减排政策工具在促进其实现绿色低碳转型过程中的有效性。

二、中国的应对气候变化政策逐步向市场化机制转变

作为一个负责任的发展中国家，中国虽然在发展经济与改善民生方面仍然面临着重大挑战，但是也一直高度重视提高能源效率、控制污染排放方面的工作。在应对日益严峻的节能减排压力的同时，中国已展示出积极应对气候变化的坚强决心。

但必须指出的是，中国起步于 20 世纪 70 年代的环境保护工作在较长一段时期内基本采用传统的命令控制型政策：第一，成立包括国务院环保领导小组在内的环保管理机构；第二，形成较为完整的环保管理体系，提出环境保护三大政策（“预防为主、防治结合”“谁污染、谁治理”与“强化环境管理”）和八项制度（“环境影响评价”“排污收费”“环境保护目标责任”“城市环境综合整治定量考核”“排污申请登记与许可证”“限期治理”“集中控制”“三同时”）。

进入 21 世纪，中国经济的飞速发展使环境污染与能源消耗问题日益严重。对此，中国自“十一五”规划阶段（2006～2010 年）开始将单位国内生产总值

（GDP）能耗下降目标纳入国民经济与社会发展规划中，并连续在“十二五”（2011～2015 年）和“十三五”规划阶段（2016～2020 年）提出能源消费总量以及煤炭、天然气和非化石能源消费比重等多项约束性指标。而在“十四五”规划期间，我国提出在不考虑新增可再生能源与原料用能的条件下实施能耗强度和总量的“双控”目标。同时，中国先后实施了“十大重点节能工程”“百千万家企业节能行动”及淘汰落后产能规划等举措。从表 2－2 可以看出，中国“十二五”规划期间在控制能耗强度和发展非化石能源上效果显著，而在“十三五”规划期间受经济发展放缓、经济结构调整等方面因素的影响而在传统能源消费总量控制上有所成效。

表 2－2　中国 2010 年以来能源领域主要政策指标与完成情况

政策指标	单位	2010 年完成情况	2015 年目标	2015 年完成情况	2020 年完成情况	2020 年目标
能源消费总量	亿吨标准煤	32.5	40	43	47.7	<50
煤炭消费总量	亿吨原煤	30	39	39.6	28.35	41
全社会用电量	万亿千瓦时	4.2	6.15	5.69	7.76	6.8～7.2
非化石能源消费比重	%	8.6	11.4	12	15.9	15
非化石能源发电量比重	%	19.5	30	27	28.12	31

数据来源：《中国能源统计年鉴》（2011，2021）；《能源发展“十二五”规划》（2013）；《能源发展“十三五”规划》（2016）。

需要指出的是，中国在温室气体排放控制方面提出更为明确的约束性目标，并且目标设定逐步由强度约束向总量与强度“双控”约束转变（见表2－3）：在 2009 年哥本哈根世界气候大会前提出“40%～45%”碳排放强度下降目标后，中国在“十二五”规划中明确了国家和各地区单位 GDP 的二氧化碳排放和能源消耗下降指标①；2014 年底，中国提出了“2030 年碳排放达峰”的目标，以充分体现其在应对气候变化方面的坚强决心。而在 2020 年，习近平主席在第七十五届联合国大会一般性辩论和气候雄心峰会上郑重宣布了中国新的二氧化碳排放达峰目标与碳中和愿景，为中国应对气候变化、走绿色低碳发展的道路注入了强大动力。2021 年 3 月，《中华人民共和国国民经济和社会发展第十四个五年规划和 2035 年远景目标纲要》公布并明确指出，中国将完善能源消费总量和强度双控制度，实施以碳强度控制为主、碳排放总量控制为辅的制度，支持有条件的地

① 附录二给出了中国“十二五”规划控制温室气体排放工作方案中单位 GDP 能耗、碳排放下降目标。

方和重点行业、重点企业率先达到碳排放峰值。同时，各地区明确设定各自的能源消费总量和强度“双控”目标，而工业领域特别是电力、钢铁、建材、化工等重点行业也面临着“碳排放总量得到有效控制”“部分领域力争率先达峰”的艰巨任务。同时，全国31个省（自治区、直辖市）在相应方案（规划）中大多提出明确的整体碳排放达峰时间，或针对重要地区、试点城市提出峰值目标；而大部分低碳试点城市也在各自试点方案中提出具体的达峰目标。

表2-3　中国温室气体排放控制目标设定的转变

时间	名称与性质	内容
2009年12月	“40%～45%”目标（强度约束）	2020年单位GDP碳排放比2005年下降40%～45%
2011年3月	“十二五”规划控制温室气体排放工作方案（强度约束）	2015年单位GDP能耗、碳排放分别比2010年下降16%和17%
2014年9月	中美气候变化联合声明（总量约束）	2030年碳排放达到峰值且努力早期达峰，非化石能源占一次能源消费的比重达到20%
2015年6月	强化应对气候变化行动——中国国家自主贡献（总量与强度约束）	2030年碳排放达到峰值且努力早期达峰，单位GDP碳排放比2005年下降60%～65%
2016年10月	“十三五”规划控制温室气体排放工作方案（总量与强度约束）	2020年单位GDP能耗、碳排放分别比2015年下降15%和18%，碳排放控制得到有效控制
2020年9月	碳中和目标（总量约束）	碳排放力争于2030年达到峰值并努力争取于2060年前实现碳中和
2021年3月	国民经济和社会发展第十四个五年规划和2035年远景目标纲要（总量与强度约束）	2025年单位GDP能耗、碳排放分别比2020年下降13.5%和18%，主要污染物排放总量持续减少

国家在提高能源效率、控制污染排放方面提出了更为严格的约束目标，并开始注重能源与环境监管机制的灵活性。虽然中国在“十一五”和“十二五”规划期间均完成了能耗下降目标并且提前完成“十三五”规划的减排目标，但是传统依靠命令控制型政策所带来的管理成本过高而效率低下等问题已开始显现。个别地区在“十一五”规划末期依靠“拉闸限电”完成节能目标的方式给厂商和人民的正常生产生活造成一定的负面影响。

因此，中国逐步开始尝试采用市场化的减排政策工具，并且实施了多种类型的机制设计（Wu et al.，2020）：在环境税方面，中国在1982年经过多地区试点工作后颁布《征收排污费暂行办法》，这是中国最早提出并施行的环境经济政策。而随着市场经济体制的逐步建立，中国在2003年和2014年先后出台《排污费征收使用条例》并上调其征收率。而此时排污费虽在控制污染排放和筹措环保资金上发挥积极作用，但是其执法刚性不足、政府干预过多、征收标准和范围有限等弊端逐步显现。因此，“环境保护税”在2015年前后作为以环境保护为目标的独立税种的概念被正式提出。《中华人民共和国环境保护税法》在经过一年半的广泛征求意见后，于2016年12月25日正式通过并于2018年1月1日起施行。至此，“污染者付费”的原则被以法律的形式确定，过去具有税收性质的收费转变为税收的形式征收，在规范政府收入体系、优化财政收入结构的同时增强了地区政府和厂商治理污染的积极性（赵奔奔和裴潇，2019）。

而在排污权交易机制方面，中国从1991年开始就一直沿用开展地方试点的模式探索。1993年，中国开始在包头、柳州、太原、平顶山、贵阳和开原实施二氧化硫排污权交易政策；1999年，中国又确定南通和本溪作为中美“在中国运用市场机制减少二氧化硫排放的可行性研究”合作协议项目的试点城市；2001年，中美承担的亚洲银行赠款项目“二氧化硫排污交易机制”在太原试行；2002年，江苏省推出《二氧化硫排污权交易管理暂行办法》以全面推行这一机制，而国家批准山东、陕西、江苏、河南、上海、天津和柳州为进一步进行的试点省市。各地区开展的综合实验为中国排污权交易积累了更为丰富的实践经验，其在基层环境管理中的适用时机逐渐成熟（张景玲，2007）。

相对于环境税，排污权交易机制因机制设计较为复杂、存在问题过多而始终未能在全国范围内推行。但是，这一机制能为政策制定者明确总量控制目标，因而近年来在应对气候变化领域备受政府监管者和学术研究者的关注。同时鉴于排放权交易机制在多个国家和地区的实践，中国依然沿用过去二氧化硫排污权交易机制探索的思路，即在地方试点的基础上构建全国统一的碳排放权交易市场。因此，本书将在总结梳理排放权交易机制实践经验的基础上，分析其在促进中国高耗能行业节能减排与绿色低碳转型升级过程中的有效性。

第二节　中国碳排放权交易机制的探索与挑战

一、中国碳排放权交易机制的探索历程

中国政府在2006年的第六次全国环境保护大会上提出环境管制政策由原先的命令控制型管制措施向综合运用法律、经济、技术和必要的行政方法转变，从而开启了运用市场化减排机制控制污染物排放的实践探索。在成为全球最大的温室气体排放国和第二大经济体后，中国面对大国责任的担当和国际社会的压力而在提出减排目标的同时开始将借鉴国际经验、实施市场化减排机制提上日程。此时，虽然国内理论和政策研究学者在讨论碳税与碳排放权交易机制间的选择问题，但中国政府经过综合权衡后提出“暂不实施碳税而先实施碳交易”的政策方向。在“十一五”规划末期，中国先后在北京、天津、上海等地构建碳排放

权交易所；而2010年《国务院关于加快培育和发展战略性新兴产业的决定》明确提出“建立和完善主要污染物和碳排放权交易制度”，从而成为碳排放权交易机制在中国实践的法律依据和基础，标志着中国碳排放权交易制度的发端。

而在“十二五”规划期间，中国开始加快碳排放权交易机制的探索进度。“十二五”规划明确提出要“逐步建立碳排放权交易市场”，从而希望以较低成本完成碳排放强度下降目标并加快经济发展方式转变和产业结构升级。国家发展和改革委员会于2011年下发《关于开展碳排放权交易试点工作的通知》，批准在北京、天津、上海、重庆、湖北、广东和深圳七个省市开展碳排放权交易试点工作。自2013年6月起，七个地区在一年时间内先后启动碳排放权交易，标志着中国碳市场正式拉开帷幕。同时，2013年11月中共十八届三中全会将“全国碳市场建设”作为全面深化改革的重要任务之一，标志着中国正式启动全国碳市场建设工作。国家发展改革委在2014年12月发布了《碳排放权交易管理暂行办法》，则标志着中国统一碳排放权交易市场的建设被正式纳入议事日程。

2015年9月，习近平主席在《中美元首气候变化联合声明》中正式宣布“将于2017年启动全国碳排放交易体系”，从而中国在“十三五”规划初期全面开启了全国统一碳市场的建设工作。2016年初，国家发展和改革委员会发布《关于切实做好全国碳排放权交易市场启动重点工作的通知》就全国统一碳市场启动前重点准备工作做出部署；2016年11月公布的《“十三五”控制温室气体排放工作方案》提出“建立全国碳排放权交易制度，启动运行全国碳排放权交易市场，强化全国碳排放权交易基础支撑能力”，为全国碳市场的启动筑牢政策“地基”。而福建在当年年底启动碳排放权交易试点。2017年，国家发展改革委公布有关全国碳排放权配额总量设定与分配的初步方案，暂定采用基准线法对电力、水泥和电解铝行业免费分配初始配额，并发布24个行业厂商温室气体排放核算方法与报告指南等相关政策。

2017年12月18日，国家发展和改革委员会公布《全国碳排放权交易市场建设方案（发电行业）》，计划纳入年排放量超过10000吨二氧化碳的约1700家发电厂商（包括热电联产和其他行业自备电厂），并要求湖北和上海分别牵头承建全国碳排放权注册登记系统和交易系统，从而标志着中国碳排放权交易体系完成总体设计并正式启动。而各试点地区覆盖非电力部门的碳市场机制计划在短期内与国家碳市场并行实施，实现试点地区碳市场与全国统一碳市场的顺利对接和平稳过渡。2018年3月，新组建的生态环境部接替国家发展和改革委员会而成为中国碳排放权交易工作新的主管部门。各试点地区的生态环保部门也接管各自碳市场的建设工作。到2020年底，生态环境部一方面稳步推进全国碳市场机制的基础支撑工作，针对石化、化工、建材、钢铁、有色、造纸、电力、航空八大行业开展碳排放报告及排放监测计划的制定工作，并组织开展发电行业重点排放单位名单和材料的报送工作，以为配额分配、系统开户和市场测试运行做好前期准备；另一方面不断完善全国碳市场制度体系，先后发布发电行业重点排放单位的配额分配和交易会计处理等方面的暂行实施方案，更为重要的是发布《碳排放权交易管理暂行条例（征求意见稿）》，标志着全国碳市场立法工作和制度建设取得重要进展。

2020年底，生态环境部公布《碳排放权交易管理办法（实行）》和《2019－2020年全国碳排放权交易配额总量设定与分配实施方案（发电行业）》等一系列重磅文件，并公布配额分配方案和首批重点排放单位名单，对全国碳排放权交易机制的具体内容进行了明确规定：全国碳市场的交易产品为碳排放配额（CEA），碳排放配额分配以免费分配为主，适时引入有偿分配；交易方式可以采取协议转让、单向竞价或其他符合规定的方式；已纳入全国碳市场机制的重点排放单位不再参与地方试点碳市场；国家核证自愿减排量（CCER）可用于抵消碳排放配额的清缴，但比例不超过排放厂商应清缴配额的5%。由此，中国的碳排放权交易已从试点走向全国统一。

2021年1月1日，全国碳市场第一个履约周期正式启动，2225家发电企业依据基准线法获得一定的碳排放配额。2021年7月16日，全国碳排放权交易市场正式启动上线，纳入发电行业重点排放单位达2162家，年覆盖约45亿吨二氧化碳排放量。2021年9月，发电厂商第一个履约期配额核发基本完成；2021年10月，发电厂商交易账户开立基本完成；2021年12月31日，重点排放单位的一次履约率高达99.5%，第一个履约期顺利收官。截至2022年8月31日，全国碳市场碳排放配额累计成交量达1.94亿吨，累计成交额85.18亿元，成交均价为43.86元/吨。

二、中国试点地区碳排放权交易市场概况

鉴于中国发电行业全国层面的碳排放权交易机制的运行仅有一年时间，本书的相关案例分析聚焦于中国主要试点地区的碳排放权交易机制。各碳排放权交易试点地区在“十二五”规划期间经济发展和温室气体排放的基本情况如表2－4所示。

表2－4 中国碳排放权交易试点地区“十二五”规划期间经济发展与节能减排基本概况

地区	2010年		2015年		碳排放强度实际下降	碳排放强度下降目标
	碳排放量及其占比	GDP及其占比	碳排放量及其占比	GDP及其占比		
北京	118.97，1.24%	141.13，3.23%	95.50，0.85%	230.15，3.19%	50.77%	18%
天津	83.11，0.87%	92.24，2.11%	200.91，1.80%	165.38，2.29%	34.83%	19%

续表

地区	2010 年		2015 年		碳排放强度实际下降	碳排放强度下降目标
	碳排放量及其占比	GDP 及其占比	碳排放量及其占比	GDP 及其占比		
上海	231.77，2.42%	171.65，3.93%	245.43，2.19%	251.23，3.48%	27.65%	19%
重庆	138.75，1.45%	79.26，1.82%	164.86，1.47%	157.17，2.18%	40.08%	17%
湖北	401.72，4.19%	159.68，3.66%	369.05，3.30%	295.50，4.09%	50.36%	17%
广东	438.20，4.57%	367.73，8.42%	497.69，4.45%	566.16，7.84%	26.23%	19.5%
深圳	75.24，0.79%	92.40，2.12%	66.58，0.59%	161.97，2.24%	49.52%	21%
福建	212.11，2.21%	147.37，3.38%	265.37，2.37%	259.80，3.60%	29.03%	17.5%
全国	9579.30	4365.35	11191.12	7217.42	29.34%	17%

注：①碳排放量的单位为百万吨二氧化碳，GDP 的单位为百亿元；②“广东”指除广东省深圳市以外的其他地区。①

数据来源：《中国统计年鉴》（2011，2016）；《中国能源统计年鉴》（2011，2016）。

从表 2－4 中可以看出，八个实施碳排放权交易试点的地区经济体量达到全国 GDP 总量的 29% 左右，而碳排放量的占比达到 17% 左右。每个地区近年来在中国经济社会发展过程中所扮演的角色没有发生明显的变化，各自因处于经济发展的不同阶段而在全国处于不同的地位：作为东部经济大省的广东（包括深圳）和福建对中国经济发展的贡献相对较高，作为中国行政中心的北京和作为商业中心的上海则主要通过第三产业拉动经济发展，而两大工业城市天津和重庆以及作为中部制造业中心的湖北主要依靠传统工业的发展带动地区经济的快速上升。

而从各地区节能减排的情况来看，除天津以外的其他地区均超额完成了“十二五”规划所制定的碳排放强度下降目标，这说明中国在“十二五”规划期间实行的碳排放权交易试点及其他节能减排措施的确发挥了十分有效的作用。但必须指出的是，碳排放强度的显著下降在更大限度上是依赖于 GDP 的快速增长而不是绝对量的变化。中国在“十二五”规划期间的年度碳排放量仍增加 16%，仅北京、湖北和深圳地区的碳排放量略有下降，而天津的碳排放量增长显著，从而实际上并未完成碳排放强度的约束目标。

表 2－5 给出了目前中国各试点地区碳排放权交易市场的基本情况。在“十三五”规划期间，总计约有 3226 家排放厂商在八个试点地区参与配额交易，而

① 本书在后续有关碳排放权交易试点地区的比较与分析中均以“广东”代指广东省除深圳以外的其他地区。

北京、深圳考虑到部分公共服务部门的排放，从而将较多的排放厂商纳入碳市场。截至2022年8月底，这些厂商的配额成交均价为27.75元/吨，而各地区的配额交易价格存在明显差异：北京碳排放权交易市场的配额平均价格在60元/吨以上，而其他地区碳市场的配额价格多数处于20～30元/吨的水平，重庆因初期总量控制目标过于宽松而导致配额市场平均价格不足10元/吨。试点地区累计碳排放配额交易量达到3.13亿吨，而交易金额为86.73亿元；其中，湖北和广东碳市场的交易活跃度相对较高，湖北的交易量和交易金额占比分别为24.89%和20.98%，广东的交易量和交易金额占比分别为35.36%和37.61%，而重庆的交易量和交易金额占比却不足4%。

表2－5　中国碳排放权交易试点地区碳交易基本情况与市场表现

地区	启动时间	纳入控排单位数量（家）	配额市场价格（元/吨）			累计配额交易量（百万吨）	配额交易额（百万元）
			最低值	最高值	平均值		
北京	2013－11－28	839	24.00	102.96	63.90	16.81	1074.48
天津	2013－12－26	104	7.00	50.10	24.00	33.16	795.93
上海	2013－11－26	314	4.00	64.00	30.82	17.20	529.96
重庆	2014－06－19	152	1.00	47.52	4.70	11.19	52.62
湖北	2014－04－02	338	10.07	63.48	23.39	77.79	1819.57
广东	2013－12－19	268	7.29	95.26	29.51	110.52	3261.73
深圳	2013－06－18	687	3.00	143.99	25.82	37.53	969.11
福建	2016－12－22	284	7.19	42.28	20.23	8.39	169.90

注：①各地区纳入控排单位数量均为2020年数据；②深圳配额市场价格为SZA－2013、SZA－2014、SZA－2015、SZA－2016、SZA－2017、SZA－2018和SZA－2019产品依据配额交易量的加权平均值；③交易数据统计的截止日期为2022年9月7日。

数据来源：国泰安研究服务中心数据库（CSMAR）。

我们认为，中国各试点地区在配额市场交易情况上的明显差异与各地区厂商的减排潜力与市场结构高度相关。因此，为深入分析中国碳排放权交易机制的有效性，本书将从市场结构和厂商市场势力的视角开展理论建模和实证分析以为中国统一碳排放权交易市场建设提出一定的政策建议。

三、中国试点地区碳排放权交易机制设计的比较分析

中国各试点地区在探索碳排放权交易机制设计时充分考虑到各自经济与社会发展各方面的实际情况。表2－6对中国试点地区碳排放权交易机制各要素设计的特点加以比较分析。可以看出，各地区结合自身实际在碳排放权交易机制设计方面也各具特色。

表 2-6　中国试点地区碳排放权交易机制各要素设计特点比较

设计要素	主要特点	比较举例
覆盖气体类型及其在地区的占比	除重庆外其他地区仅考虑二氧化碳；各地区覆盖排放在地区排放的占比基本在50%左右	重庆考虑6种温室气体； 广东因工业体量大而覆盖地区60%的排放，而湖北、重庆仅覆盖地区40%的排放
覆盖行业	电力/热力供应、水泥、钢铁、石化等行业是主要覆盖对象，其他被纳入的工业部门与地区经济结构有关；商业建筑被北京、深圳所考虑；除天津、重庆和湖北外，其他地区均考虑航空、港口或其他公共交通部门的排放	天津将油气开采行业纳入； 福建、湖北、广东将以陶瓷、玻璃、建材为代表的部分非金属矿物制品业纳入； 重庆、福建、湖北、上海纳入不同类型的有色金属产业（如重庆考虑电解铝）； 上海和重庆纳入不同类型的化工产品（如上海纳入橡胶产业）； 仅湖北将食品饮料和医药制品业纳入； 造纸、纺织和机械制造业仅被部分地区所考虑
配额分配	以免费分配为主，而祖父制和基准线法被用以不同行业的配额分配；历史排放强度被部分地区用作祖父制的分配依据；事后调节机制被用以完善基准线法和历史排放强度分配法；拍卖仅被广东作为配额分配的方式之一	天津仅对新进入者和产能扩大厂商采用基准线分配法； 重庆则采用先由厂商自行申报需求再由政府依据总量控制目标调节的配额分配机制； 其他地区均对电力等部分行业采用基准线法分配并进行事后调节； 上海、深圳的配额拍卖仅用以帮助厂商履约或提高市场流动性
借贷机制	所有试点地区允许符合一定条件的配额存续而不允许预借配额	湖北允许存续配额进行交易而不能用于履约； 上海要求2013～2015年存续的配额仅能在2016～2018年使用； 深圳在履约期结束前发放的下一期初始配额不能用于本期履约
抵消信用机制	各地区对抵消信用配额在履约配额中的比例有明确限制，同时对项目来源和性质也有明确要求；部分地区针对抵消机制项目有各自不同的规定	上海针对抵消项目的规定最为严格，即使用配额占比不超过1%； 水电项目和试点启动前产生的碳信用被多数地区所禁用； 福建专门开发当地林业碳汇（FFCER）产品，而广东则试点范围更广的碳普惠制（PHCER）

续表

设计要素	主要特点	比较举例
MRV 机制	各地区均对履约厂商有明确的排放汇报、核证等相关框架设计；部分地区政府在 MRV 机制基础上开展再核查工作，并要求未纳入碳市场而符合条件的厂商上报排放数据	除深圳、天津以外的其他地区均指定专家进一步核查数据或者交叉复查并安排一定比例的第四方核证的抽查； 北京、广东要求符合条件的厂商汇报但无须核证排放数据； 深圳、天津要求厂商不能连续三年使用同一家核证机构
强制措施	各地区针对厂商未履约、未核证排放或提供虚假信息等多种行为制定强制措施；强制措施除罚款外还有信息披露、记入征信系统、取消部分节能减排项目资格等其他多样化措施	除天津外，其他地区针对未履约的厂商按照过去一定时期（北京为半年）配额市场平均价格的一定倍数（湖北为 1 ~3 倍）计算罚款数额，并按一定比例（福建为 2 倍）扣减第二年初始配额数量； 天津、福建、上海、重庆的未履约厂商不能享受能效补贴等项目支持

资料来源：ICAP（2019）。

同时我们结合表 2 –5 也可以发现，中国各试点地区碳市场配额交易情况差异除与各地区的经济结构、产业规模有关，还与各地区碳市场机制设计的特征密切相关。例如，北京、深圳将减排成本相对较高的商业建筑等纳入碳市场，从而碳配额的市场价格较高；重庆采取厂商先行上报需求再由政府调节的配额分配机制，造成总量约束过于宽松、配额市场价格过低而流动性差的现象。我们通过上述分析也意识到，科学合理设计碳市场机制各种要素是保证碳市场有效运行的关键前提。

四、全国统一碳市场建设中值得关注的问题

目前，包括中国在内的多数发展中国家虽已开始尝试采用市场化减排机制，但各自碳市场建设实际上进展较为缓慢。目前哥伦比亚、乌克兰均已规划相应的行动方案，而巴西、智利、印度尼西亚、泰国、土耳其、越南等国在多年前就提出构建碳市场的行动目标却未有实质性进展。中国已将全国统一碳市场建设分为基础建设期（2018 年）、模拟运行期（2019 年）和深化完善期（2020 年以后）三个阶段，并将这一时期的工作重点放在构建和完善国家碳市场监管机制、加快市场基础设施建设、促进重点厂商的 MRV 工作以及强化能力建设上。但从实际情况来看，全国碳市场的建设进度明显滞后于原计划而直至 2021 年 7 月才正式上线启动。发展中国家的碳市场建设进展缓慢主要是因为它们依然在经济发展、民生改善方面面临繁重任务，需要构建经济发展与节能减排的相容机制。哈萨克斯坦的碳市场机制即因起初覆盖范围过大、经济负面影响显著而被迫暂停 2 年。

虽然全国碳市场已正式上线启动近一年时间，中国的碳市场建设还存在以下值得关注的问题：

第一，中国为市场化减排机制的公平高效运行所构建的政策环境仍与成熟的市场经济体相去甚远。中国虽已确立市场经济体制近 30 年，但市场经济体制改革的任务尚未完成，特别是有关能源、环境监管领域的市场化改革还需进一步深入，从而在多个方面给碳排放权交易机制的有效运行带来不利影响：在市场结构方面，电力等主要能源行业的国有垄断格局仍未完全打破，市场化改革的缓慢推进使得能源资源产品价格在受政府一定管制的条件下不能反映其使用者应负担的资源与环境成本（Liu et al.，2015）。在监管体系方面，虽然国家应对气候变化职能已由国家发展和改革委员会调整到生态环境部，但国家发展和改革委员会能源局仍主管能源产业政策，而工业和信息化部节能与综合利用司则负责清洁生产与资源综合利用的相关政策，使得碳市场的运行监管面临“多头管理”的问题。中国未来在市场化减排机制建设方面还需要明确政府各部门的职能，避免监管既有重叠又有真空的情况发生。

第二，中国碳排放权交易试点工作启动过于仓促使得碳市场在实际运行过程中面临诸多问题。中国首先获批的 7 个试点地区在前后不到 3 年的时间内就正式启动各自的碳市场。而正如本书第一章第二节所指出的，面对碳排放权交易这一异常复杂的政策体系，大量的前期研究与能力建设工作是欧盟等多个国家或地区正式启动碳市场机制的前提。以碳市场机制的关键要素——排放数据的收集与核算体系为例，中国在 2011 年才出台《省级温室气体清单编制指南（试行）》并印发了 10 个行业的厂商碳排放核算方法，仅上海较早地制定厂商层面碳排放核算方法，天津可依据早期的建筑能效市场为碳排放权交易提供一定的数据支持，而其他地区在试点启动之前并未拥有较为健全的统计核算与监测体系，从而温室气体清单编制工作仍存在诸多不足（白卫国等，2013）。而这一基础工作的不扎实会严重影响各试点地区总量控制目标设定和初始配额分配机制的公允性。

第三，中国在应对气候变化领域的立法空白使碳排放权交易机制的运行缺乏有力的法制保障。正如本书第一章第二节所指出的，欧盟、新西兰等发达国家和地区的碳市场机制均以相应立法部门制定的相关法律作为行动规范。在国家层面，中国仍未正式出台《应对气候变化法》以构建节能减排领域的责任认定与监管机制，而且对碳排放权等环境产权的界定模糊且缺乏法律保障；同时，中国在碳市场交易与监管规则及市场参与者合法权益保障方面的规范性文件缺失，造成目前碳市场建设处于一种自我约束的状态（何晶晶，2013；杨锦琦，2018）。而在地方层面，深圳市充分利用特区立法优势由当地人大常委会出台国内首部确立碳交易制度的法律——《深圳经济特区碳排放管理若干规定》以为推进碳交易试点奠定坚实的法律基础。而除北京以外的其他试点地区的碳市场建设与日常监管工作仅依据当地政府的行政法规执行，从而使相关机制缺乏法律效力而引起公众质疑，同时也为排放厂商逃避责任提供口实。

第四，中国试点地区碳市场总量控制目标设定方法不科学，从而影响碳市场机制环境有效性的实现。一方面，厂商层面有关温室气体排放的统计体系不健全，通过调查回溯得到的厂商历史排放数据质量较差，从而导致试点地区政策制定者确定的减排目标与实际情况存在一定偏差；另一方面，各试点地区依据碳排放强度下降目标所确定的总量控制目标易受经济增长速度的影响，而近年来中国工业经济下行压力加大，特别是重庆、天津两大重工业城市的工业增加值增速远低于地区GDP 增长率，从而出现厂商初始配额超发、碳排放配额总量设置过于宽松的局面，进而在某些年份出现配额市场价格“断崖式”下跌而配额交易量异常冷淡的现象（林青泉和夏睿瞳，2018）。虽然中国已提出“2030 年碳排放达到峰值且努力尽早达峰”的减排目标，但是目前全国碳市场机制的总量控制目标设定方法仍未有明确规定，从而使碳市场机制在实现明确减排目标方面大打折扣。

第五，中国试点地区碳市场活跃度不高而厂商履约特征明显，弱化了碳市场的价格发现功能。目前各试点地区碳市场交易主体单一，单纯以履约为目标的控排厂商在完成减排目标后没有参与配额交易的动力；而以投资为目的的机构与个人投资者较少，其行为不足以激活市场流动性，从而使配额交易呈现“集中在履约到期前数月而在其他时间较为冷清”的现象。上述现象使配额市场价格更易受到单一个体或极端事件的影响而出现有悖市场规律的特征；同时，目前碳交易产品类型单一，金融创新力度薄弱，使碳配额无法发挥市场风险规避的功能。由此，扭曲的市场价格不能反映碳排放权的真实价值和市场供需关系，从而不能为厂商开展减排技术更新与研发提供明确的市场价格信号。

第六，中国试点地区市场监管体系不健全，不利于碳市场的健康发展。一方面，各地区有关配额交易的市场监管机制在相应管理办法上有所涉及但过于笼统，交易主体资格审查制度、信息公开制度等相关机制的不完善会阻碍配额交易平台的构建，同时针对操纵配额市场价格等违规行为的应对措施不足；另一方面，各地区在排放数据监测核查方面的技术设施与能力建设上仍较为薄弱，针对第三方机构的资质管理存在标准不一、相互缺乏互认等问题，而相关人才储备相对不足导致政府与控排厂商在 MRV 方面的工作难度较大且实施成本过高。目前，中国在建设全国统一碳市场时十分重视控排厂商排放数据的统计与核证工作，但是相关监管措施的完善特别是市场监管体系的构建仍存在一定空白。

第七，中国各试点地区碳市场机制设计差异较大，不利于全国统一碳市场建立时的统筹整合。正如本节所指出的，各试点地区因经济总量和产业结构上存在

明显差异，从而在符合国家基本要求的前提下可自主、灵活设计碳市场机制的具体方案。目前各试点地区的碳市场未有连接而相对独立，从而导致配额交易价格、配额交易量、配额交易活跃度等各项指标存在较大差异。同时，各试点地区在全国碳市场启动后继续将非发电行业纳入碳排放权交易试点体系并在一定时期内与全国碳市场并行，而差异化的配额市场价格会进一步弱化其为厂商减排提供有效市场信号的功能。并且，各地区为活跃市场而将产品价格受政府管制的电力、热力等间接排放纳入核算范围，而北京、深圳等地还将商业建筑和服务业纳入碳市场，但这些做法会给全国碳市场建设带来潜在的“排放重复核算”等问题从而不适宜推广。因此，各地区差异化的机制设计对需要加强全面顶层设计的全国碳市场建设提出了很大挑战。

第三节　中国应对市场失灵的碳市场相关机制设计

我们已经发现，中国目前仍未完全构建像成熟的发达市场经济体那样的政策环境以保证市场化减排机制的公平高效运行。因此，可以预见的是，在中国所构建的碳排放权交易机制中，各类市场失灵现象均有可能发生。而我们已在相关学术研究中指出，排放权交易机制的不完全竞争市场结构与交易成本等因素已对中国试点地区碳排放权交易机制的有效性造成显著的影响（Wang et al.，2018；Wang et al.，2019；Zhu et al.，2020）。

一、应对市场势力与策略性行为的碳市场机制设计

中国碳排放权交易试点地区也可能会出现若干厂商操纵配额市场价格的现象，这也是本书后续实例分析所关注的重点。例如，宝山钢铁股份有限公司占据上海市近20%的排放量，而中兴通讯股份有限公司（ZTE）已成为深圳碳排放权交易市场较大的配额拥有者。本书将在第三和第四章对中国目前试点地区碳市场机制的市场结构以及厂商市场势力对碳市场机制的成本节约效应的影响开展理论建模与实例分析。同时，中国七个试点地区的生态环境部门和交易所也出台了相应的市场稳定举措。表2-7对中国试点地区碳市场机制的相关政策措施加以梳理。

表2-7　中国试点地区碳市场应对厂商市场势力的相关机制设计

地区	主要措施
北京	（1）配额总量调节机制：当在一定时期配额的市场加权价格高于或低于既定水平时拍卖或者使用财政预算回购部分配额 （2）拍卖配额比例限制：履约厂商通过拍卖购买的比例不能超过当次拍卖总量的15%，自愿加入厂商的比例不超过5%

续表

地区	主要措施
上海	（1）交易所干预：当各种交易类型产品的市场价格波动超过其相应规定的幅度时，环境与能源交易所将采取临时中止交易或者设置配额拥有量限制等价格稳定措施 （2）配额储备机制：一定比例的初始配额被用于稳定市场 （3）交易形式限定：当配额交易量超过10000吨时，交易双方必须采用协商交易的方式
重庆	（1）配额交易量限制：履约厂商出售的配额不得超过其通过免费分配所获配额的50% （2）交易所干预：在出现市场波动时，交易所可以采取价格稳定措施
湖北	（1）配额储备机制：初始配额总量的8%被用于稳定市场 （2）市场干预：在出现配额供需不平衡、市场流动性差等市场波动情形时，生态环境厅出售或者回购配额以稳定市场 （3）交易所波动涨跌幅限制：日间配额市场价格波动应在－10%到＋10%之间
广东	（1）配额储备机制：初始配额总量的5%被用于稳定市场 （2）拍卖底价机制：自2013年实施以来，监管者多次调整底价水平的确定方式 （3）抵消拍卖：交易所引入碳普惠项目（PHCER）并辅以拍卖底价机制
深圳	市场干预：在出现市场波动时，生态环境局将以固定价格出售多余配额或者回购10%的初始配额总量，而此时厂商购买的配额仅能用于履约而不能进行交易
福建	（1）市场干预：在出现配额市场价格连续上升或者下跌、配额供需严重失衡、市场流动性缺乏等市场波动情形时，经济与信息中心可以通过买卖配额以稳定市场 （2）配额储备机制：当配额市场价格过高时，海峡股权交易中心将拍卖政府储备配额；当配额市场价格过低时，监管者将利用政府预算回购配额

资料来源：ICAP（2019）。

由此可以发现，中国除天津以外其他试点地区的政策监管者均十分重视市场稳定措施的设计；但我们通过比较国内外的实践经验更能看出，目前针对交易者干预市场行为的监管多数采取两类间接调控举措：一方面，中国多数试点地区也采取类似于欧盟、新西兰的市场稳定储备（MSR）或成本控制机制（CCR），使政策制定者通过回购或者重新注入市场配额的方式解决市场配额供需不平衡的问题；另一方面，中国个别试点地区也像韩国、加拿大以及美国的地方碳市场那样设定配额交易或拍卖的最高/低限价来使配额市场价格稳定在合理水平。

依据厂商市场势力与策略性行为理论上可能出现的市场表现，我们认为最为直接的应对措施是有效控制厂商的配额交易量（比例）以避免对配额市场价格的显著冲击。我们发现，目前加拿大新斯科舍省和韩国以及中国北京地区的碳市场机制对厂商通过拍卖获取配额的比例设定上限，而中国重庆地区的碳市场机制则对厂商出售配额的比例设定上限。由此可以认为，目前包括中国各试点地区在

内的多个国家或地区碳市场机制的政策制定者与监管者对厂商策略性行为的认识仍存在不足，没有真正识别出具有市场势力的厂商并对其行为加以直接的监管，这正是本书需要探讨的关键问题。

二、交易成本与碳市场的相关机制设计

中国也在考虑交易成本可能造成不利影响的基础上十分谨慎地决定碳排放权交易机制的覆盖范围。如表 2-8 所示，中国目前各试点地区的政策制定者已经确定了不同的行业覆盖范围和排放厂商准入门槛（Wu et al.，2016；Zhang et al.，2014）。同时，全国碳排放权交易市场在第一阶段仅覆盖年排放量超过 2.6 万吨二氧化碳当量的发电厂商，并在后续视市场运行情况将其他 7 个重点行业逐步纳入。我们推测，交易成本是有关中国碳市场机制行业覆盖范围决策的重要依据之一（Stian and Chen，2017）：中国发电行业已经为参与碳排放权交易做好充分的准备工作，并且拥有最全面的排放数据，从而被认为是最适合纳入全国统一碳市场的部门。同时，监管者负责类似有限覆盖范围的碳市场建设与监管，可以在复杂的运作过程中避免产生过高的管理成本，从而能充分利用这一灵活机制以成本有效的方式控制温室气体的排放（Li et al.，2017；Chang K. and Chang H.，2016；Yang et al.，2017；Fan and Todorova，2017）。

表 2-8 中国试点地区碳市场有关覆盖厂商纳入门槛的规定

地区	主要措施
北京	年排放量（包括直接与间接排放）达到 5000 吨二氧化碳（2016 年）（2013 ~ 2015 年已纳入的按照 10000 吨二氧化碳的标准）
天津	年排放量（包括直接与间接排放）超过 20000 吨二氧化碳
上海	电力和工业部门：年排放量达到 20000 吨二氧化碳或者 10000 吨标准煤当量（2013 ~ 2015 年已纳入的按照 10000 吨二氧化碳或者 5000 吨标准煤当量的标准）； 交通运输部门：航空、港口和轮船分别按年排放量（包括直接与间接排放）10000 吨二氧化碳或者 5000 吨标准煤当量和 100000 吨二氧化碳或者 50000 吨标准煤当量的标准； 建筑：年排放量达到 10000 吨二氧化碳或者 5000 吨标准煤当量
重庆	年排放量达到 20000 吨二氧化碳或者能源消费量超过 10000 吨标准煤当量
湖北	2010 ~ 2011 年中任意一年能源消费量超过 60000 吨标准煤当量（2015 年之前纳入）； 2015 ~ 2017 年中任意一年能源消费量超过 10000 吨标准煤当量（2015 年之后纳入）
广东	年排放量超过 20000 吨二氧化碳或者能源消费量超过 10000 吨标准煤当量
深圳	厂商：年排放量达到 3000 吨二氧化碳； 大型公共建筑：20000 平方米； 政府楼宇：10000 平方米
福建	2013 ~ 2016 年中任意一年能源消费量超过 10000 吨标准煤当量

资料来源：ICAP（2019）。

我们在本书有关碳市场机制有效性的研究中主要关注因厂商行为所引起的直接交易成本，这包括厂商需要承担的 MRV 费用和交易佣金。我们不量化分析表 1－3 所列的前四类有关碳市场初期的运营与战略成本，主要有以下两方面的考虑：一方面，与上述成本相关的数据通常不易被观察和测量从而很难被获取；另一方面，这些费用大多由政府承担。例如，中国试点地区的生态环境与财政部门为履约厂商免费组织相关培训来帮助它们了解排放权交易；在个别试点地区，履约厂商在交易所进行配额交易所需的包括会员费、年费在内的一些固定成本也被免除。因此，我们关注的就是履约厂商特有的交易成本，即 MRV 费用和交易佣金。

我们收集了中国碳排放权交易机制试点地区所规定的有关 MRV 费用和交易佣金的数据。与 EU ETS 不同，各试点地区碳市场机制的第三方核证机构和交易所在厂商层面而非设备层面对相关数据加以计量。我们收集与核算相关数据的方法如下：

（1）通过一些试点地区碳排放权交易所的网站（见表 2－9）以获取有关交易佣金的数据。我们发现，在深圳和上海地区参与排放权交易的厂商分别需要支付最高和最低比例的交易佣金。

（2）通过在某些试点地区的调查或者通过电子邮件向第三方核证机构问询以获取有关 MRV 费用的数据。在上海和广东地区，在试点阶段履约厂商产生的相关费用由政府承担。在深圳地区，履约厂商需要支付相对较低的 MRV 费用（2 万～3 万元）；在北京地区，履约厂商则可能需要支付最高可达 10 万元的费用。而在其他多数试点地区，履约厂商每年需要缴纳的费用在 2 万～5 万元。

表 2－9　中国部分试点地区碳排放权交易所有关交易佣金的收取标准

地区	交易佣金在碳排放权交易额中的占比
北京[a]	7.5‰，最低为 10 元（公开交易）
	5‰，最低为 10 元（协议转让）
天津[b]	7‰，最低为 1 元
上海[c]	0.8‰，最低为 1 元
重庆[d]	7‰
广东[e]	2‰
深圳[f]	6‰的交易经手费＋3‰的交易佣金（通过做市商交易）
	5‰的竞价手续费＋3‰的交易佣金（通过做市商交易）

数据来源：a 表示北京环境交易所（cbeex. com. cn）；b 表示天津排放权交易所（chinatcx. com. cn）；c 表示中国环境能源交易网（cneeex. com）；d 表示重庆碳排放权交易中心（cqets. cn）；e 表示广州碳排放权交易所（cnemission. com）；f 表示深圳排放权交易所（cerx. cn）。

崔连标等（2017）和 Wang 等（2018）已通过实例分析指出，中国碳排放权交易试点地区较高的交易成本水平将影响中国碳配额交易成本节约效应的实现。因此，本书将在考虑不完全竞争市场结构和厂商市场势力这一现实背景的同时，探讨交易成本对中国碳市场机制有效覆盖范围的影响。

第三章　配额交易者的市场势力对碳市场机制成本有效性影响的初步分析

第一节　问题的提出

为了深入评估排放权交易机制的有效性，我们需要从经济学的视角加深对这一市场机制运行规律的理解。经济学理论可以将这一人为构建的“市场交易形态”看作是一个由禀赋（排放配额）和货币（交易金额）两种“商品”（Commodity）所构建的一类特殊交易经济体（Exchange Economy）（Godal，2011）。如果这一交易市场是完全而无摩擦的，初始配额的分配方式不会影响这一机制最终的市场效率；因此，这一市场化减排机制理应被用以成本有效的方式实现既定的减排任务（Coase，1960）。但是，现实的排放权交易市场是“有摩擦的”，而所谓“摩擦力”的来源则在于两个不可忽视的因素（Tietenberg，2010）：一是市场结构（Market Structure），不完全竞争的市场环境使得配额交易者拥有操纵配额市场均衡价格的能力，而配额市场均衡价格的偏离带来机制总履约成本的提高；二是交易成本（Transaction Cost），市场参与者为实现排放权交易的达成而需要支付额外的费用以保证这一人为构建的机制的有效运行，而这一支出会抵消配额交易者原本可能获得的成本节约甚至会阻碍市场交易的实现。本书第三至第五章先探讨市场结构的影响，然后再结合交易成本开展后续的分析。

但最初 Montogomery（1972）等所开展的排放权交易机制成本有效性的评估均依据“科斯定理”和“完全竞争市场”这一理想化的市场结构假设；因此，相关研究不能刻画排放权交易的真实情况，从而无法揭示这一机制实际的成本节约效应。并且，我们从后续针对中国碳排放权交易试点地区高耗能厂商的特征分析中将会发现，参与碳市场机制的厂商大部分来自钢铁、电力等高耗能行业，同时这些厂商排放量大从而可能在排放权交易中占据较大的市场份额，进而形成了典型的非竞争性市场结构。而市场结构的不完善则为这些原本已在产品市场上不再是价格接受者的厂商通过操纵配额市场价格实现个体利益最大化创造了条件。

这些现象的出现可能与规模经济、资源条件的约束以及政府的管制有关，同时在市场经济体制不完善、政府管制较多的发展中国家可能更为普遍。这些厂商的市场势力不仅会影响减排政策的有效性，而且还可能加剧排放的外部性（Buchanan，1969）。Hahn（1984）最早给出了排放权交易机制中配额交易者策略性行为的分析框架，并指出排放权交易机制的成本有效性可能依赖于市场的设计和（某些）关键厂商对市场的影响。而有关排放权交易机制中交易者策略性行为的实例研究已受到广泛关注。但是，由于厂商层面微观数据的获取极为困难，从厂商层面开展的实证分析较不多见。而我们运用所构建的中国排放权交易试点地区高耗能厂商减排成本数据库则为开展这一方面的工作提供了数据支持。

本章首先从经济学视角对有关市场势力、策略性行为与排放权交易机制有效性的研究成果加以综述，然后依据传统的 Hahn – Westkskog 模型来刻画厂商的配额交易行为，并以配额交易份额作为初步评判厂商市场势力的标准，运用中国排放权交易试点地区高耗能厂商减排成本数据库中的样本厂商信息识别各试点地区碳排放权交易机制可能存在的市场结构，进而针对厂商市场势力对碳排放权交易机制成本有效性（配额市场价格、配额总交易量、厂商总履约成本）所带来的影响开展初步的比较分析。而我们的研究结论将帮助政策制定者认识到在碳市场机制设计中正确判别市场结构的重要性，并且要对影响厂商市场势力的关键因素有一定的理解与关注。

第二节　市场势力、策略性行为与排放权交易机制的有效性：文献综述

一、市场势力、策略性行为的理论研究

1. 产业组织理论对策略性行为日益深入的关注与研究

有关市场主体的市场势力和策略性行为的研究属于微观经济学市场理论中有关产业组织理论的内容。市场理论主要研究在市场经济机制下以厂商为代表的市场主体为追求利润最大化而进行的产量、价格决策及其对社会福利的影响。而产业组织理论放松了有关完全信息、零交易成本的完全竞争市场假设而关注更为接近现实市场的不完全竞争模型。这一理论分支主要关注在不完全竞争条件下的厂商行为和市场构造，评价分析在此条件下社会福利所受的影响。因此，产业组织理论因摆脱过于苛刻的完全竞争市场条件、描述更为贴近实际的经济现象而日益成为微观经济学的研究热点。

“马歇尔冲突”（Marshall，2009）概念的提出则通过对规模经济和市场竞争

活动之间矛盾现象的关注开创了不完全竞争理论的先河；随后，“垄断竞争理论”在20世纪中叶逐渐形成（Chamberlin，1933；Robinson，1969），为其后产业组织理论的发展奠定了理论基础。产业组织理论依据市场中厂商的数量及其对市场均衡价格的影响程度而将不完全竞争市场细分为完全垄断、寡头垄断、垄断竞争这三种类型。

早期经济学者关注三种市场类型下市场集中度对市场效率的影响而逐渐形成较为成熟的“结构—行为—绩效”（SCP）研究范式，而产业组织理论则由此正式产生。这一传统研究范式将市场结构、市场行为和市场绩效作为分析产业竞争有效性的主要指标，从而注重对市场结构的因素及其对市场行为和市场绩效的影响进行系统的研究。这一早期被称为“结构主义学派”的思想着重强调垄断行为对市场竞争的阻碍，为市场经济国家反垄断政策的制定提供了理论基础和决策依据。

而在20世纪50年代以后迅速发展的博弈论与信息经济学将厂商策略冲突行为纳入一个标准化的分析框架中，从而产生新产业组织（New Industrial Organizations，NIO）理论。我们特别需要强调的是，Tirole（1988）运用博弈论的分析范式将不完全竞争市场理论与微观主体行为分析结合起来实现对产业组织理论的重构，通过理论与方法的统一将产业组织理论由“结构主义”转向“行为主义”。新的理论更为关注微观主体的策略性行为，即不再被动地依据市场外部条件做出应对，而是尝试策略性地改变市场环境并影响市场竞争对手的预期，从而达到排挤竞争对手并阻碍新的市场主体进入的目的（刘志彪等，2003；胡志刚，2011）。

2. 市场势力概念的提出与其估计方法的研究

Lerner（1934）最早给出“市场势力”的定义，即市场参与者将产品市场价格维持在其边际成本之上的能力。Bresnahan（1989）也给出类似的定义，即在不完全竞争市场中市场参与者使产品市场价格超出其产品边际成本的比率。而在实际的市场监管中，美国联邦贸易委员会（FTC）将“市场势力”定义为市场个体在一定市场内提高价格至一定水平的能力，并以此作为评判厂商垄断行为的依据（郭树龙，2013）。

依据上述定义，多位学者提出有关市场势力的测度方法以作为评估厂商行为对市场效率与社会福利影响程度的关键依据。Lerner（1934）在给出市场势力定义的同时也提出勒纳指数（Lerner Index）作为衡量指标。该指标通过测算产品市场价格与其边际成本的偏离程度以避免过去必须从销售资料推算市场势力的问题。而随后针对厂商市场势力的测度多参考有关市场集中度的主要指标，例如较为常见的行业集中率指数（Concentration Ratio，CR_n）、赫芬达尔—赫希曼指数（Herfindahl - Hirschman Index，HHI）、洛伦兹曲线（Lorenz Curve）、基尼系数（Gini Coefficient）、熵指数（Entropy Index）等。厂商利润率等指标也可以被用作

厂商市场势力的衡量。

虽然有学者针对相关指标的构建提出新的改进方法，但这些属于直接测算指标的指数构建均属于早期"结构主义学派"SCP范式的研究成果（李停，2015）。随着博弈论与信息经济学融合到产业组织理论中，针对"市场势力"的相关研究也不断推陈出新。而更为关键的是，在这一过程中出现的新产业组织实证方法（New Empirical Industrial Organization，NEIO）为"市场势力"的估计开拓新的天地：推测变分法（Iwata，1974）、Panazar & Ross 简约方法（Ross and Panzar，1977）、结构模型（Bresnahan，1982）、Hall 方法（Hall，1986）、剩余需求弹性模型（Baker et al.，1988）均被用于厂商"市场势力"的测度研究中。这些方法在运用时对基础数据均有不同的要求从而各有利弊，因此在运用时要多加注意（Hyda，1993）。

同时，计量经济方法作为经济学最为经典的实证分析工具，也通过与上述测度方法相结合而产出丰富的研究成果：一方面，针对市场势力的研究范围不断扩展，在发展中国家、国际市场等领域也取得较好的研究成果；另一方面，行业与厂商层面的数据不断完善，计量分析方法也不断丰富，为相关研究给出更为新颖的实证依据。Appelbaum（1982）构建需求弹性模型估计美国制造业厂商的市场势力，而Corts（1999）又提出用"推测变量"（Conjectural Variations）理论估计参数的方法而对该模型加以拓展；Steen 等（1999）运用误差修正模型将 Bresnahan（1982）的结构模型动态化，以分别识别出行业对短期和长期市场价格的操控能力；陈甬军等（2009）在Hall方法的基础上考虑厂商间的生产率差异和规模效应，运用面板数据并采用广义矩估计（GMM）的方法估计钢铁行业的市场溢价。

虽然，目前针对市场参与者"市场势力"的测度关注于市场集中度等表象指标，但Lerner（1934）最初从"产品市场价格与生产边际成本偏离"的角度提出的测算方法为我们后续有关排放权交易者市场势力的测算提供了新的思路；而从直接测度指标考察的思路更多地集中在经验研究上：丰富的数据与多样化的计量分析方法虽能对厂商"市场势力"的影响因素加以识别，但缺乏系统性整合而没有更为一般化的估计方法，从而不利于政策设计者与市场监管者的运用。

3. 策略性行为的概念、分类及其管制研究

不同于上述直接测度指标，Brandow（1969）从市场参与者行为的视角对"市场势力"重新加以定义，即厂商影响其市场竞争者或者价格、产量等市场参数的能力。因此，厂商正因为在非竞争性的市场结构下具备一定的操纵产品市场价格的能力即市场势力，从而通过采取策略性行为以扭曲产品市场价格并影响产品市场交易的效率。干春晖和姚瑜琳（2005）指出，市场参与者在产品市场运用

其市场势力去影响产品市场价格和行业产出以为自己获得超额利润，而这一行为就属于“策略性行为”的范畴。同时，市场中多个甚至所有具有类似特征的厂商均可能采取类似行为而使它们在决策方面存在一定的相互依赖关系。

Schelling（1958）最早给出了“策略性行为”的定义，即市场参与者通过影响竞争者对其行动的预期而使竞争者在预期基础上做出对该市场参与者有利的决策行为。而干春晖等（2005）基于时间和厂商行为的不同特点将“策略性行为”分为三种类型：第一，包括限制性定价、掠夺性定价在内的短期基于价格调整的策略性行为；第二，包括产品选择、成本变动、厂商边界调整在内的中期基于产品、产能和厂商边界调整的策略性行为；第三，包括创新与阻止进入、专利竞赛与模仿、标准与兼容等在内的长期基于研发与创新的策略性行为。

作为新产业组织理论的主要关注对象，“策略性行为”的相关研究为产品市场价格扭曲和社会福利受损现象提供了理论依据，从而被用于经济与公共政策的设计中。策略性行为理论为反垄断政策提供了更为科学的理论分析基础，从而使反垄断政策成为其主要的应用领域；这一理论拓展了反垄断监管者对市场参与者行为的调查范围，但也提高了反垄断调查的难度和成本（李太勇，1999）。因此，Vickers（2005）与刘华涛（2013）提出了构建独立管制机构、加强行为管制立法、采用激励性管制以提高行业竞争性等措施完善市场参与者策略性行为的治理机制。

4. 特殊领域的关注：合作策略性行为与买卖双方策略性行为模型研究

市场参与者的策略性行为依据其与其他参与主体间竞争或协作的关系而被分为“非合作策略性行为”和“合作策略性行为”。上述针对一般意义上的“策略性行为”的研究基本属于“非合作策略性行为”的范畴。但是在现实的市场环境下，厂商等市场主体有可能存在相互之间进行合作的动机与可能，并由此获得更高的市场收益。

最早针对市场参与者“合作策略性行为”的研究源于有关寡头垄断市场中“卡特尔同盟”（Cartel）的合谋行为理论。而随着博弈论为产业组织理论提供更为规范的研究范式，“合作博弈理论”也被用来分析厂商在不完全竞争市场中的决策行为。特别需要指出的是，由 Shapley 和 Shubik（1969）提出的“联盟博弈模型”（Coalition Game Model）和 Rubinstein（1982）提出的“讨价还价模型”（Bargain Model）等相关理论使得市场参与者“合作策略性行为”更受关注。“合作策略性行为”依据其信息条件被分为“默契合作策略性行为”和“明确合作策略性行为”（董锋，2006）：“默契合作策略性行为”的典型表现为重复博弈，如常见的冷酷策略、胡萝卜加大棒策略等；而“明确合作策略性行为”则表现为厂商间公开或私下通过协议（书面或秘密会谈）协调行动以使合作组织利润最大化的行为，如产业组织理论中常分析的制定共同成本手册与多产品定价公式、转售价格维持（RPM）、基点定价、一致—竞争条款（Meeting - competition Clauses）、价格领导等。而厂商间可能采取的“合作策略性行为”与其所在市场的集中程度、市场信息的不对称程度或滞后程度有关（张玉浩等，2009）。针对“合作策略性行为”的研究虽相较于传统的“非合作策略性行为”严重滞后，但近年来发展极为迅速。本书在关注厂商配额交易过程中的策略性行为时，也尝试讨论这些市场交易者可能存在的“合谋行为”及其对碳排放权交易机制成本有效性的潜在影响。

并且，从市场参与者交易角色来看，传统产业组织理论多数关注生产者在产品市场中可能存在的合作或非合作策略性行为及其对消费者剩余以及社会福利造成的影响。但是在某些市场中，参与商品交易的双方均可能具有操纵商品市场价格的能力，即二者均具有一定的市场势力；刻画这一类市场行为的理论被称为“双边市场模型”或者“供需双方博弈模型”。相关学者大多关注各类（网络）平台竞争行为但暂未形成统一的体系和框架（邢伟等，2008；夏弈和徐振宇，2019）。叶毅力（2009）分别依据刻画卖方行为的剩余需求弹性模型（Landes and Posner，1981）和刻画买方行为的剩余供给弹性模型（Golderg and Knetter，1999），并通过拓展 Song 等（2007）的 Song - Marchant - Reed（SMR）模型来给出测算产品买卖双方市场势力的计量经济学模型；但是，目前针对这一行为的实证分析也鲜有文献关注。

我们必须强调的是，排放权交易机制非常类似于网络平台的交易模式，而配额市场均衡价格是参与交易的配额买卖双方共同参与且达成交易而形成的。因此，配额供需双方在这一特定市场结构下均可能运用其市场势力操纵配额市场价格从而谋求更高利润，但也会因此加剧市场的扭曲而影响社会福利。这一点是过去针对“策略性行为”的研究所忽视的，也是本书在分析排放权交易机制覆盖厂商策略性行为时着重加以关注的。

二、能源环境管制政策设计对市场势力、策略性行为的关注

公共政策领域是市场势力与策略性行为研究关注的重点：一方面，在一定程度承担公共事业服务的电力、能源等行业具有明显的高耗能、高排放特征而对保障能源安全和应对气候变化造成极大压力；另一方面，这些行业进入门槛高，投资成本高昂，较易形成自然垄断的格局而对社会福利造成一定影响并有可能加剧其污染排放的外部性。鉴于此，不完善的环境管制势必会影响到这些行业节能减排目标的实现（Baumol et al.，1988；Buchanan，1969）。

1. 以电力行业为代表的能源产业策略性行为研究

本书前文已指出，电力行业的垄断竞争格局是其行业技术原因和行业监管的经济与政治因素共同影响所造成的。从市场供需格局来看，电力的供给在一定条件下具有稀缺性，从而给予其厂商发挥市场势力的可能；而社会对电力的需求一般缺乏弹性，需求侧难以干预市场（曾次玲，2002；马歆等，2002）。并且，处于这类能源行业的厂商可以共同决策而非单独通过调整资源类商品供给以影响资源市场价格，而它们采取独立或串谋的行为使以 OPEC 为代表的具有行业垄断性质的组织可以持续存在（Sovacool，2015）。

为分析电力市场中的策略性行为，Cardell 等（1997）给出了分析一个发电厂商具有市场势力的古诺模型，而 Wolfram（1999）与 Twomey（2006）提出了基于成本—价格比较的市场势力测算方法。而欧盟及美国加利福尼亚州的电力市场改革则吸引了更多学者运用古诺均衡模型等经典方法刻画发电厂商的市场势力以及国家/地区层面电力行业的市场结构（Borenstein，1995；Borenstein et al.，1998；Borenstein et al.，1999；Borenstein，2000；Sweeting，2004）。而基于多主体（Agent）仿真建模的方法也被用来模拟分析英国和德国电力市场中厂商市场势力的影响（Bunn et al.，2003；Möst et al.，2009）。

激励性的管制政策（Incentive - based Regulation）被认为是抑制电力市场中厂商策略性行为的有效途径（Jamasb et al.，2004）：Bushnell（1999）提出严格市场竞价机制，而 Mount（2001）与 Rassenti 等（2003）则建议实施差别价格拍卖制度；Lise 等（2006）与 Lise 等（2008）提出行业拆分并提高电力传输能力的政策来实施欧洲电力市场化改革从而实现环境效益的提高和社会福利的改善；Jiao 等（2010）认为必须提高行业市场竞争程度而绝非单纯采取价格联动机制来管控中国电力行业在煤电价格联动机制下的策略性行为；李昂等（2014）则指出中国目前进行的大用户直购电政策将对克服市场势力有一定的作用。

而除发电行业以外的其他兼具高耗能、高排放性质的行业也具有垄断竞争的市场结构特征，从而引发多位学者的关注。针对天然气行业，Egging 等（2006）针对欧洲市场建立了混合互补均衡（Mixed Complementarity Equilibrium）模型，指出上游生产商通过减产可提高市场价格以获得超额收益；而 Hubbard 和 Weiner（1991）较早实证分析了在长期价格协议下买卖双方在议价过程中的策略性行为对价格的影响。针对水泥行业，王华（2013）运用新产业组织实证方法（NEIO）并引入动态技术进步模型但并未发现中国水泥行业存在系统性市场势力，而魏如山（2013）则运用 NEIO 方法比较研究不同地区的行业市场势力，指出水泥行业存在恶性竞争的可能。

随着能源国际贸易的广泛开展，从国家/地区层面分析能源资源类行业的策略性行为也成为重要的研究领域；特别需要指出的是，国家/地区层面的策略性行为势必会影响能源资源的市场定价，因此有关能源资源类产业的国际市场定价权问题成为这一领域研究的热点。方建春（2007）针对石油等主要资源型商品市

场的“中国折价（或溢价）”和“中国大市场悖论”议题，从全国层面市场集中度的视角构建国家市场势力测度模型以研究市场结构对国家间利益分配的影响。阚大学（2014）运用剩余需求弹性模型对中国钢铁行业加入世贸组织前后在国际贸易市场上市场势力的变化进行了实证分析。徐鸣哲（2011）则运用剩余需求弹性模型实证分析了中国锰矿石行业在国际市场上的定价权问题，指出剩余供给弹性和剩余需求弹性是影响其市场势力的核心因素。赵勋（2014）依据将剩余供给弹性和剩余需求弹性相结合的SMR模型并采用面板数据实证分析了中国稀土化合物、稀土产品和铁矿石国际贸易中的大国效应，指出提高行业集中度是解决中国资源贸易困境的措施之一。

2. 市场势力、策略性行为对能源环境政策有效性的影响研究

煤炭、钢铁、电力等能源资源类或能源密集型行业不仅具有典型的寡头垄断的市场结构特征，而且它们的策略性行为可能会加剧能源耗竭和污染排放。金达等（2013）运用寡头博弈模型刻画在不同类型环境规制下寡头垄断厂商的策略性行为，并指出信息的不对称会使寡头垄断厂商对规制者进行“规制俘虏”而影响环境政策的有效性。樊华（2014）发现在滇池水污染治理过程中，受政绩考核目标约束的地方政府在“经济人”动机驱使和委托代理机制执法失灵的条件下会出现一定程度上的治理“失灵”。而宋文娟（2011）则从国际市场的角度衡量了在环境成本内部化的约束下中国出口型行业在国际市场上市场势力的变化，发现环境规制政策对制造业在出口贸易中的国际市场势力带来显著的正面影响，从而有利于提高中国出口行业的国际竞争力。

因此，针对控制能源消费、应对气候变化的能源环境政策设计也十分关注这些行业中策略性行为所造成的影响，并在机制设计过程中加强对相关寡头垄断厂商的规制。

3. 考虑厂商策略性行为的能源环境政策设计

能源资源类或能源密集型行业中的策略性行为不仅会加剧资源利用或者环境保护的负外部性，还会影响环境管制政策的成本有效性。Requate（2006）曾针对有关非竞争性市场结构下的能源环境政策设计加以总结和梳理。Nannerup（1998）将不完全信息引入策略性环境政策（Strategic Environmental Policy）后发现，采取环境标准政策相对于直接生产补贴更易克服由信息不对称性带来的策略性行为的影响。Carlsson（2000）则运用不同类型的双寡头垄断模型研究不完全竞争环境下的最优环境税率问题，并指出最优税率与边际环境成本的差异、信息的传导机制以及厂商策略性行为对产品边际成本的影响均有关。Fischer（2011）指出当厂商在产品市场中份额较大而具备一定的市场势力时，基于产出的环境补贴政策会降低厂商减排的动机从而带来更高产出和更多排放。郭庆（2007）发现

信息的不对称削弱了环境规制政策的有效性，而监管的放松会引起厂商的策略性行为，从而指出降低信息成本、削弱厂商操纵信息意愿的重要性。

由此看来，政策制定者在进行环境政策设计时必须要对管制厂商的策略性行为及其影响加以考量。Holland（2009）在比较排放强度目标政策和排放税政策的效果时指出，排放强度目标政策在存在市场势力或者不完全管制（Incomplete Regulation）的条件下会带来相对更高的社会福利。因此，市场信息不完全、市场结构非竞争性的条件使得政策制定者必须在制定有效的环境管制政策时更加慎重以保证政策的有效性。而 Moledina 等（2003）则从动态的角度发现策略性厂商在税收机制下有过量减排以期在未来降低税率的动机，而在排放权交易机制下则有提高配额价格以期在未来获得更多配额的动机，因此配额价格的形成机制是权衡两类政策工具的关键所在。Santore（2001）发现在国际排污权交易机制中国家层面的策略性行为会影响配额市场价格和其他国家的减排行为，从而建议采用基于跨境污染的庇古税与关税相结合的最优环境惩罚政策。Barrieu 等（2003）则结合实物期权和博弈论的方法分析在全球范围内考虑国家间动态策略性行为时实施统一环境政策的最优时点问题，并指出推迟政策实施是次优解。

三、考虑市场势力的排放权交易机制有效性研究

正如本书第一章所指出的，依据科斯定理（Coase，1960）所构建的排放权交易机制尽管被认为是成本有效的减排手段，但现实中不完全竞争的市场结构将会削弱排放权交易机制的成本节约效应。并且，作为机制主要参与者的能源密集型行业本身就具有寡头垄断的市场结构特征，而它们也是排放权交易机制主要关注的对象。

除此以外，排放权交易机制本身也会造成厂商具有操纵产品和配额市场价格行为的动机。Laplante（1997）指出相对于环境标准政策，排放权交易机制虽能通过向厂商免费分配初始配额改进社会福利，但也可能使部分厂商具有市场势力进而影响厂商的产出决策。Stocking（2010）也指出，引入价格管控机制虽能降低排放权交易机制配额市场价格的不确定性，但也可能会给予厂商采取策略性行为的可能。但也有学者（Van Egteren and Weber，1996；Malik，2002）指出，厂商某种程度上的市场势力可能会消除由厂商的未履约行为造成的市场扭曲。因此，本书着重分析不完全竞争市场结构下排放权交易机制的有效性问题。

Hahn（1984）最先尝试运用经济学理论解读不完全竞争的可交易配额市场，将市场势力的概念引入到排放权交易市场的分析中。在一个静态分析框架下，Hahn 在这篇经典文献中构造了一个分析厂商在排放权交易机制中的市场势力的模型：他假设排放权交易市场中仅有一个厂商（配额交易者）具有市场势力，而其他市场竞争者均为价格接受者，同时所有厂商均可以免费获得初始配额。

Hahn 的这篇经典文献不仅为排放权交易者的策略性行为刻画给出了规范化的分析框架，而且明确指出排放权交易机制成本有效性的实现可能依赖于市场的设计和（某些）关键厂商对市场均衡的影响。另外，特别需要指出的是，Hahn 明确了 Coase（1960）的结论与现实环境之间的差异：具有市场势力的厂商对排放权交易机制有效性的影响与初始配额分配方式有关，即此时初始配额分配方式一般均会带来市场的无效率。他在文中还指出，只有向具有市场势力的厂商分配与其在均衡状态下配额使用量等额的初始配额才能实现机制的成本有效性。Hahn 由此引领了诸多后续的研究工作以更好地刻画策略性交易者在排放权交易机制中可能存在的各类决策行为：

Westskog（1996）扩展了 Hahn（1984）的模型以允许市场中存在两个或更多的策略性交易者。Montero（2009）也考虑到多个具有市场势力的厂商在这一市场中的交易行为。考虑到配额市场中当前配额可预留给未来使用这一特征，构建相应的动态模型也是非常必要的；Hagem 和 Westskog（1998）首先在一个两阶段框架下将这一动态特征引入 Hahn（1984）的模型，并且发现需要在实现时间跨度上的成本有效分配与规避厂商市场势力的不利影响之间寻求均衡，从而提出一种持久性配额交易机制（Durable Quota System）以克服厂商市场势力的不利影响。Liski 和 Montero（2005）则运用配额跨期交易市场模型发现，厂商的策略性行为会使得阶段间配额动态均衡价格以低于利率的速度上升；而 Liski 和 Montero（2006）则指出引入配额的远期交易在一定限度上可以应对市场势力的影响。Montero（2009）与 Lisk 和 Montero（2010）将这一框架扩展到多阶段的配额交易机制中，并在这一模型中预见到排放权交易机制在未来会将其排放总量控制目标不断收紧的可能；但 Godal（2011）仍指出，当前经济理论中缺乏针对排放权交易市场非竞争性市场结构研究的理论基础。

Meada（2003）构建了排放权交易市场扭曲程度的估计模型，并指出配额市场价格的扭曲程度与其初始分配方式及政策制定者规避厂商市场势力影响所采取的措施有关；为有效应对排放权交易机制中厂商市场势力的不利影响，Eshel（2005）给出了在相应市场结构下厂商初始配额的最优分配方案。而考虑到初始配额分配方式的影响，Cramton 和 Kerr（2002）与 Calford 等（2010）则指出拍卖机制会抵消市场势力的影响，因为拍卖使配额价格收敛于竞争性价格水平并带来更低的产品价格和更高的消费者福利（Goeree et al.，2010）。Montero（2009）则认为只有采用差别定价机制或按照 Montero（2008）给出的带有返还的单一价格机制才能实现机制的有效性。

Misiolek 和 Elder（1989）将厂商的市场势力划分为在排放权交易机制中实现成本有效的成本最小化操纵行为（Cost - minimizing Manipulation）和通过排放权

交易机制中的市场势力将竞争者排挤出产品市场的排他性操纵行为（Exclusionary Manipulation）。我们在前面介绍的模型均属于“成本最小化操纵行为”的范畴，而本书第三、第四和第六章均在这类模型框架下考虑排放权交易机制的成本节约效应与有效覆盖范围问题。在市场中占有主导地位的排放权交易者直接通过操纵配额市场价格以最小化减排成本、获得超额收益已成为它们在碳市场中策略性行为的典型表现（Bueb and Schwartz，2011）。

但是，被广泛应用的经典 Hahn – Westskog 模型在刻画现实环境中排放权交易者的策略性行为时还存在诸多问题：这一模型事先假定一个大的策略性交易者或一组占据市场主导地位的交易者，而其他配额交易者都被假定为价格接受者（Tanaka and Chen，2012；Tanaka and Chen，2013）。并且 Montero（2009）指出，足够多数量的价格接受厂商的存在才能保证该模型得出有效的最优解；否则，该模型就不存在一个有效的市场出清机制。但是这类模型并没有针对策略性交易者的识别提出明确的指导原则或方法。而且，在现实市场中去判定特定市场参与者的竞争性行为是非常困难的。Malueg 和 Yates（2009）、Wirl（2009）等诸多经典文献对此问题加以探讨并提出新的模型，Lange（2012）亦放松有关市场中存在部分价格接受者的假设而给出估计厂商市场势力的内生模型。我们在本书的理论建模中即尝试取消有关排放权交易机制中策略性交易者的数量限制以对传统模型加以改进：

我们会简单而直观地认为配额交易量较低的厂商是价格接受者，其行为带来的影响可以忽略不计。Godal（2005）沿用 Flåm 和 Jourani（2003）、Flåm 和 Godal（2004）的研究而发现 Hahn – Westskog 模型的均衡解对交易者在策略性个体与价格接受个体间的角色转换非常敏感。而且 Godal（2005）指出当这一均衡解存在时，即便是一个规模较小的个体决定在策略性交易者和价格接受者之间进行角色转换，这一市场交易角色的改变也可能会给模型均衡解带来显著的影响。Godal（2005）依据多国间配额交易的模拟分析表明，配额交易量和总履约成本会因具有市场势力的国家逐渐增多而发生显著的变化。

为此，Godal（2005）在 Flåm 和 Jourani（2003）所提出的两阶段非合作—合作博弈模型的框架下刻画所有交易者均具有市场势力的配额交易情形，从而解决了上述因交易者角色改变而带来的影响。这一被称为完全市场模型（Full Market Model）的两阶段博弈模型假设所有的交易者在第一阶段均具有市场势力。正如 Godal（2005）所指出的，由于策略性交易者将选用更少或更多的禀赋（初始配额）来参与模型的第二阶段的配额交易，它们的身份将在这一阶段被识别到：一个策略性配额出售者（购买者）最终的边际减排成本将低于（高于）均衡配额价格，而所有的价格接受者最终的边际减排成本均等于均衡配额价格。Flåm

(2016)、Flåm 和 Gramstad（2017）及 Wang 等（2018）等均对这一模型加以探讨，为本书后续理论研究中分析框架的构建提供解决思路。该模型除了解决模型均衡解的稳定性问题还有一个值得注意的学术价值，即为识别出在排放权交易市场中的策略性交易者提供了一种有效的方法。

正如本章第三节所指出的，厂商间的共谋行为是可能存在的：例如，配额出售者可能为应对其他策略性交易者而构建一个卡特尔（Cartel）垄断联盟（Godal and Meland，2010）。Springer（2003）及 Klepper 和 Peterson（2003）等较早地从国家层面探讨了这个问题，而 Böhringer 等（2007）认为配额交易者总有偏离或者偏向原市场均衡解的动机，使卡特尔垄断模型的均衡解并不稳定。

同时，厂商的策略性排他行为也备受学者关注：Innes 等（1991）和 Von - der Fehr（1993）指出厂商在排放权交易机制中的市场势力会影响到竞争者在产品市场中的收益，而 De Feo（2012）给出能源上/下游厂商分别在排放权交易市场和产品市场中具有市场势力的模型以刻画两个市场间策略性行为的交互作用。Sartzetakis（1997a）与 Sartzetakis（1997b）指出，垄断厂商为获得超额利润而造成一个或全部市场的扭曲，进而导致产品市场份额的重新分配，但对整个社会福利的影响是不确定的。Pratlong（2004）则发现参与国际排放权交易机制的各个国家在产品市场中的策略性行为会导致环境管制目标的放松。Limpaitoon 等（2014）也指出，技术能效较高的厂商可以操纵排放权交易，进而在提高电力市场产出的同时增加其竞争对手的成本。

虽然 Feo 等（2013）在 De Feo（2012）的模型框架下给出了有效的初始配额分配方法，Hintermann（2011）却指出单纯的配额分配方式的优化已不足以应对厂商的策略性排他行为：Calford 等（2010）将相关模型扩展到多厂商情形，发现在排放交易市场为寡头垄断而产品市场为 Bertrand 竞争的市场条件下提高减排目标会提高市场效率；Tanaka 和 Chen（2003）运用古诺模型刻画了厂商在美国加利福尼亚州电力市场和排放权交易市场中均具有市场势力的情形，指出具有新技术的发电厂商凭借市场势力可以有效降低排放并改进社会福利。而本书第五章则在考虑厂商策略性排他行为的条件下分析排放权交易机制对高耗能行业减排技术扩散的影响。

四、市场势力、策略性行为对排放权交易机制有效性影响的模拟与实例分析

由于缺乏实证数据并且排放权交易机制的实践范围较小，相关学者在 Hahn（1984）等经典模型框架下多采用实验模拟的方法解释厂商策略性行为对排放权交易机制有效性可能带来的影响，以为完善交易机制提出有效的政策建议。

Godby（1998）最早将 Misiolek 和 Elder（1989）所提出的刻画两类厂商策略性行为的经济学模型引入到实验模拟环境中，并发现策略排他性行为对市场效率的影响远超预期，从而强调相关机制设计的重要性；Godby（2002）通过模拟分析发现，产品市场的市场扭曲会直接影响到排放权交易机制的成本有效性；而吴茗（2008）发现市场势力的存在使排放权交易机制的成本有效性劣于税收机制。而亦有研究不赞成前述文献中的结论：Godby（1999）及 Muller 和 Mestelman（2002）均发现排放权交易机制的成本节约效应并未因市场的不完全竞争而明显削弱，差别定价而非双向报价（Double Auction）的拍卖机制则可以在一定限度上缓解厂商市场势力带来的负面影响。Cason 等（2003）也通过模拟分析发现，厂商在配额拍卖机制下的策略性行为对市场效率的影响极不显著。Carlén（2003）则在模拟国际排放权交易机制中各国的策略性行为时也发现类似结论。

实验模拟的方法在被用于分析排放权交易机制中的策略性行为时，其结果对实验设计的参数设置高度敏感，从而导致最终研究结论存在一定的不确定性。而随着排放权交易机制在欧美地区的广泛实践，针对排放权交易者策略性行为的实例分析也逐渐增多。但需要指出的是，由于微观数据获取的困难，相关的实例模拟分析大多关注国家、地区或者行业的策略性行为。

相关学者起初更多关注“京都机制”下各缔约国在假想的国际碳排放权交易机制中的策略性配额交易行为，特别需要指出的是，俄罗斯、乌克兰等经济转型国家由于经济衰退会带来“热空气”（Hot Air），并作为国际市场中的策略性卖方会通过操纵配额市场价格而削弱机制有效性（Burniaux，1998；Ellerman and Decaux，1998）；当美国宣布退出《京都议定书》之后，相关研究更加关注经济转型国家的策略性行为对配额市场价格的走势及机制成本有效性的影响（Bernard et al.，2003；Böhringer，2002；Böhringer and Löschel，2001；Carlen，2003；Löschel and Zhang，2002；Böhringer and Löschel，2003；Klepper et al.，2005；Böhringer et al.，2007；Godal and Meland，2010）；而 Hagem 和 Meastad（2006）还考虑到同样具有非竞争性特征的能源市场，从而发现俄罗斯会通过石油、天然气的出口获得更多收益；Helm（2003）则通过假设所有的国家均具有市场势力，模拟了各国在国际碳排放权交易市场中进行配额分配时的策略性行为。

我们已经指出，交易成本等因素的存在使排放权交易机制可能存在有效的覆盖范围而非覆盖所有的经济部门。因此，参与排放权交易的国家或者地区在既定减排目标下可能面临着将配额在交易部门和非交易部门间进行分配的策略性问题。而本书第一章已指出，在 EU ETS 第一阶段可能出现的国家间配额策略性分配给碳市场机制带来潜在的效率损失；但是，相关研究却认为各国围绕国家分配计划（NAP）所采取的策略性配额分配行为对配额市场均衡价格和总履约成本的影响是极不显著的（Böhringer et al.，2005；Böhringer et al.，2006；Viguier et al.，2006；Böhringer and Rosendahl，2009）。Fan 和 Wang（2014）也指出中国如建立

统一碳市场而由各省级行政单位决定地区减排目标的分配时，其行为对碳市场机制有效性的影响并不明显。

我们需要进一步指出的是，排放权交易机制覆盖范围的变化会造成地区策略性行为影响的差异。Dijkstra 等（2011）依据一个两国家模型的分析发现，只有当原本纳入行业和新增行业的减排边际成本（收益）函数对称时，扩大碳市场机制覆盖范围才会带来两国福利的提升。Böhringer 等（2014）则考虑上述思路并实例模拟了国际碳排放权交易机制覆盖范围在行业和区域的扩张所带来的影响，并发现此时虽然总体效率提高，但是国家间的策略性分配行为会使配额出口国相对于配额进口国获得更多的收益。Fan 和 Wang（2014）则在 Böhringer 和 Rosendahl（2009）的理论分析框架下，通过考虑地区间策略性配额分配行为、交易成本、地区/行业间减排成本异质性等多种因素来探讨中国统一碳市场机制的合理行业覆盖范围的问题。

从目前的研究来看，一方面，针对排放权交易机制参与者策略性行为的实例分析仍基本采用传统的 Hahn – Westskog 模型，不能模拟所有交易者均具有市场势力的情形；另一方面，受制于微观数据可得性的限制，基于可计算一般均衡模型等经典政策模拟方法开展的实例分析鲜有关注厂商微观层面的策略性行为，从而未对现实中厂商在排放权交易机制的市场势力及机制优化设计方案加以分析与解答。

第三节　排放权交易机制中厂商市场势力分析框架：基于 Hahn – Westskog 模型

一、基本假设与预备知识

假设某一国家或地区的政策制定者尝试采用排放权交易机制控制以二氧化碳为代表的某一均匀混流污染物（Uniformly Mixed Flow Pollutant）所带来的排放。我们将纳入这一碳排放权交易机制的 n 个厂商定义为集合 I，即 $|I| = n$。而各厂商 $i \in I$（$i = 1, \cdots, n$）依据祖父制等某一特定原则获得初始排放配额$\overline{e_i}$。由此，政策制定者实施该排放权交易机制的目的在于完成既定的排放总量控制目标 $\overline{e} = \sum_{i=1}^{n} \overline{e_i}$。假设厂商在带来数量为 e_i 的排放时所需支付的减排成本为 $TC_i(e_i)$。同时，假设这一减排成本函数是连续且二次可微的，并且其函数值随排放量 e_i 的增加而以递增的速率逐渐下降，从而满足 $TC'_i < 0$，$TC''_i > 0$。我们将这一函数一阶导数的相反数 $-MC_i(e_i)$ 定义为相应的边际减排成本。当这些厂商参与碳排放权交易时，在市场均衡条件下的碳排放配额价格定义为 p。

我们将参与碳排放权交易的厂商分为两类，即价格接受者（Competitive Fringe，F）和策略性厂商（Strategic Firms，S），则 $S:=I\setminus F$。

二、理论分析框架

我们在 Hahn（1984）所提出的模型基础上，结合 Westskog（1996）与 Montero（2009）的研究成果，对有关排放权交易机制中厂商市场势力的分析框架加以拓展，主要体现在：第一，考虑策略性厂商数量大于 1 的情形，而现实碳排放权交易机制中策略性厂商的数量事先也是不可知的，同时配额购买者与配额出售者均有可能拥有市场势力；第二，将厂商的策略性行为分为单独策略性行为和合谋策略性行为，从而有关厂商行为的刻画相对原有模型更加宽泛。

1. 策略性厂商集合中元素个数 $|S|=m$，$1\leqslant m\leqslant n$ 且相互无串谋行为

我们假设某一排放权交易机制中具有市场势力的厂商有 m 个，而其他规模较小或交易量较小的厂商操纵配额市场价格的能力可被忽略不计而被认为是价格接受者。因此，有 $S=\{1,\cdots,m\}$，$F=\{m+1,\cdots,n\}$。同时，我们通过 Stakerberg 博弈模型刻画两类配额交易者的行为：

策略性厂商 $i\in S(i=1,\cdots,m)$ 首先决定其排放量 e_i 以实现其总履约成本的最小化，即：

$$\min_{e_i}\quad TC_i(e_i)+p(e_1;\cdots;e_m)\cdot(e_i-\bar{e}_i)\tag{3-1}$$

其中，$p(e_1;\cdots;e_m)$ 表示策略性厂商有关排放量 $e_1;\cdots;e_m$ 的决策会影响到配额市场价格 p。因此，式（3-1）有关 e_i 的一阶条件为：

$$-MC_i(e_i)+\frac{\partial p}{\partial e_i}\cdot(e_i-\bar{e}_i)+p=0\tag{3-2}$$

而面对由策略性厂商市场势力所影响的配额市场均衡价格 p，价格接受者 $j\in F(j=m+1,\cdots,n)$ 只能调整其排放量 e_j 以完成减排目标，从而其面临的最优化问题为：

$$\min_{e_j}\quad TC_j(e_j)+p(e_1;\cdots;e_m)\cdot(e_j-\bar{e}_j)\tag{3-3}$$

而式（3-3）有关 e_j 的一阶条件为：

$$-MC_j(e_j)+p=0\tag{3-4}$$

我们根据本章第三节的基本假设可知，价格接受者减排成本函数的二阶导数 $MC'_j(e_j)$ 不为零（由本书附录给出的集成估计方法估计得到的厂商减排成本函数符合这一假设），则存在一个连续可微的函数 $g_i(p)$ 满足 $g'_i(p)=-\frac{1}{MC'_j(e_j)}$；进而，我们根据市场出清条件（所有厂商的实际排放量之和等于总量控制目标）而得到：

$$e_i=\bar{e}-\sum_{j=m+1}^{n}e_j-\sum_{u=1\&u\neq i}^{m}e_u\tag{3-5}$$

从而，可以根据 Montero（2009）、Godal 等（2010）、Godal（2011）、Eyckmans 等（2011）而将配额市场价格有关策略性厂商排放量决策的一阶导数表示为：

$$\frac{\partial p}{\partial e_i}=\begin{cases}\dfrac{1}{\sum\limits_{j=m+1}^{n}\dfrac{1}{MC'(e_j)}}, & m<n\\[2ex] \dfrac{1}{\sum\limits_{j=1}^{n}\dfrac{1}{MC'(e_j)}}, & m=n\end{cases} \tag{3-6}$$

式（3-6）可用以表示策略性交易者的市场势力对配额市场均衡价格的影响。同时，可以发现，只要 $TC''_i(e_j)=MC'(e_j)>0$，则$\frac{\partial p}{\partial e_i}$始终为正值。

2. 策略性厂商集合中元素个数 $|S|=m$，$1\leqslant m\leqslant n$ 并可能存在一定的串谋行为

本章上述有关配额交易者市场势力的分析仅关注它们的非合作博弈行为及其影响。而部分策略性厂商实际上由于存在某种共同利益（如生产同类产品），从而可能进行合作减排或串谋即组成合谋集团（经济学将其定义为 Cartel）以实现总减排成本的最小化。例如，同属某一大型国有集团的钢铁或电力厂商可能会有合作博弈的意愿。而我们在本书仅从排放权交易机制的角度去考虑厂商的共同利益，即面对配额这一共同交易的“商品”而拥有一致的操纵配额市场价格的意愿就是这些厂商进行串谋的基础。同时，具有共同利益的厂商实现合谋集团稳定的关键在于其拥有私下或明确的协议进行相互的利益传输，以保证在实现合谋集团总成本最小化的前提下个体利益未受到损失。因此，我们在此不考虑这种协议存在的可能性，同时假设构建串谋集团所需的成本为零。我们依据 Varian（2014）而将策略性厂商 $i\in S$；$i=1,\cdots,m$ 的配额交易行为分为两种类型，即：

（1）总数为 m 的所有策略性厂商共同串谋，它们各自需要完成如下最优化问题：

$$\min_{e_i}\ \sum_{i=1}^{m}TC_i(e_i)+p(e_1;\cdots;e_m)\cdot\Big(\sum_{i=1}^{m}e_i-\sum_{i=1}^{m}\bar{e}_i\Big) \tag{3-7}$$

而相应的一阶条件为：

$$-MC_i(e_i)+\frac{\partial p}{\partial e_i}\cdot\Big(\sum_{i=1}^{m}e_i-\sum_{i=1}^{m}\bar{e}_i\Big)+p=0 \tag{3-8}$$

（2）仅有 k（k<m）个策略性厂商参与串谋，而其他厂商独立决策，从而它们各自的优化问题为：

$$\min_{e_i}\ \sum_{i=1}^{m}TC_i(e_i)+p(e_1;\cdots;e_m)\cdot\Big(\sum_{i=1}^{m}e_i-\sum_{i=1}^{m}\bar{e}_i\Big),\quad i\leqslant k$$

$$\min_{e_i} \quad TC_i(e_i) + p(e_1;\cdots;e_m) \cdot (e_i - \bar{e}_i), \quad k < i \leqslant m \tag{3-9}$$

由此，式（3－9）相应的一阶条件分别为：

$$-MC_i(e_i) + \frac{\partial p}{\partial e_i} \cdot \left(\sum_{i=1}^{m} e_i - \sum_{i=1}^{m} \bar{e}_i\right) + p = 0, \quad i \leqslant k$$

$$-MC_i(e_i) + \frac{\partial p}{\partial e_i} \cdot (e_i - \bar{e}_i) + p = 0, \quad k < i \leqslant m \tag{3-10}$$

而式（3－10）中有关$\frac{\partial p}{\partial e_i}$的表达式同式（3－6）。

在后续的实例分析中，我们根据排放权交易机制的策略性交易者集合中元素的个数即$|S|$的大小来定义排放权交易机制可能存在的四种市场结构：

（1）完全竞争市场：$|S| = m = 0$。

（2）完全垄断市场：$|S| = m = 1$。

（3）寡头垄断市场（可能存在串谋行为）：$1 < |S| = m < n$。

（4）垄断竞争市场（可能存在串谋行为）：$|S| = m$。

第四节　中国试点地区碳市场覆盖厂商市场势力的实例分析

一、中国碳排放权交易试点地区高耗能厂商特征分析

我们在本书附录二中详细介绍了为构建中国碳排放权交易试点地区高耗能厂商减排成本数据库所提出的排放权交易者减排成本曲线集成估计方法。我们将在本章及后续三章运用这一由1867家样本厂商所组成的数据库来开展相应的实例分析。各地区样本厂商在当地工业部门中的排放量与工业增加值占比如表3－1所示。由此可以看出，所选取的样本厂商占据各地区工业部门排放量和GDP的大部分份额，因此能够充分体现这些地区工业部门的特点，从而作为我们后续实例分析的样本是合理的。

表3－1　中国碳排放权交易试点地区高耗能厂商减排成本数据库样本总体特征分析

单位：%

地区	排放量在工业部门中的占比	工业增加值在工业部门中的占比
北京	77.19	81.56
天津	82.48	84.73
上海	96.95	88.84
广东	89.72	85.06

续表

地区	排放量在工业部门中的占比	工业增加值在工业部门中的占比
湖北	91.20	70.33
重庆	78.77	89.96
深圳	86.44	89.96

同时，我们将各试点地区的样本厂商分别按照16个工业部门加以分类，由此得到的行业分布情况如表3－2所示。我们可以明显地发现，样本厂商在地区和行业间的分布都是不均衡的：一方面，来自湖北和广东两个工业大省的样本厂商较多，北京、重庆两个直辖市的样本厂商也基本分布在所有的工业部门中，而工业份额占比较低的深圳拥有的样本厂商数量最少且主要集中在其他设备制造业等个别行业中；另一方面，生产非金属矿物制品和化工产品的厂商较多，两者在总样本中的占比均在15%以上，而且这些厂商也多集中在湖北、广东两地。从这一结果可以看出，我们选取样本厂商的行业分布特征与目前中国“重化工、高耗能工业部门比重大”的特征是基本吻合的，同时也能反映出不同碳交易试点地区间工业部门产业结构的差异。我们在这里还需要说明的是，有以下两点原因造成该表与本书第二章表2－8给出的各试点地区碳市场覆盖厂商数量的一定差异：

表3－2 中国碳排放权交易试点地区高耗能厂商减排成本数据库样本的行业分布

单位：个

行业	北京	天津	上海	重庆	湖北	广东	深圳	总计
煤炭行业	1	0	0	7	0	0	0	8
石油和天然气行业	2	3	1	1	1	1	2	11
石油、煤炭及其他燃料加工业	6	6	7	4	6	13	0	42
采矿业	2	2	0	2	6	5	1	18
食品制造及烟草加工业	14	11	13	7	72	55	2	174
纺织相关行业	1	4	7	5	52	68	0	137
木制品相关行业	1	0	0	0	9	6	1	17
造纸印刷业	2	2	3	4	26	60	0	97
化工行业	10	32	39	36	128	63	1	309
非金属矿物制品业	26	9	24	48	90	227	5	429
金属冶炼业	1	35	11	27	42	60	2	178
金属制品业	2	6	3	0	2	1	0	14
交通运输设备制造业	7	5	17	10	41	11	1	92
其他设备制造业	8	11	33	3	29	53	23	160
电力、热力行业	20	23	23	16	25	50	11	168
水行业	3	1	3	1	1	3	1	13
总计（地区）	106	150	184	171	530	676	50	1867

第一，我们所构建的高耗能厂商减排成本数据库主要关注工业部门，而目前某些试点地区将第三产业符合一定条件的用能单位也纳入其中；第二，我们在收集计算厂商碳排放强度数据时，已将工业企业数据库中数据不全、有误的样本厂商删除。

并且，我们也依据各试点地区高耗能厂商减排成本数据库中样本厂商的碳排放量数据计算相应各工业部门的碳排放在其所在地区总排放量中的占比，如表3－3所示。我们发现，主要工业部门的碳排放量在行业间和地区间的分布也均存在明显差异：电力与热力生产厂商带来的碳排放量最大，而钢铁产品生产厂商的排放量与之相当；化工与非金属矿物产品生产厂商的碳排放也较高，而其他行业的排放则相对较低。但我们通过地区间比较可以发现，上海和天津金属冶炼业的碳排放分别占地区排放总量的33.15%和38.93%，而重庆和深圳地区的碳排放则主要分别来自煤炭和其他设备制造业，从而反映出各试点地区行业间能耗结构的差异。

表3－3　中国碳排放权交易试点地区高耗能厂商减排成本数据库样本在各行业中的排放占比

单位：%

行业	北京	天津	上海	重庆	湖北	广东	深圳
煤炭	0.03	0.00	0.00	25.72	0.00	0.00	0.00
石油和天然气生产	0.20	2.28	1.04	0.06	0.002	0.21	1.63
石油加工、煤制品业	2.26	1.08	13.26	0.73	0.09	6.55	0.00
采矿业	11.30	0.08	0.00	0.52	0.28	0.49	0.40
食品制造及烟草加工业	1.31	1.12	0.12	0.57	2.05	2.92	0.70
纺织相关行业	0.18	0.35	0.16	0.38	0.52	6.89	0.00
木制品相关行业	0.02	0.00	0.00	0.00	0.08	0.57	0.33
造纸印刷业	0.37	0.20	0.08	1.41	0.93	4.36	0.00
化工行业	2.32	13.39	2.18	6.70	12.12	9.23	0.26
非金属矿物制品业	3.37	2.32	0.30	7.63	7.62	13.89	2.45
金属冶炼业	0.22	38.93	33.15	5.53	5.93	7.97	4.28
金属制品业	0.22	1.04	0.05	0.00	0.23	3.19	0.00
交通运输设备制造业	0.88	0.89	0.11	0.80	1.32	1.10	0.51
其他设备制造业	0.23	1.71	0.31	0.28	0.75	8.16	27.47
电力、热力生产	19.36	0.55	8.89	18.33	28.92	6.73	5.96
水行业	0.04	0.01	0.001	0.002	0.01	0.48	0.94

结合表3－2可以发现，除深圳以外的试点地区来自化工、金属冶炼和非金属矿物制品业参与碳配额交易的厂商均较多，但非金属矿物制品厂商在这些地区

带来的排放则相对较低；来自石油加工与煤制品业参与碳配额交易的厂商较少，且主要来自上海、广东两地，但这些厂商的碳排放量在这两个地区中的占比均在5%以上；相比之下，试点地区碳市场所覆盖的食品制造及烟草加工业的厂商较多但造成的碳排放量在各地区的占比均在3%以下。

进而，我们运用洛伦兹曲线（Lorenz Curve）给出各碳排放权交易试点地区高耗能厂商减排成本数据库中样本厂商排放量的累计分布，如图3－1所示。从图3－1可以看出，各试点地区近一半样本厂商的碳排放量之和总体上仅占当地总排放量的5%左右，而排放量最大的厂商（上海宝钢集团有限公司）却占据接近8%的碳排放份额；另外，样本厂商排放量的分布特征在这些试点地区之间也存在明显的差异：上海高耗能厂商减排成本数据库的样本厂商的排放差异性最为明显，当地54.47%的排放量来自上海宝钢集团有限公司这一最大的钢铁生产厂商；天津高耗能厂商减排成本数据库中最大的排放厂商也来自钢铁行业，其排放占比达到21.53%；而北京、重庆、湖北的最大排放厂商则均为发电厂商，其排放占比仅在10%左右；与上述地区存在明显差异的是，广东（深圳除外）与深圳两地高耗能厂商减排成本数据库中样本厂商的排放分布差异性不甚明显，其中深圳高耗能厂商减排成本数据库中超过一半的样本厂商仅带来不足20%的排放量。因此，类似于EU ETS，中国碳排放权交易试点地区覆盖厂商也存在排放分布差异性大、排放较为集中的特点。

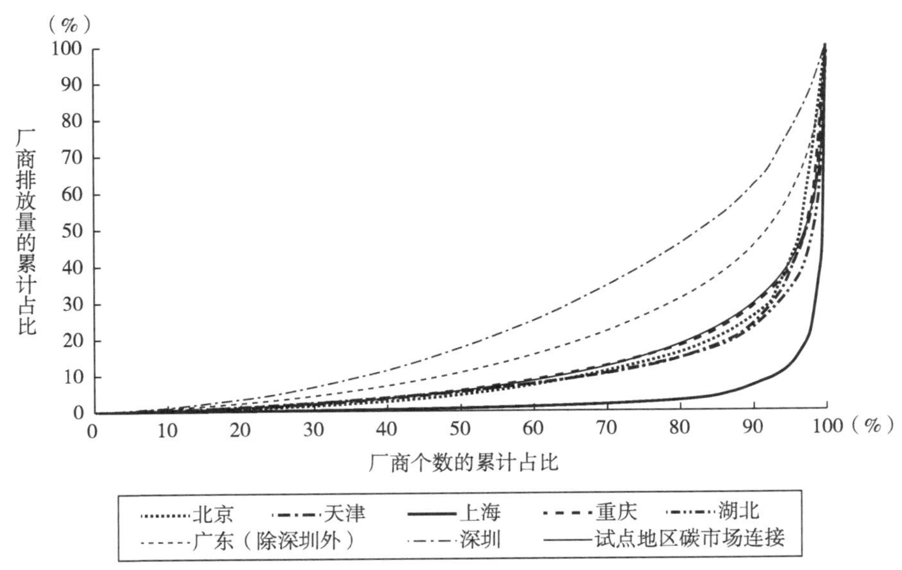

图3－1　中国碳排放权交易试点地区高耗能厂商减排成本数据库样本厂商的排放量分布

我们根据图 3－1 可以做出如下推断：一方面，样本厂商排放量分布的差异在一定限度上反映出排放主体的异质性特征，从而其中部分厂商在参与碳排放权交易时均有意愿且可能有能力运用其市场势力操纵配额市场价格；另一方面，样本厂商排放量分布的差异性也反映出多数厂商通过碳排放权交易所获得的成本节约收益可能不足以抵消交易成本的影响，从而不能实现真正的成本有效减排。同时，各地区样本厂商排放量分布的差异性也反映出各地区碳市场机制的市场结构与交易成本所带来的影响在地区间可能存在的异质性。

二、中国试点地区碳排放权交易机制市场结构的初步判断

我们已经发现，中国试点地区碳市场覆盖厂商具有排放分布差异性大、排放较为集中的特点，因而部分厂商有操纵配额市场的可能。而我们在运用本章给出的理论模型开展实例分析之前，首先运用一些指标对中国 7 个试点地区碳排放权交易机制的市场结构特征给出一些基本判断。为此，我们选取了两种常用的指标即赫芬达尔—赫希曼（Herfindahl－Hirschmann）指数（HHI）与行业集中度指数即 CR_n 指数。

我们假设针对某一试点地区碳市场所覆盖的 n 个厂商，X_i 表示其中厂商 i 的配额购买/出售量，X 表示当地配额的总交易量，而 $S_i = X_i/X$ 表示厂商 i 在碳市场中的市场份额即其配额交易量在地区配额总交易量中的占比。在这里需要说明的是，由于配额购买者和出售者均有可能操纵市场价格，所以我们针对排放权交易机制市场结构的测算会分别考虑双方交易量占比的分布特征，这样也可以帮助我们比较配额购买者和出售者市场势力的大小以推断配额市场价格可能的变化趋势。我们在本书将配额购买者和出售者所处的市场结构分别定义为“买方市场”和“卖方市场”①。与 Godal（2005）类似，我们依据完全竞争市场的假设条件来初步观察各试点地区碳市场的配额交易情况以识别可能具有市场势力的厂商。

HHI 指数是通过测量市场中所有厂商市场份额的平方和以表征市场的垄断程度（Miller，1982）。因此，我们给出某一试点地区碳排放权交易机制买方或卖方市场的 HHI 指数的计算方法：

$$HHI = \sum_{i=1}^{n} (X_i/X)^2 = \sum_{i=1}^{n} S_i^2 \tag{3-11}$$

由式（3－11）计算得到的 HHI 指数越大，表示相应市场的垄断程度越高。

① 本书这里对“买方市场”和“卖方市场”的定义与一般经济学理论有一定差异。一般的经济学理论运用这两个名词分别表示商品供过于求和商品供不应求的情形。而本书所关注的排放权交易机制是一个双边市场结构，配额买卖双方均有操纵市场价格的能力，并且最终市场效率的影响取决于双方市场势力的权衡，因此我们需要将配额购买者和出售者的交易行为区分开来。

一般而言，当 HHI 指数小于 40% 时，我们认为这一市场接近于完全竞争；而当该指标数值超过 40% 时，这一市场可被认为是处于垄断竞争状态。

不同于 HHI 指数，CR_n 指数不考虑所有厂商而仅分别计算在相应市场中所占份额位列前若干位交易者的累计市场占有率（Matthes et al.，2007）。我们一般在计算时将 n 指定为 4 或者 8，从而得到 CR_4 指数和 CR_8 指数。我们由此给出某一试点地区碳排放权交易机制买方或卖方市场的 CR_n 指数的计算方法：

$$CR_n = \sum_{i=1}^{n} S_i \tag{3-12}$$

CR_4 指数和 CR_8 指数可相互替代，并且两个指标的数值越高，说明相应市场的集中度较高而市场竞争程度较弱。一般而言，当 CR_8 或 $CR_4 < 40\%$ 时，市场属于竞争型结构；当 CR_8 或 $CR_4 \geq 40\%$ 时，市场属于寡占型结构，其中当分别满足 $CR_8 \geq 70\%$ 和 $40\% \leq CR_8 < 70\%$ 时，市场又可细分为极高寡占型和低集中寡占型。

我们依据排放权交易市场完全竞争的假设并根据式（3－11）和式（3－12）分别计算得到中国试点地区碳排放权交易机制配额卖方市场和买方市场相应的市场结构特征指数（见表 3－4）。同时，我们分别统计得到各试点地区碳市场累计交易量超过 50% 的配额出售厂商和配额购买厂商的数量（见表 3－5）。我们依据 HHI 指数和 CR_n 指数的定义发现，虽然两个指标对各试点地区碳市场的结构特征的判别有些差异，但是总体上反映出这些地区碳排放权交易机制市场竞争程度的特点：在配额卖方市场，上海、广东地区碳市场的垄断程度较高，其次是北京；而在配额买方市场，仅上海碳市场出现极为明显的高垄断特征，而广东碳市场则接近于完全竞争，同时其他地区基本属于极高寡占型结构。

表 3－4 中国各试点地区碳排放权交易配额卖方市场和买方市场的市场结构特征指数

单位：%

地区	北京	天津	上海	重庆	湖北	广东	深圳	试点地区碳市场连接
卖方市场								
HHI	29.08	8.73	40.39	19.47	10.83	36.06	12.23	40.81
CR_4	91.56	49.84	98.63	69.37	54.75	89.34	58.92	64.49
CR_8	96.61	74.75	99.82	83.64	74.69	94.95	65.11	73.77
买方市场								
HHI	10.01	7.93	26.50	10.44	4.59	1.30	7.55	1.58
CR_4	54.13	48.47	76.01	49.67	38.94	18.87	46.23	17.09
CR_8	72.94	65.76	82.10	61.47	51.53	25.28	65.11	25.10

表 3-5　中国各试点地区碳排放权交易量占比超过 50%的厂商数量

地区	北京	天津	上海	重庆	湖北	广东	深圳	试点地区碳市场连接
厂商个数	106	150	184	171	530	676	50	1867
配额出售量累计占比超过 50% 的厂商数量	2	4	1	2	4	1	3	2
配额购买量累计占比超过 50% 的厂商数量	4	5	1	5	8	42	5	42

同时，图 3-2（a）～（h）分别给出了各试点地区参与配额交易厂商的交易量占比分布情况。由此可以发现，依据市场结构特征指数对各试点地区碳市场所做出的基本推断与图 3-1 和图 3-2 分别给出的厂商排放量与配额交易量的分布特点是相互呼应的：上海碳市场的履约厂商在排放量和配额交易量的分布上差异较大，可能存在显著操纵配额市场价格的大厂商从而使该地区碳市场呈现寡头垄断的特点；广东、深圳两地碳市场的履约厂商在排放量和配额交易量的分布上差异不大，因此市场垄断限度相对不高。最后需要强调的是，当这些试点地区的碳市场实现连接时，所形成的区域型碳排放权交易市场仍然呈现出卖方寡头垄断的特征。

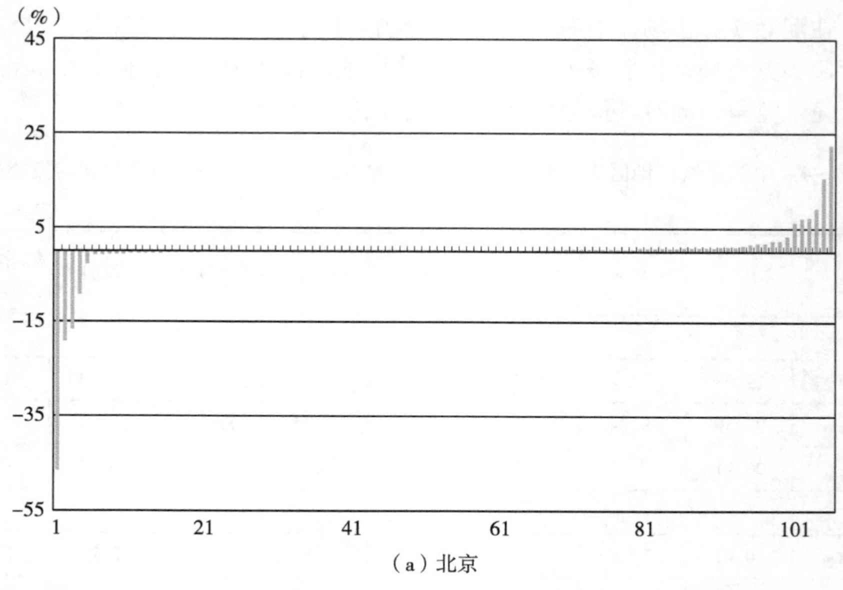

（a）北京

图 3-2　中国试点地区碳排放权交易机制配额出售方和配额购买方交易量占比分布特征比较

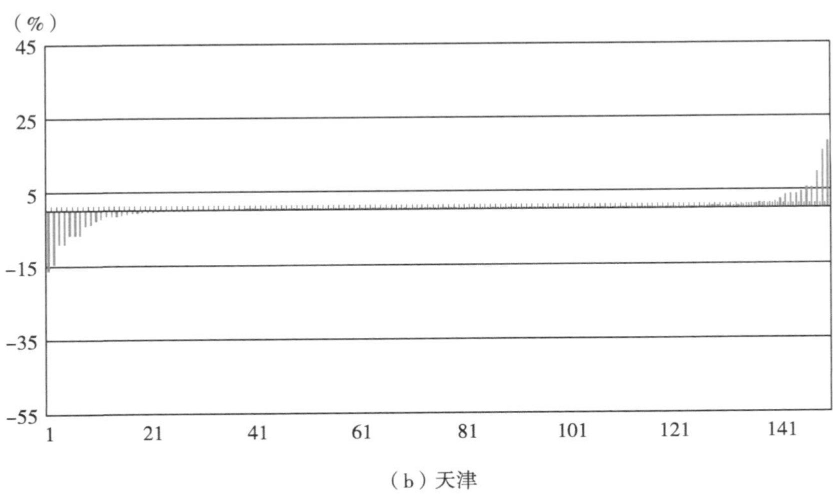

（b）天津

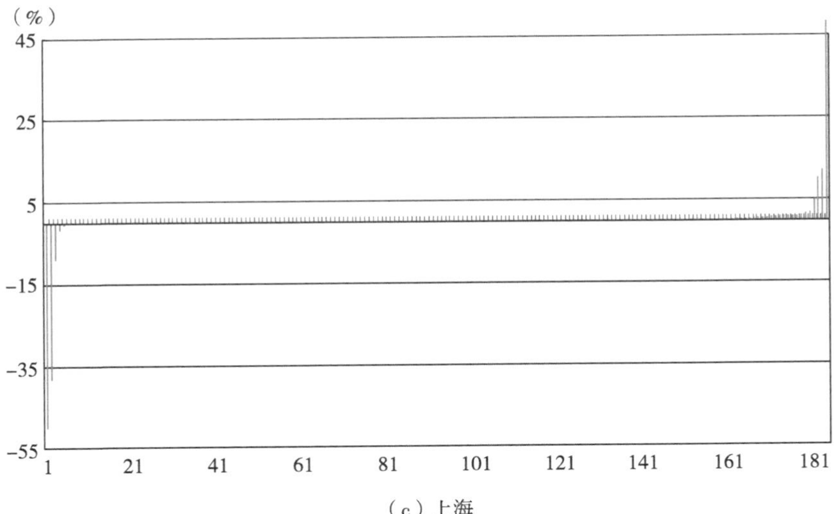

（c）上海

图3-2　中国试点地区碳排放权交易机制配额出售方和配额购买方交易量占比分布特征比较（续）

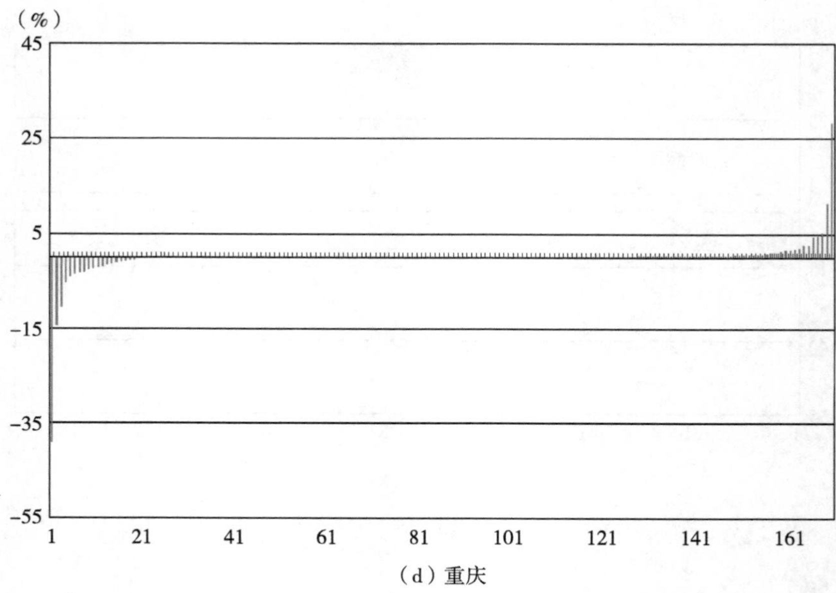

（d）重庆

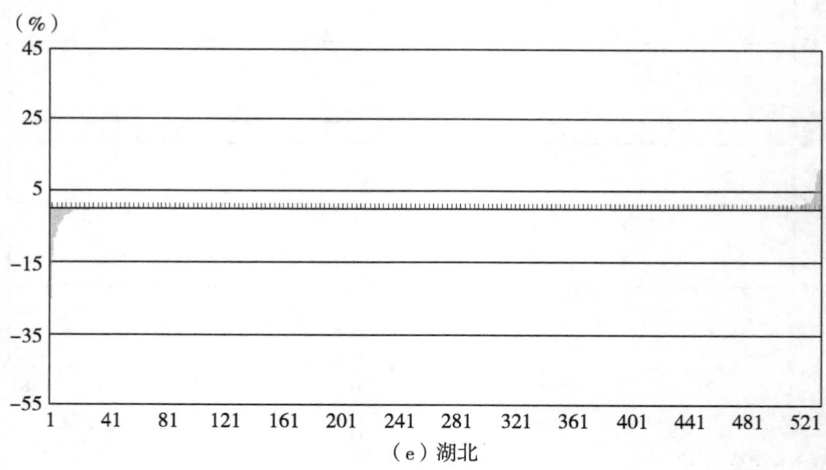

（e）湖北

图 3－2　中国试点地区碳排放权交易机制配额出售方和配额购买方交易量占比分布特征比较（续）

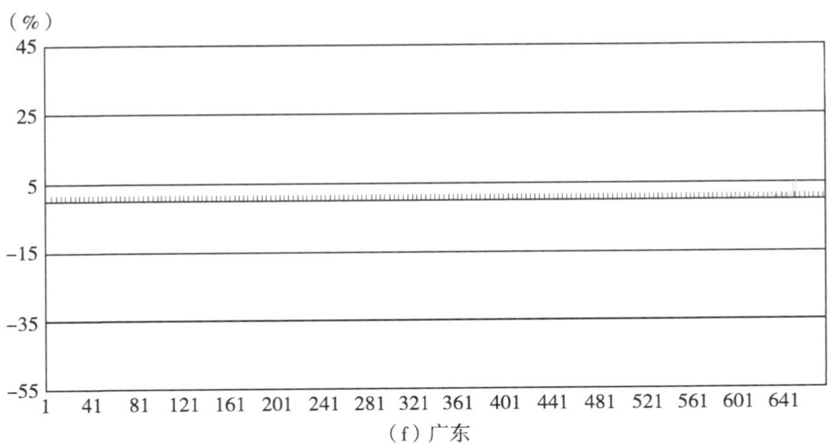

（f）广东

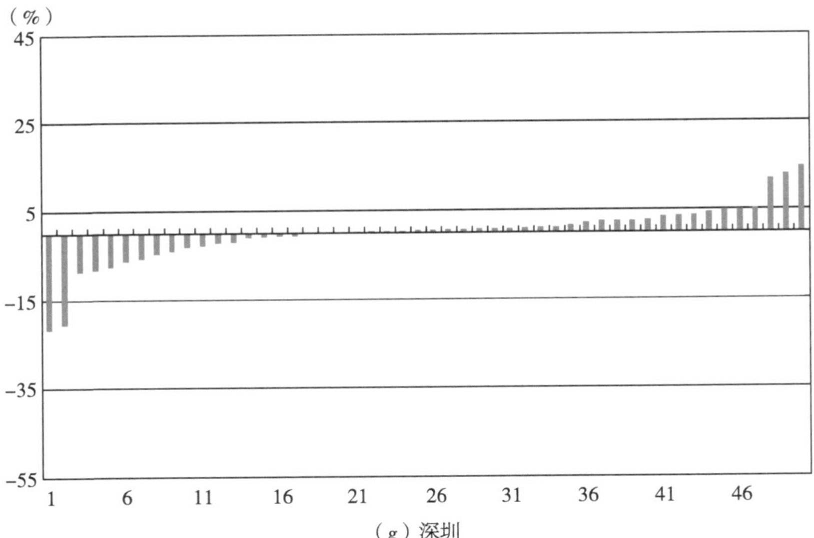

（g）深圳

图 3-2　中国试点地区碳排放权交易机制配额出售方和配额购买方交易量占比分布特征比较（续）

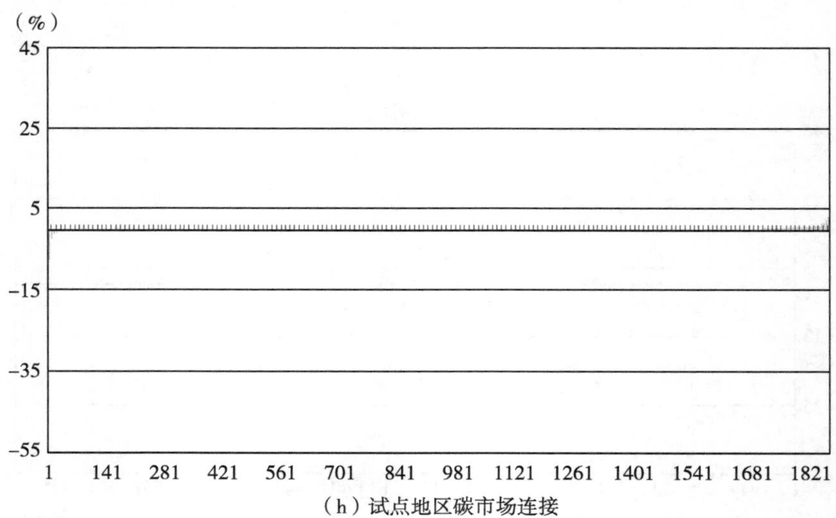

（h）试点地区碳市场连接

图 3－2　中国试点地区碳排放权交易机制配额出售方和配额购买方交易量占比分布特征比较（续）

注：图中横坐标名称为依据配额交易量大小（配额出售量从大到小而配额购买量从小到大）对样本厂商进行的编号，纵坐标名称为完全竞争市场下各厂商相应的配额交易份额（配额出售量和配额购买量的占比分别用负数和正数表示）。

我们依据产业组织理论有关“市场结构”的划分标准，并结合以上给出的市场结构特征指标和厂商配额交易量占比的分布特征，对中国各试点地区碳排放权交易机制的市场结构类型加以初步的判定（见表 3－6）：

表 3－6　中国试点地区碳排放权交易机制市场结构特征分类

	市场结构特征
北京碳市场卖方	具有串谋可能的寡头垄断市场
天津碳市场卖方	具有串谋可能的寡头垄断市场
上海碳市场卖方	完全垄断市场
重庆碳市场卖方	具有串谋可能的寡头垄断市场
湖北碳市场卖方	具有串谋可能的寡头垄断市场
广东碳市场卖方	完全垄断市场
深圳碳市场卖方	垄断竞争市场
试点地区连接碳市场卖方	具有串谋可能的寡头垄断市场
北京碳市场买方	具有串谋可能的寡头垄断市场
天津碳市场买方	具有串谋可能的寡头垄断市场

续表

	市场结构特征
上海碳市场买方	完全垄断市场
重庆碳市场买方	具有串谋可能的寡头垄断市场
湖北碳市场买方	具有串谋可能的寡头垄断市场
广东碳市场买方	垄断竞争市场
深圳碳市场买方	垄断竞争市场
试点地区连接碳市场买方	具有串谋可能的寡头垄断市场

（1）广东碳市场可能存在配额卖方市场完全垄断的情况。

（2）上海碳市场的配额卖方和配额买方市场均具有完全垄断结构特征。

（3）深圳碳市场覆盖厂商数量不多且没有典型的垄断型厂商，从而配额卖方和买方市场均具有近似垄断竞争的特点。

（4）其他地区以及由试点地区碳市场连接而构造的区域性碳市场均属于存在一定数量策略性配额出售者的情形。

同时我们依据各试点地区所识别出来的可能具有市场势力的厂商名单而推断：北京、天津碳市场的配额买方市场分别有同属热电和钢铁行业而排放量较大的厂商，这些厂商均存在串谋行为的利益基础。

三、中国各试点地区碳排放权交易机制中厂商市场势力的影响分析

1. 广东碳市场：单个厂商具有市场势力

厂商 GD07[①] 在完全竞争市场条件下的配额出售量占比高达 48.14%，而该地区碳市场中没有交易量较大的配额购买方。因此，我们依据本章第二节给出的理论框架而假定仅有该厂商具有市场势力，从而分析其行为对碳市场机制成本有效性的影响；同时，我们也分别考虑了该地区排放量最大、边际减排成本最高（低）的厂商（分别为 GD01、GD22 和 GD667）具有市场势力时的情况，从而开展比较静态分析。相应的计算结果如表 3－7 所示[②]。

① 由于所构建的中国碳排放权交易试点地区高耗能厂商减排成本数据库中的样本数量较多，我们在正文中以“地区名称英文缩写＋厂商排放量排序名次”作为厂商的符号。详细的厂商名录见本章附表。

② 本章表 3－7 至表 3－12 中的“交易量占比”均指对应厂商在完全竞争市场条件下配额交易量在该地区配额总交易量中所占份额，“交易量变化”均指该厂商在不完全竞争市场下的配额交易份额相对完全竞争市场水平而出现的变化。

表 3－7　广东碳市场：具有市场势力的单个厂商对碳市场机制成本有效性的影响

厂商简称	特点	排放量占比	配额交易量占比	履约减排成本变化	配额交易量变化	配额市场均衡价格变化	总履约成本变化	配额总交易量变化
GD01	排放量与配额购买量最大	4.40%	5.53%	－0.0020%	－0.09%	－0.0040%	0.0002%	－0.0044%
GD07	配额出售量最大	1.30%	48.14%	－17.81%	－27.97%	17.26%	4.69%	－2.90%
GD22	边际减排成本最低	0.72%	35.50%	－3.04%	－30.19%	8.50%	3.59%	－2.49%
GD667	边际减排成本最高	0.01%	0.0034%	－1.02E－08	－4.77E－09	－1.02E－08	－1.39E－14	－1.76E－09

从表 3－7 可以看出，作为该地区配额出售量最大的厂商，GD07 虽然排放量不大但在这一地区的碳市场中可能具有明显的市场势力：该厂商可通过显著降低配额市场供给来操纵配额市场均衡价格，进而引起总履约成本和配额总交易量的显著变化。但是，厂商的排放量或减排潜力的大小似乎与其在碳市场中的市场势力没有必然的关系。并且，由于该厂商的市场势力引起配额市场价格的变化，有 11 家厂商的交易角色发生转变。而这一现象也是值得引起关注的。

2. 上海碳市场：两个厂商分别在卖方市场和买方市场具有市场势力

正如本节所指出的，上海碳市场的垄断程度可能在中国目前所有试点地区碳市场中最高。并且，该地区与其他地区碳市场的差异可能体现在，该市场同时存在单一买方垄断厂商和单一卖方垄断厂商：厂商 SH01 是该地区最大的排放者和最大的配额购买方，且其交易量和排放量占比均在 50% 左右；厂商 SH04 虽排放量较小但作为最大的配额出售方，其交易量占比已达到 50.12%。两个厂商在碳市场中均有操纵配额市场价格的可能，其行为适合采用古诺双寡头模型加以刻画。当其他厂商为价格接受者时，两厂商行为对该地区碳市场机制成本有效性的影响如表 3－8 所示。

表 3－8　上海碳市场：具有市场势力的两个典型厂商对碳市场机制成本有效性的影响

单位：%

<table>
<tr><th>厂商简称</th><th>特点</th><th>排放量占比</th><th>配额交易量占比</th><th>履约成本变化</th><th>配额交易量变化</th><th>配额市场均衡价格变化</th><th>总履约成本变化</th><th>配额总交易量变化</th></tr>
<tr><td>SH01</td><td>排放量与配额购买量最大</td><td>54.47</td><td>48.50</td><td>2.18</td><td>－50.13</td><td rowspan="2">－2.51</td><td rowspan="2">4.62</td><td rowspan="2">－0.30</td></tr>
<tr><td>SH04</td><td>配额出售量最大</td><td>6.21</td><td>50.12</td><td>26.34</td><td>－43.83</td></tr>
</table>

我们从表3－8可以看出，古诺双寡头模型的均衡解取决于两个厂商对配额价格操纵能力的对比：上海碳排放权交易机制的卖方市场HHI指数和CR_n指数相对较高，同时厂商SH04的配额出售量最大且其边际减排成本远低于完全竞争市场条件下的配额均衡价格水平；但是，配额市场均衡价格最终向下偏离，同时最大配额购买方SH01的减排成本受市场垄断结构的影响明显更小。从碳市场机制成本节约效应的变化来看，该地区碳市场的配额买卖双方市场势力均衡，此时碳市场机制成本节约效应的削弱程度最为显著。同时，与广东碳市场的实例结果不同的是，配额交易者边际减排成本的高低或交易量的大小似乎均不能有效判定其在碳市场中的市场势力。

3. 北京、天津、重庆、湖北碳市场：多个厂商具有市场势力

（1）多厂商非合作古诺博弈。与广东、上海不同，北京、天津、重庆、湖北地区的碳排放权交易机制不存在1至2个明显占据市场交易份额的厂商。在这些地区的碳市场中，配额买卖双方均有一定数量的交易份额较大的厂商从而形成类似于多寡头垄断的情形（见表4－3）。我们假设交易量累计占比超过50%的厂商具有市场势力从而进行非合作古诺博弈，而其他厂商均为价格接受者。表3－9（a）、表3－9（b）、表3－9（c）、表3－9（d）分别给出了这四个地区多厂商非合作博弈情形下的厂商市场势力对碳市场机制成本有效性的影响。

表3－9（a）　北京碳市场：具有市场势力的多个厂商对碳市场机制成本有效性的影响

单位：%

厂商简称	特点	排放量占比	配额交易量占比	履约成本变化	配额交易量变化	配额市场均衡价格变化	总履约成本变化	配额总交易量变化
BJ01	配额购买方1	15.03	22.33	20.51	－14.87	22.71	5.65	－8.56
BJ04	配额购买方2	11.20	15.43	19.01	－16.48			
BJ05	配额购买方3	4.85	9.18	22.67	－0.09			
BJ08	配额购买方4	3.91	7.18	22.31	－1.05			
BJ02	配额出售方1	14.42	46.55	－42.52	－37.90			
BJ03	配额出售方2	12.30	19.10	－219.05	－11.07			

表3－9（b）　天津碳市场：具有市场势力的多个厂商对碳市场机制成本有效性的影响

单位：%

厂商简称	特点	排放量占比	配额交易量占比	履约成本变化	配额交易量变化	配额市场均衡价格变化	总履约成本变化	配额总交易量变化
TJ01	配额购买方1	21.54	17.96	0.18	－23.78	－1.04	0.51	－7.44
TJ02	配额购买方2	15.42	15.35	－0.04	－16.93			

续表

厂商简称	特点	排放量占比	配额交易量占比	履约成本变化	配额交易量变化	配额市场均衡价格变化	总履约成本变化	配额总交易量变化
TJ03	配额购买方 3	8.13	9.63	-0.41	-8.39	-1.04	0.51	-7.44
TJ07	配额购买方 4	3.28	5.53	-0.73	-2.24			
TJ10	配额购买方 5	2.05	5.46	-1.00	-0.20			
TJ26	配额出售方 1	0.47	16.62	3.79	-13.51			
TJ20	配额出售方 2	0.65	14.71	3.73	-12.80			
TJ8	配额出售方 3	3.25	9.37	109.85	-14.73			
TJ11	配额出售方 4	1.71	9.15	5.45	-11.16			

表 3-9（c）　重庆碳市场：具有市场势力的多个厂商对碳市场机制成本有效性的影响

单位：%

厂商简称	特点	排放量占比	配额交易量占比	履约成本变化	配额交易量变化	配额市场均衡价格变化	总履约成本变化	配额总交易量变化
CQ01	配额购买方 1	15.06	28.26	8.20	-5.41	8.34	1.80	5.89
CQ04	配额购买方 2	5.91	11.50	7.92	-2.24			
CQ03	配额购买方 3	11.81	5.24	2.46	-42.53			
CQ08	配额购买方 4	2.35	4.67	7.96	-1.17			
CQ06	配额购买方 5	3.94	4.56	5.68	-10.41			
CQ02	配额出售方 1	13.12	38.98	-20.08	-31.01			
CQ15	配额出售方 2	1.07	14.44	-18.25	-5.93			

表 3-9（d）　湖北碳市场：具有市场势力的多个厂商对碳市场机制成本有效性的影响

单位：%

厂商简称	特点	排放量占比	配额交易量占比	履约成本变化	配额交易量变化	配额市场均衡价格变化	总履约成本变化	配额总交易量变化
HB01	配额购买方 1	9.68	10.96	5.56	-5.97	6.20	1.19	3.44
HB03	配额购买方 2	7.29	10.59	6.15	-0.37			
HB02	配额购买方 3	8.63	9.72	5.50	-5.62			
HB04	配额购买方 4	5.29	7.67	6.15	-0.31			
HB06	配额购买方 5	5.04	5.00	4.97	-6.00			
HB05	配额购买方 6	5.20	3.28	3.60	-13.28			
HB11	配额购买方 7	1.76	2.41	5.95	-0.75			
HB10	配额购买方 8	1.82	1.90	5.08	-3.55			
HB122	配额出售方 1	0.08	-25.19	-6.00	-19.84			
HB135	配额出售方 2	0.07	-13.26	-10.41	-9.34			
HB100	配额出售方 3	0.10	-8.17	-11.96	-4.00			
HB105	配额出售方 4	0.10	-8.13	-11.93	-3.93			

我们从表3-9可以看出，多个厂商以非合作古诺博弈的形式采取的策略性行为对各地区碳市场机制成本有效性的影响显著但有所差异：

从配额市场均衡价格和总履约成本的变化方向来看，在除天津外的其他地区，碳市场的配额出售厂商均似乎具有比配额购买厂商更高的市场价格操纵能力，从而带来配额市场价格较为明显的上升，并使配额购买者的总履约成本出现一定限度的增加；但不同于上海碳市场，由于配额买卖双方的市场势力可能存在一定的差异，具有更强配额价格操纵能力的厂商会出现总履约成本有所下降或增加相对不显著的情况。例如在天津碳市场，多厂商的博弈行为造成一家具有相对较强市场势力的厂商也出现成本上升，但其限度相对于配额出售厂商履约成本的增加而言是极小的。而从交易量的变化来看，厂商在碳配额交易中最终所占据的市场份额似乎与不完全竞争市场结构下配额交易量的下降幅度无关。

我们通过以上的分析可以发现：第一，多厂商操纵配额市场价格的行为可能对所有的配额交易者均带来一定的效率损失，而市场势力较强的厂商受到的损失则相对较小；第二，厂商在碳市场中的市场势力在一定限度上可能是其减排潜力、市场交易份额等多因素共同影响的结果，而不取决于单一指标的变化。

（2）多厂商合作博弈（串谋行为的刻画）。我们在本章第二节已指出，拥有某种共同利益并具有市场势力的厂商在碳市场中有进行串谋的可能。所谓的“共同利益”是多方面的，而我们仅从厂商在配额交易中操纵市场价格的一致意愿上来分析它们拥有的共同利益。由此我们假设，具有市场势力的多个配额出售者和多个配额购买者可能会分别开展串谋行动。表3-10给出了北京、天津、重庆、湖北四个地区碳市场中具有市场势力的多个厂商开展的串谋行为对碳市场机制成本有效性的影响。

表3-10 具有市场势力的多厂商串谋行为对碳市场机制成本有效性的影响

单位：%

地区	卖方合谋成本变化	买方合谋成本变化	配额市场均衡价格变化	总履约成本变化	配额总交易量变化
北京	10.28	8.78	30.37	13.91	15.47
天津	15.76	1.97	-2.29	3.66	20.36
重庆	18.74	2.01	7.00	5.71	11.06
湖北	4.57	8.02	11.99	9.48	12.25

注：“卖/买方合谋成本变化”是指各自相对于非合作博弈时总履约成本的变化，而“配额市场均衡价格”“总履约成本”“配额总交易量”的变化则是指最终市场均衡相对于完全竞争市场时相应指标的变化。

我们发现，具有市场势力的厂商在碳市场中的串谋行为对机制成本节约效应的影响更为明显：配额市场价格出现更为严重的扭曲，而总履约成本明显升高。与表3-9的结果一致的是，参与串谋的配额出售者和配额购买者的“厂商集团”各自总履约成本的变化取决于双方市场势力的比较；但实际上，多个策略性厂商的这一串谋行为会导致出售和购买配额的“厂商集团”各自总履约成本均有一定的增加。我们由此认为，不同于非合作博弈行为，“厂商集团”的串谋使碳市场机制的有效性和策略性厂商的市场收益均受到一定的损失；这一现象反映出配额买卖双方的串谋行为所引起的“囚徒困境”现象：虽然双方各自的收益均有一定的损失，但此时如果有一方在对方不改变策略的条件下放弃串谋行为，该“厂商集团”总履约成本的增加幅度可能会更为明显；因此，各“厂商集团”不会轻易做出“放弃串谋行动”的决策。

4. *深圳碳市场：所有厂商均具有市场势力*

参与深圳地区碳市场配额交易的厂商均不具有明显较高的市场份额，并且厂商间排放量的差异也较小，因此该地区的碳市场类似于垄断竞争的情形：所有配额交易者均可能具有一定的操纵配额市场价格的意愿与能力。表3-11给出了所有厂商均具有的市场势力对该地区碳市场机制成本有效性的影响。

表3-11　深圳碳市场：具有市场势力的所有厂商对碳市场机制成本有效性的影响

单位：%

市场角色	厂商简称	排放量占比	配额交易量占比	履约成本变化	配额交易量变化	配额市场均衡价格变化	总履约成本变化	配额总交易量变化
购买方	SZ02	8.52	15.02	3.53	-2.09	3.83	0.16	-1.70
	SZ04	6.93	13.38	3.68	-0.92			
	SZ03	6.96	12.32	3.53	-1.82			
	SZ10	2.71	5.52	3.78	-0.19			
	SZ08	2.84	5.23	3.58	-0.89			
	SZ09	2.79	5.14	3.58	-0.86			
	SZ13	2.28	4.57	3.75	-0.28			
	SZ16	2.03	3.93	3.68	-0.48			
	SZ12	2.39	3.78	3.28	-1.83			
	SZ11	2.46	3.77	3.22	-2.07			
	SZ14	2.16	2.90	2.96	-2.96			
	SZ22	1.56	2.71	3.47	-1.05			
	SZ21	1.56	2.68	3.78	-0.15			
	SZ24	1.44	2.63	3.56	-0.76			
	SZ29	1.15	2.32	3.75	-0.21			
	SZ32	0.93	1.77	3.65	-0.45			
	SZ25	1.35	1.33	2.40	-4.98			

续表

市场角色	厂商简称	排放量占比	配额交易量占比	履约成本变化	配额交易量变化	配额市场均衡价格变化	总履约成本变化	配额总交易量变化
购买方	SZ33	0.91	1.27	3.03	-2.23	3.83	0.16	-1.70
	SZ34	0.89	1.14	2.88	-2.73			
	SZ27	1.32	1.04	2.04	-7.05			
	SZ40	0.50	1.04	3.80	-0.08			
	SZ41	0.47	0.93	3.69	-0.31			
	SZ43	0.47	0.91	3.69	-0.33			
	SZ31	0.96	0.84	2.22	-5.74			
	SZ37	0.79	0.70	2.23	-5.48			
	SZ39	0.60	0.69	2.69	-3.26			
	SZ46	0.27	0.56	3.81	-0.06			
	SZ47	0.25	0.51	3.80	-0.07			
	SZ48	0.24	0.49	3.78	-0.11			
	SZ17	2.02	0.32	0.41	-47.92			
	SZ19	1.83	0.26	0.36	-52.45			
	SZ50	0.13	0.26	3.64	-0.40			
	SZ49	0.17	0.07	3.69	-0.29			
出售方	SZ05	4.23	21.65	-10.44	-7.72			
	SZ15	2.09	20.57	-8.56	-6.70			
	SZ23	1.49	8.55	-11.88	-0.47			
	SZ01	11.79	8.15	-3.78	-0.60			
	SZ20	1.73	7.42	-14.89	0.26			
	SZ38	0.71	6.20	-9.86	0.88			
	SZ45	0.43	5.66	-9.05	1.14			
	SZ07	3.47	4.61	-13.93	3.77			
	SZ26	1.32	4.03	-24.56	2.98			
	SZ30	1.14	3.05	-35.38	4.00			
	SZ18	1.98	2.83	-17.34	5.76			
	SZ35	0.87	2.19	-40.08	4.72			
	SZ44	0.43	2.00	-13.91	3.93			
	SZ06	3.92	1.00	-1.25	29.17			
	SZ42	0.47	0.82	-53.64	7.01			
	SZ28	1.25	0.65	-2.76	17.29			
	SZ36	0.81	0.61	-4.67	13.04			

我们从表3－11可以看出，所有厂商均具有的市场势力对深圳碳市场机制的成本有效性带来微弱影响。这一现象印证了Montero（2009）的结论：随着策略性厂商数量的增加，配额市场均衡价格将接近成本有效的结果。但即便如此，配额价格较小的变化方向也能反映出该地区配额买卖双方操纵市场价格能力的强弱。具有相对较强市场势力的配额出售厂商通过减少配额市场供给而带来配额市场均衡价格的提升，并且使配额购买者的履约成本有所上升，从而造成碳市场机制一定程度的成本节约损失。同时由于配额市场价格的变化，市场份额占比较小的个别配额出售方出现了交易角色的转变和交易量的增加。

四、市场结构的改变：区域型碳市场的构建所带来的影响

碳排放权交易机制纳入行业或厂商数量的改变会引起市场结构的变化，从而使具有市场势力的厂商行为对碳市场机制成本有效性的影响也有所改变。为此，我们引入了7个试点地区碳市场实现连接而构建区域型碳市场的政策情形。此时，参与配额交易的买方市场和卖方市场的结构均发生一定程度的变化。而本节已指出，这一区域型碳市场也出现配额卖方市场多寡头垄断的情形，其中来自广东地区的两个配额出售方具有相对较高的市场份额。我们在这里分析这一区域型碳市场中多个厂商的非合作博弈行为（不考虑它们的“串谋行为”）对碳市场机制成本有效性的影响。相应的实例分析结果如表3－12所示。

表3－12　区域型碳市场中多个厂商的市场势力对碳市场机制有效性的影响

单位：%

厂商简称	特点	排放量占比	配额交易量占比	履约成本变化	配额交易量变化	配额市场均衡价格变化	总履约成本变化	配额总交易量变化
GD07	配额出售方1	0.42	－30.47	－13.11	－18.92	10.13	1.66	－2.64
GD01	配额出售方2	0.23	－22.50	－16.25	－12.94			

我们从表3－12可以看出，在规模较大的区域型碳市场中具有市场势力的两个配额出售者依然能够对碳市场机制的成本有效性带来一定程度的影响，而且似乎比单个试点地区的情形还要明显。并且，这两个厂商的排放量较低，从而其操纵配额市场价格的能力可能源于其较大的减排潜力。而一定数量的厂商也因配额市场价格的变化而出现交易角色的转变。因此，在未来规模更大的全国统一碳市场中，市场结构和厂商市场势力依然是值得政策制定者关注的。

五、总量控制目标的改变：减排目标的提高所带来的影响

中国各碳排放权交易试点地区在“十二五”规划期间需要完成的碳排放强度下降目标是有差异的，而各地区碳排放权交易机制的市场结构也不同。因此，我们需要考虑碳市场总量控制目标的改变对各地区策略性厂商市场势力与碳市场机制成本有效性的影响。Sartzetakis（1997a）指出，环境管制力度的增强会使策

略性厂商获得更多的超额收益；但是 Calford 等（2010）认为，减排目标的提高反而会改善环境管制市场的效率。同时，减排目标的改变对碳排放权交易机制成本有效性的影响在地区间可能也有一定程度的差异。

我们在本部分给出了各试点地区在不同减排目标下厂商市场势力对碳市场机制成本有效性的影响：首先，我们依据本节的方法识别出在不同减排目标条件下碳市场机制的市场结构特征，并根据交易量占比识别出策略性厂商的数量；其次，我们采用本章第三节给出的理论分析框架分析相应减排目标下各地区厂商市场势力对碳配额市场价格、总履约成本和配额交易量的影响。相应的实例分析结果如图 3－3 所示。

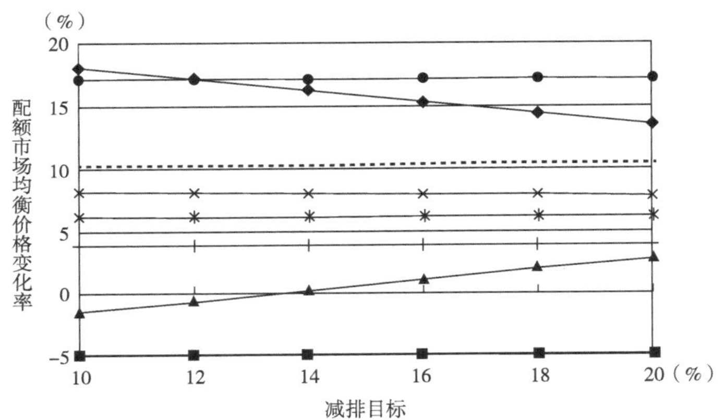

—◆—北京 —■—天津 —▲—上海 —×—重庆 —✱—湖北 —●—广东 —+—深圳 ·····试点地区碳市场连接

（a）配额均衡价格的变化

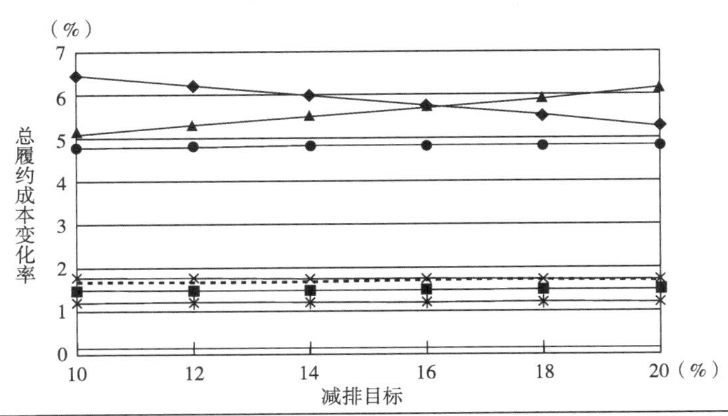

—◆—北京 —■—天津 —▲—上海 —×—重庆 —✱—湖北 —●—广东 —+—深圳 ·····试点地区碳市场连接

（b）总履约成本的变化

图 3－3　总量控制目标的改变所引起的厂商市场势力对碳市场机制成本有效性影响的变化

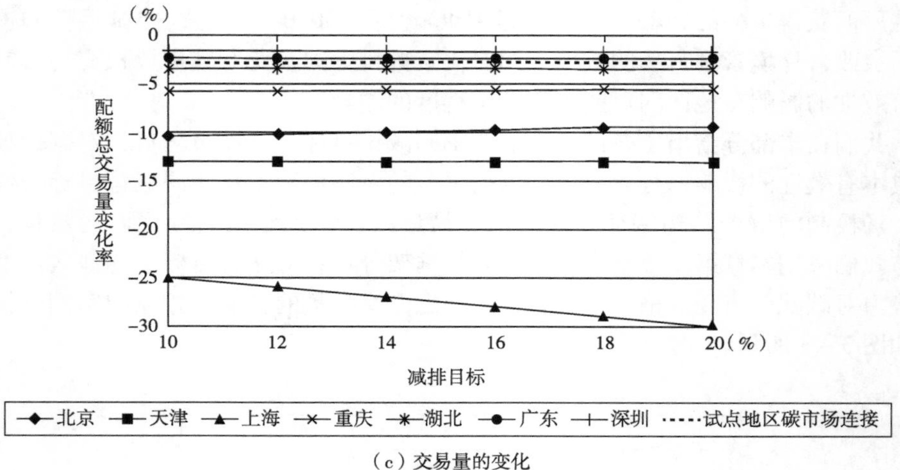

(c)交易量的变化

图3－3　总量控制目标的改变所引起的厂商市场势力对碳市场机制成本有效性影响的变化（续）

我们从图3－3可以发现，减排目标的提高并不会显著缓解厂商市场势力对碳市场机制成本有效性的不利影响，因此排放权交易机制不完全竞争的市场结构始终应受到政策制定者的重视。同时，我们还发现了两个有趣的现象：

第一，总量控制目标的提高并没有引起各地区碳排放权交易机制市场结构特征的改变，从而不会带来地区间厂商市场势力影响差异的变化。上海碳市场机制的成本有效性受厂商市场势力的影响依然最为显著，而深圳碳市场依然处于垄断竞争的状态。

第二，市场结构存在差异的各试点地区受总量控制目标改变所带来的影响也有所不同。随着减排约束的增强，配额市场均衡价格逐步向成本有效水平的方向收敛，同时因市场不完全竞争造成总履约成本上升的幅度也在减弱，但这一变化幅度并不明显。而上海碳市场则是一个特例：该碳市场中的配额购买方和出售方均有一些具有较强市场价格操纵能力的策略性厂商，双方均有意继续充分运用市场势力以获取超额收益；而减排目标的提高虽然会改变厂商间减排潜力的差异，但是最终的市场均衡结果并未出现向成本有效水平收敛的趋势。

第五节　结论与讨论

我们在本章依据传统的Hahn－Westskog模型给出了排放权交易机制覆盖厂商市场势力对机制成本有效性影响的分析框架，并运用中国碳排放权交易试点地区高

耗能厂商减排成本数据库针对中国碳市场的不完全竞争程度加以初步识别，并对厂商市场势力的影响开展了初步的实例分析。我们的主要发现体现在以下几点：

第一，各试点地区参与碳市场的厂商在排放规模、减排潜力等方面均存在显著差异，从而呈现出不同但均有别于完全竞争的市场结构，因此我们不能依据理想市场条件的分析框架评估我国碳排放权交易机制的成本有效性。

第二，由于各试点地区碳市场的不完全竞争程度与特征存在差异，厂商的市场势力对各地区碳市场机制成本有效性的影响也有所不同。以广东碳市场为代表的单个厂商操纵市场的完全垄断市场情形和以上海碳市场为代表的双寡头垄断市场情形是值得关注的，同时多个策略性厂商开展可能的“串谋”行为也需要引起重视。

第三，碳排放权交易机制的连接或者总量减排目标的改变似乎并不能缓解厂商市场势力所带来的不利影响，厂商对配额市场价格的操纵能力与市场结构特征有关，而碳市场规模的扩大或者减排目标的提高在一定限度上不会改变市场结构。

由此，我们认为在未来构建全国统一碳排放权交易机制时需要高度重视不完全竞争的市场结构特征：

第一，市场监管者要通过前期收集与分析碳市场覆盖厂商的数据提前识别和关注目标厂商并加强对其行为的监管，同时政策制定者应出台有关“反不正当竞争”的政策机制来防止这些厂商有意操纵配额市场供需状况的行为，特别要防止“串谋”行为的产生以维持市场稳定并充分发挥配额市场价格的引导作用。

第二，鉴于配额出售方在多个地区拥有相对更高的市场势力，市场监管者要关注相对落后地区规模较大且减排潜力较大的厂商，鼓励与指导它们有效管理与运用由市场势力所可能获得的“超额收益”以加快减排技术的研究与投资。

第三，研究合适的初始配额分配方式来有效规避厂商市场势力所带来的不利影响，充分评估在考虑厂商市场势力的条件下不同初始配额分配方式对碳市场机制成本节约效应的影响。市场监管者需要对厂商在不同初始配额分配方式下可能存在的配额“超额需求（供给）”加以研判，从而加强对相关厂商的监管。目前各试点地区厂商的初始配额大多基于祖父制或者基准线法进行分配，而准确把握厂商的配额需求是不可能的，因此通过对重点厂商配额的“超额需求（供给）”的关注来应对厂商市场势力的不利影响难度较大（Hahn，1984）。Eshel（2005）、Hagem 和 Westskog（2009）等曾就非竞争性市场结构下初始配额的成本有效分配机制进行理论探讨，而这些方法在现实碳市场中的适用性是未来重要的研究方向。

我们在本章针对厂商市场势力影响碳市场机制成本有效性进行初步评估并发现，单一指标不能有效预判碳市场中厂商市场势力的强弱及其对碳市场机制成本节约效应的影响：我们运用 Hahn（1984）所采用的厂商配额市场份额的指标所识别出的最大配额出售方在上海碳市场并未获得超额收益；同时，Böhringer 等

(2014) 所指出的边际减排成本的异质性也被证实不是合适刻画厂商市场势力的指标。因此我们认为，厂商在排放权交易机制中的市场势力可能与其减排潜力、排放规模以及所处市场的结构特征均有所关系。而我们将在下一章对此问题加以深入研究，并探讨排放权交易机制中策略性厂商的识别方法，从而更为精确地评估这些厂商的策略性配额交易行为对碳市场机制成本有效性的影响。

我们最后需要说明的是，运用集成估计方法得到的行业与厂商层面的边际减排成本曲线不会直接反映各层面使用低碳技术或者碳中和技术的相关信息。而我们认为，政策制定者在设定地区、行业或者厂商层面的减排目标时，会在一定程度上考虑和反映低碳技术或碳中和技术的发展路径。

同时，我们必须强调的是，我们实例分析的结果与碳排放权交易试点地区的实际情况有一定出入。我们认为这一差异主要来自于以下几个方面：第一，由集成估计方法得到的厂商层面边际减排成本曲线会高估厂商的减排潜力，因为由这一方法得到的减排成本曲线的数据基础是源自基于可计算一般均衡（CGE）模型得到的行业减排成本曲线，而我们仅考虑厂商层面碳排放强度相关的数据而难以避免估计误差的影响；第二，我们仅考虑下游（Downstream）厂商即能源消费厂商因生产活动而带来的排放量以避免重复计算的发生，而这一排放核算方法与大部分试点地区不同；第三，我们的总量控制目标和配额分配方式仅考虑基于祖父制的配额分配方法从而与大部分试点地区有所差异，但是相关数据的缺失使得我们将基准线法、拍卖等其他方法运用到实例研究中是十分困难的；第四，我们的实例分析均在局部均衡分析框架下得到市场均衡解，不能反映不断变化的市场变化情况。但是，我们依然认为，上述缺陷并不会对我们实例分析的结论造成显著的影响。

本章附录

附表　中国碳排放权交易试点地区高耗能厂商减排成本数据库部分样本厂商名录

厂商编号	厂商名称	厂商编号	厂商名称
BJ01	华能北京热电有限责任公司	CQ04	重庆钢铁股份有限公司
BJ02	首云矿业股份有限公司	CQ06	重庆南桐矿业有限责任公司
BJ03	北京威克冶金有限责任公司	CQ08	华能重庆珞璜发电有限责任公司
BJ04	北京京能热电股份有限公司	CQ15	玖龙纸业（重庆）有限公司
BJ05	中国石油化工股份有限公司北京燕山分公司	GD01	广东省韶关钢铁集团有限公司
BJ08	蓝星化工新材料股份有限公司	GD07	广州市宏伟皮革有限公司
CQ01	重庆市电力公司	GD22	南亚电子材料（惠州）有限公司
CQ02	重庆永荣矿业有限公司	GD667	佛山市三水益豪沥青有限公司
CQ03	重庆松藻煤电有限责任公司	HB01	武汉华能发电有限责任公司

续表

厂商编号	厂商名称	厂商编号	厂商名称
HB02	湖北华电襄樊发电有限公司	SZ18	深圳市比克电池有限公司
HB03	武汉钢铁（集团）公司	SZ19	富葵精密组件（深圳）有限公司
HB04	湖北省电力公司	SZ20	长营电器（深圳）有限公司
HB05	国电长源荆门发电有限公司	SZ21	中兴通讯股份有限公司
HB06	湖北西塞山发电有限公司	SZ22	深圳三星视界有限公司
HB10	湖北双环科技股份有限公司	SZ23	友联船厂（蛇口）有限公司
HB100	襄樊富仕纺织服饰有限公司	SZ24	深圳市广前电力有限公司
HB105	谷城县钟氏实业有限公司	SZ25	深圳赛意法微电子有限公司
HB11	湖北宜化集团有限责任公司	SZ26	竞华电子（深圳）有限公司
HB122	湖北神风钢板弹簧有限公司	SZ27	信泰光学（深圳）有限公司
HB135	湖北神誉机械制造有限公司	SZ28	深南电路有限公司
SH01	宝山钢铁股份有限公司	SZ29	深圳能源集团股份有限公司东部电厂
SH04	上海电力股份有限公司	SZ30	川亿电脑（深圳）有限公司
SZ01	比亚迪股份有限公司	SZ31	福群电子（深圳）有限公司
SZ02	鸿富锦精密工业（深圳）有限公司	SZ32	深圳市中金岭南有色金属股份有限公司凡口铅锌矿
SZ03	深圳妈湾电力有限公司		
SZ04	深圳市中金岭南有色金属股份有限公司韶关冶炼厂	SZ33	日立环球存储产品（深圳）有限公司
		SZ34	日立环球存储科技深圳有限公司
SZ05	深圳市水务（集团）有限公司	SZ35	深圳华美板材有限公司
SZ06	奥林巴斯（深圳）工业有限公司	SZ36	广东大鹏液化天然气有限公司
SZ07	富顶精密组件（深圳）有限公司	SZ37	深圳南玻浮法玻璃有限公司
SZ08	中海石油（中国）有限公司深圳分公司	SZ38	深圳南天油粕工业有限公司
SZ09	深圳富泰宏精密工业有限公司	SZ39	伯恩光学（深圳）有限公司
SZ10	华为技术有限公司	SZ40	深圳南天电力有限公司
SZ11	深圳市比亚迪锂电池有限公司	SZ41	建泰橡胶深圳有限公司
SZ12	群康科技（深圳）有限公司	SZ42	深圳青岛啤酒朝日有限公司
SZ13	广深沙角 B 电力有限公司沙角 B 火力发电厂	SZ43	深圳宝昌电力有限公司
SZ14	深圳市中金岭南有色金属股份有限公司丹霞冶炼厂	SZ44	深圳市淦源实业发展有限公司蕉岭分公司
SZ15	建滔（佛冈）积层纸板有限公司	SZ45	深超光电（深圳）有限公司
SZ16	广东省韶关粤江发电有限责任公司	SZ46	东莞深能源樟洋电力有限公司
SZ17	联能科技（深圳）有限公司	SZ47	深圳福华德电力有限公司

续表

厂商编号	厂商名称
SZ48	深圳钰湖电力有限公司
SZ49	信义汽车玻璃（深圳）有限公司
SZ50	深圳市大贸环保投资有限公司
TJ01	天津天铁冶金集团有限公司
TJ02	天津钢铁集团有限公司
TJ03	天津荣程联合钢铁集团有限公司
TJ07	天津渤天化工有限责任公司
TJ08	天津钢管制铁有限公司
TJ10	天津钢管制造有限公司
TJ11	天津振兴水泥有限公司
TJ20	中国石油集团渤海石油装备制造有限公司
TJ26	天津一汽夏利汽车股份有限公司

第四章　碳市场策略性配额交易者的识别及其行为分析

第一节　问题的提出

本书第三章对中国各试点地区碳排放权交易机制的不完全竞争市场结构进行了初步的分析，并运用经典的 Hahn - Westskog 模型刻画了具有市场势力的厂商所采取的配额交易行为对机制成本有效性的影响。相应的实例分析结果让我们意识到，厂商可能采取的策略性配额交易行为会给未来中国统一碳市场机制的有效性带来显著影响。因此，我们需要从市场结构的角度对这一全球最大的碳排放权交易市场加以深入研究，为政策制定者和市场监管者提供更为有效的机制优化设计方案。

我们在运用 Hahn - Westskog 模型时将厂商在完全竞争市场条件下的配额交易份额作为判别其是否具有市场势力的依据。Misiolek 和 Elder（1989）认为如果将所有厂商均看作是价格接受者，排放权交易市场在出现个别厂商占有较大市场份额时容易受到操纵（Be Susceptible to Manipulation）。但是，目前的微观经济理论对识别市场中具有策略性行为的主体一直没有明确的方法；并且，参与排放权交易的所有厂商均有意愿或在一定限度上能够影响配额的市场均衡价格。而在现实环境下，一些规模较小的厂商通过策略性配额交易行为对碳配额市场均衡价格的影响确实是极小而可以忽略不计的。由此我们认为，真正能够操纵配额市场价格以最小化各自履约成本的厂商是存在的，并可能是参与配额交易的厂商集合的一个真子集。而识别出这些策略性厂商并评估其市场势力（包括单一策略性行为和共同策略性行为）所带来的影响是十分重要的。为解决这一问题，我们需要从经济学的视角对排放权交易机制有更为清晰的认识：

首先，我们要将排放权交易机制看作是一个由配额与货币组成的新的交易形式所产生的新的“市场形态”。各层次市场参与者体现在各自排放量、边际减排成本（减排潜力）等方面的异质性在为配额交易提供可能的同时，也形成了不完全竞争性质的市场结构：减排潜力较大的厂商希望通过减少配额出售量以推高配额市场价格从而获得更高市场收益，而减排潜力较小的厂商则力求通过减排而减少配额需求量以压低配额价格从而降低履约成本。由此看来，依据科斯定理（Coase，1960）所给出的排放权交易机制成本有效性的实现条件已不具备：一定数量的配额交易者已不再是价格接受者，而配额市场均衡价格的偏离和配额交易量的减少势必使排放权交易机制的成本节约效应也不再如理论预计的那样显著。

其次，排放权交易机制参与者的异质性和多元化引起策略性市场博弈（Strategic Market Game，SMG）行为的产生。SMG 理论主要研究在一个经济体中个体间的相互影响及其行为对价格、收入分配、交易量等基本宏观变量的影响（Giraud，2003）。这一理论试图揭示市场中理性个体的非一致性行为导致社会最优解（Social Optimum）最终无法实现的可能性。而排放权交易机制参与者的策略性行为就会在一定限度上影响配额市场均衡价格；更需强调的是，配额市场均衡价格最终取决于各市场交易主体间市场势力的比较。因此，我们不能延续传统的完全竞争市场假设来认识排放权交易机制的市场结构，从而避免对排放权交易机制有效性的过高估计（Godal，2011）。并且，我们在评估厂商市场势力对排放权交易机制有效性的影响时，更应该准确识别出具有市场势力的策略性主体（Strategic Agent），从而帮助政策监管者有针对性地加强市场监督并优化机制设计。

但是，经典的 Hahn - Westskog 模型虽已被广泛用于刻画排放权交易市场中策略性交易者的行为特征，但却在识别与分析策略性交易者的可行性上备受争议：

第一，该模型的均衡解对策略性交易者集合的选择非常敏感，从而在评估厂商市场势力影响时不能给出稳定的结果。我们在采用这一模型时必须事先将配额交易者分为策略性交易者（Strategists）和价格接受者（Price - takers）两类，而足够多的价格接受厂商（Fringe）的存在才能保证该模型得出有效的最优解（Montero，2009）；否则，该模型就不存在一个有效的市场出清机制。但是，这一类模型并没有针对这些策略性交易者的识别提出明确且可行的指导原则或方法（Godal，2011）。并且 Godal（2005）认为，当拥有较小市场份额的市场参与者由价格接受者转变为策略性主体时，这一角色的转换不应对市场表现（交易量、总减排成本）带来显著的影响；但是他运用 Hahn - Westskog 模型开展的多国间配额交易的模拟分析表明，配额总交易量和厂商总履约成本会因策略性交易者的增多而发生明显的改变。

第二，该模型不能准确地刻画排放权交易机制中所有参与者均具有市场势力

的情形。Helm（2003）与 Böhringer 等（2009）围绕地区或国家层面市场势力的分析均假设所有的参与者（地区或国家）都具有市场势力；而相应的实例分析则表明，地区间的策略性分配行为（古诺—纳什博弈）对碳市场机制有效性的影响是可以忽略不计的。而 Montero（2009）已经指出造成这一结果的原因在于，Hahn－Westskog 模型最终的纳什均衡解随着事先指定的策略性交易者数目的增加将逐渐接近成本最优解。因此，我们在不能有效识别出策略性交易者而假设市场中没有价格接受者时，运用 Hahn－Westskog 模型可能得到错误的模拟结果从而不能为政策设计者提供有效的决策参考。

而 Godal（2005）提出的完全市场模型（Full Market Model）则为我们识别排放权交易机制中的策略性交易者提供了思路。完全市场模型采用了 Flåm 和 Jourani（2003）所构建的两阶段非合作—合作博弈模型的分析框架，并且假设所有的市场参与者（可能的策略性交易者和价格接受者）均参与模型两个阶段的决策。这一模型框架也在 Flåm 和 Godal（2004）、Godal 和 Klaassen（2006）、Flåm（2016）、Flåm 和 Gramstad（2017）、Wang 等（2018）等文献中被用以刻画碳市场中各交易主体的策略性行为。Godal（2005）在运用该模型刻画国际碳排放权交易时发现，某些市场份额较低的国家实现由价格接受者向策略性参与者的角色转变并不会对市场均衡解造成显著的影响。因此，这一模型克服了 Hahn－Westskog 模型均衡解与策略性交易者集合的选择高度相关的问题。并且，这一模型也无须事先对所有参与配额交易的个体进行角色设定（策略性配额交易者或价格接受者），从而可用以刻画所有厂商均具有市场势力的情形，也为我们有效识别排放权交易机制中的策略性配额交易者提供了思路。

同时我们要指出，识别排放权交易机制中的策略性交易者需要首先对其市场势力的大小给出较为公允的测度方法。直观上看，我们会简单地认为配额交易量较低的厂商是价格接受者，其行为带来的影响可以忽略不计。Godal（2005）延续这一思路从交易量即市场份额的视角来衡量交易者的市场势力。而本书在第三章已指出，配额交易者的市场势力可能与其减排潜力、排放规模及其所处碳交易机制的市场结构特征均有关。因此，在 Godal（2005）的基础上讨论排放权交易者市场势力的测度问题也是本章的主要工作之一。并且，我们在第三章已发现，总量控制目标的提高并没有引起各地区碳排放权交易机制市场结构特征的改变，因此本章的分析不再对减排目标的设定加以考虑而专注于策略性交易者识别方法的构建。

综上所述，我们在本章即基于完全市场模型的理论框架提出排放权交易机制中策略性交易者的识别方法。同时，我们依然选取中国排放权交易试点地区高耗能厂商减排成本数据库中的样本厂商信息开展相关的实例分析：首先，我们通过比较交易量、排放量、减排潜力等可能影响厂商市场势力的因素对完全市场模型均衡结果的影响来讨论单一厂商市场势力的测度方法。其次，我们运用完全市场模型对各试点地区碳市场的策略性厂商加以识别并分析这些厂商的主要特征，同时对厂商可能存在的串谋合作行为加以分析与刻画。本章的实例分析结果表明，中国各试点地区碳市场被识别的策略性厂商在区域和行业间具有明显的分布差异。而这些厂商的策略性行为会带来市场配额交易量的显著下降以及总履约成本的明显上升。因此，市场监管者应当关注这些策略性厂商并制定更加切实有效的市场监管措施，以充分发挥碳排放权交易机制的成本有效性。

第二节　基于完全市场模型的碳市场策略性交易者的识别方法

一、完全市场模型

我们继续沿用第三章第三节的基本假设，并且将参与碳排放权交易的厂商分为两类，即价格接受者（Competitive Fringe，F）和策略性交易者（Strategic Traders，S），则 $S:=I\setminus F$；此时，$|S|=m$，即 $S=\{1,\cdots,m\}$，$F=\{m+1,\cdots,n\}$。

Godal（2005）提出的完全市场模型虽然也是两阶段动态博弈模型，但是与 Hahn - Westskog 模型存在以下两个方面的明显差异：第一，Hahn - Westskog 模型是依据“价格接受者只能被动接受却不能改变由策略性交易者所操纵的配额市场价格”的现象而构建的 Stakerberg 动态博弈模型，而完全市场模型则是依据“所有配额交易者均有意操纵自然禀赋（初始配额）以降低履约成本”的这一经济现象而构建的非合作—合作博弈模型。第二，Hahn - Westskog 模型假设策略性交易者在第一阶段首先操纵配额市场价格而价格接受者只能在第二阶段依据最终的配额价格水平来被动调整排放量，而完全市场模型则允许所有的配额交易者同时参与两阶段的决策，这也正是“完全市场模型”（Full Market Model）名称的由来。我们首先介绍完全市场模型的博弈结构：

第一阶段：在排放总量控制目标给定的条件下，所有参与排放权交易的厂商（包括价格接受者）均以非合作的形式对所设定的排放上限 $\bar{e}$ 进行再一次的策略性分配（Partitioning）。

虽然所有厂商均已获得一定数量的初始配额$\bar{e}_i$，但即使是价格接受者也会依据其自身减排潜力和所处市场结构的特点重新对其减排目标做出决策，即自行决定新的排放控制目标 z_i 以降低履约成本：为了能够以更低的价格在市场上购

买配额，减排成本相对较高的厂商希望获得多于$\overline{e_i}$的初始配额（$z_i > \overline{e_i}$）使更多配额涌入市场（Flooding the Market）以达到打压市场价格的目的，而相应的差额 $z_i - \overline{e_i}$则仅能由该厂商自己完成[①]；而减排成本相对较低的厂商可以选择减少自身对配额的使用量（$z_i < \overline{e_i}$），降低配额市场供给以抬高配额价格，同时在市场上将差额$\overline{e_i} - z_i$ 出售以获取市场收益。厂商的上述决策实际上反映出各自在参与碳市场交易时对配额需求偏好的差异（Wang et al.，2021）。

由此，所有厂商以非合作的形式对总量控制目标 $\bar{e}$ 加以重新分配进而各自决策一个新的排放控制目标。我们将这一新的排放控制目标定义为 z_i，而 $z_i \in z_I$，$\forall i = 1, \cdots, n$。z_i 的总量即 $\sum_{i=1}^{n} z_i$ 将不会超过原本设置的排放上限 $\bar{e}\left(\sum_{i=1}^{n} z_i \leqslant \bar{e}\right)$。因此，所有厂商都被认为是成熟的（Full－fledged）寡头垄断者。它们能够预见到各自的决策会对配额市场价格产生一定的影响。

第二阶段：所有参与排放权交易的厂商（包括策略性交易者）以构建一个联盟 I 的形式进行总履约成本的合理分摊[②]。

在该阶段，所有参与配额交易的厂商均依据其决定的排放上限 z_i 来决策在这一阶段的配额使用量（即排放量）y_i，从而实现总履约成本的最小化。因此，我们将该阶段厂商支付的减排成本用 $TC_i(y_i)$ 表示。而 Godal（2005）将此时厂商的行为描述为一种合作博弈行为：作为参与配额交易的厂商，它们会受减排约束的激励而通过共享资源（Pool Their Resources）即排放配额来增进每个交易者的福利（Evstigneev and Flåm，2001）；此时，它们会对总履约成本进行讨价还价从而以成本有效的方式完成排放总量控排目标。

由此，我们将厂商的这一行为定义为由参与者集合 I 构建的具有合作性质的市场博弈（Cooperative Market Game）（Shapley and Shubik，1969）。此时，参与配额交易的某些或者全部厂商可能会组建一个（假想的）联盟 $M \subseteq I$。这些加入该联盟的厂商通过相互协调减排任务以实现总履约成本的节约。这一联盟的构建将使这些厂商通过各自独立承担一定的成本以使参与这一联盟的各成员均实现一定程度的成本节约（Evstigneev and Flåm，2001）。当该联盟存在时，作为联盟成员的厂商需要在总排放量不超过 z_M $\left(z_M := \sum_{i \in M} z_i\right)$ 的前提下使其所需承担的减排成本不低于：

---

① 根据 Godal（2005），$z_i > \overline{e_i}$是合理的假设；而在现实实践中各厂商有关 z_i 的决策是不会被外部厂商发现的。

② 这里我们用以刻画厂商配额交易行为所构建的联盟合作博弈行为与本书第三章第三节和本章第二节讨论的串谋合作博弈行为是两个不同的概念。我们这里仅采取这一博弈模型的形式来刻画厂商间减排成本分摊的行为。

$$TC_M(z_M): = \min_{y_M} \sum_{i \in M} TC_i(y_i)$$

$$\text{s. t.} \quad \sum_{i \in M} y_i \leqslant z_M \qquad (4-1)$$

其中，向量 $y_M: = (y_i)_{i \in M}$。

厂商通过上述联盟博弈的方式进行减排任务（排放配额）的共享以得出一个有关履约成本分摊（Cost Sharing）的核解（Core Solution）。我们在这里简要说明这一核解满足的条件以及该模型最优解的稳定条件：

每个厂商均希望在第二阶段合理地分摊总履约成本以确保这一联盟的稳定性。所以，我们需要给出保证这一联盟稳定性的条件，并给出分摊履约成本的最优方案。因此，我们首先将联盟 S 的特征函数（Characteristic Function）定义为一个集值函数（Set – valued Function）v（S）：P（S）→R。该函数刻画了当厂商的总排放量不超过总量控制目标 $\bar{e}$ 时该联盟总履约成本的最小值。因此，这一联盟的特征函数可以表示为：

$$v(S) = \min_{y_1, \cdots, y_n} \left\{ \sum_{i \in S} TC_i(y_i) \middle| \sum_{i \in S} y_i \in \sum_{i \in S} z_i : z_S \right\} \qquad (4-2)$$

式（4 – 2）给出了当厂商所分摊的总排放量不超过既定控排目标 $\bar{e}$ 时厂商总履约成本的最小值。

进而我们给出有关厂商履约成本分摊的最优解，即至少存在一个确保该联盟稳定的向量 $co = (co_i)_{i \in S} \in R^n$，其中 co_i 是指派给厂商 i 的履约成本。对于这一由特征函数 v（S）所定义的联盟博弈，我们运用有效性（Efficiency）和公平性（Fairness）的概念而将核解（Core Solution）正规化和公理化（Formalized and Axiomatized）（Peleg，1992）。因此，某一履约成本分配（Cost Allocation）方案 $co = (co_i)_{i \in S} \in R^n$ 属于这一核解，当且仅当它满足：

（1）帕累托效率（Pareto efficiency）：

$$\sum_{i \in I} co_i = v(I) \qquad (4-3)$$

（2）社会稳定性（Stability）：

$$\sum_{i \in S} co_i \leqslant v(S), \ \forall S \subset I \qquad (4-4)$$

这里的帕累托效率是指所有厂商在这个联盟中共同实现了总履约成本的节约，否则一些厂商将不再参与这一联盟。所有厂商给出的满足式（4 – 3）的配额分摊向量构成了一个有关成本预分配的非空集合：

$$I^*(v) = \left\{ co \in R^n \middle| \sum_{i \in N} co_i = V(S) \right\} \qquad (4-5)$$

而为满足式（4 – 4）即保证该联盟的稳定性，式（4 – 5）中的履约成本分配向量 $co = (co_i)_{i \in N}$构成这一联盟的核解：单个厂商或者多个厂商的真子集 S⊂

I 不能通过离开这一集合而得到福利的改进。Evstigneev 和 Flåm（2001）指出，这一性质是非常容易满足的：我们可以简单地假设任意厂商的成本 co_i 均满足 $\forall S \subseteq I$，$\sum_{i \in S} co_i \leqslant v(S)$，即任一厂商或者联盟 $M \subset I$ 通过脱离联盟而依据个体利益的行动不可能实现履约成本的节约。因此，这一模型求解的主要困难就在于设计使所有厂商共同承担的总履约成本得以有效分摊的配额分配方式。

为了求解最优化问题（4-1），我们依据 Evstigneev 和 Flåm（2001）构建了与特征函数有关的拉格朗日乘子（Lagrange Associated to the Characteristic Function）：

$$F(y_1, y_2, \cdots, y_n; \lambda) = \sum_{i \in I} TC_i(y_i) + \lambda \cdot \sum_{i \in I} (y_i - z_i) \tag{4-6}$$

其中，λ 是拉格朗日乘子或影子价格。依据 Evstigneev 和 Flåm（2001）中的定理 1，我们可将 λ 理解为不完全竞争市场下配额的市场均衡价格。我们将式（4-6）与在条件 M = I 下的最优化问题（4-1）相结合，而在由此所构建的联盟博弈模型中，有关厂商参与这一大联盟（Grand Coalition）I 所应承担的履约成本 co_i 的核解仅满足：

$$co_i^* = \min_{y_i} \quad \lambda \cdot (y_i - z_i) + TC_i(y_i) \tag{4-7}$$

式（4-7）符合如式（4-3）所示的帕累托效率条件，同时保证排放量 y_i 的总和等于 z_i 的总和，即 $\sum_{i=1}^{n} y_i = \sum_{i=1}^{n} z_i$。而这一核解将给出所有厂商在对配额使用价值得出一致评价（Evaluation）时履约成本的分摊方案。

依据 Godal（2005），我们假定上述两阶段模型属于完全信息动态博弈，即厂商在该模型第一阶段已完全知晓第二阶段以联盟博弈形式实现的履约成本分摊方案即核解的主要特征。并且，每个厂商会考虑到其在第一阶段有关 z_i 的决策会通过影响第二阶段的结果而实现其履约成本的最小化。因此，厂商的决策目标可以用以下模型解释：

$$\min_{z_i} \quad c_i(e_i - z_i + y_i) + \lambda \cdot (y_i - z_i)$$

$$\text{s.t.} \quad \sum_{i=1}^{n} z_i = \bar{e} \tag{4-8}$$

此时可以预见到，如果厂商 i 不能通过在第一阶段决策 z_i 而影响配额市场价格 λ 即 $i \in F$，从而 $z_i = \bar{e}_i$ 并且该厂商通过排放 y_i 所需支付的边际减排成本与配额市场均衡价格相等，即：

$$-MC_i(e_i - z_i + y_i) = -MC_i(y_i) = \lambda \quad i \in F \tag{4-9}$$

而如果厂商 i 具有一定的市场势力，它通过决策 z_i 以影响其第二阶段的排放量 e_i 进而影响其在市场中交易量 $e_i - z_i$，从而造成配额市场均衡价格 λ 的扭曲。

因此，λ 是厂商策略性配额需求决策 z_i 的函数即 $\lambda = -MC_i(z_i)$。我们可以看出，完全市场模型在厂商策略性行为的刻画上与 Hahn - Westskog 模型是不同的，而策略性交易者有关最优化问题（4-8）的一阶条件满足：

$$-MC_i(e_i - z_i + y_i)\cdot(1 - y'_i\cdot\lambda') = \lambda\cdot(1 - y'_i\cdot\lambda') - \lambda'\cdot(y_i - z_i) \quad i\in S \tag{4-10}$$

其中，

$$\lambda = -MC_I(z_I)$$

$$\lambda' := \frac{\partial\lambda}{\partial z_i} = -\frac{1}{\sum_{i\in I}\frac{1}{MC'_i(y_i)}}$$

$$y_i = -(MC_i)^{-1}(\lambda)$$

$$y'_i := \frac{\partial y_i}{\partial\lambda} = -\frac{1}{MC'_i(y_i)} \tag{4-11}$$

我们从式（4-10）和式（4-11）可以看出，策略性交易者有关 z_i 的决策与集合 I 中所有个体的边际减排成本均有关，从而解决了传统的 Hahn - Westskog 模型均衡解受配额交易者角色定位及其改变的影响而存在不稳定性的问题。而更为重要的是，该模型为识别出排放权交易市场中的策略性交易者提供了一种有效的方法。

Godal（2005）将完全市场模型新的市场均衡条件反映在其命题 1（Proposition 1）中，而相关的论述对于我们提出区别策略性交易者和价格接受者的方式是十分关键的。这一命题与式（4-10）可以使作为策略性交易者的厂商在该博弈模型的第二阶段被识别出来，并清晰地给出了有关价格接受者和策略性交易者在排放权交易机制中的行为特征：

（1）价格接受者的排放决策特征基本上与传统的 Hahn - Westskog 模型相同，即其最终的边际减排成本等于配额市场均衡价格。

（2）策略性交易者的边际减排成本 $-MC_i(y_i)$ 与配额市场均衡价格不相等，而这一偏离源于厂商有关 z_i 的策略性选择，而各交易者最终的排放量决策取决于其在市场上的交易角色（配额净出售方或净购买方）：

1）一个策略性配额出售者会选择小于其初始配额的排放量（$z_i < \overline{e_i}$）以参与第二阶段决策，从而拥有比配额市场均衡价格更低的边际减排成本 $-MC_i(\overline{e_i} - z_i + y_i)$，进而利用其市场势力提高配额的市场均衡价格；

2）一个策略性配额购买者会选择大于其初始配额的排放量（$z_i > \overline{e_i}$）以参与第二阶段决策，从而拥有比配额市场均衡价格更高的边际减排成本 $-MC_i(\overline{e_i} - z_i + y_i)$，进而利用其市场势力打压配额的市场均衡价格。

二、碳市场策略性交易者的识别步骤

本部分将构建一个用于实例分析的方案对 Godal（2005）所提出的完全市场模型加以检验，并对排放权交易机制中的策略性交易者加以识别。具体而言，我们按照以下四个步骤识别参与排放权交易的策略性交易者：

第一步：估计厂商层面的边际减排成本曲线。这是识别策略性厂商的关键步骤。本书在附录部分已给出有关厂商层面边际减排成本曲线的集成估计方法，并运用于中国试点地区参与碳排放权交易的厂商行为的特征分析。本章在后续实例分析依然运用相关的厂商数据信息加以分析。

第二步：根据厂商的市场势力对其加以分类。现有文献已选用多种指标来衡量参与排放权交易的厂商所拥有的潜在市场势力。例如，Misiolek 和 Elder（1989）及 Godal（2005）将各交易者在完全竞争市场条件下的配额交易量占比（市场份额）作为评判基准；但是，Hahn（1984）已指出不能依据厂商的市场份额来判断其对市场的控制力，而应使用各厂商在该地区/行业总排放量中的占比作为测量指标；Böhringer 等（2014）则另辟蹊径地选用各国非交易部门的边际减排成本偏离配额市场均衡价格的水平来衡量其参与国际碳排放权交易机制时的市场势力。而本章提出将“单一厂商对配额市场均衡价格的影响程度”作为一个新的衡量其市场势力的依据。Godal（2005）已证实，Hahn－Westskog 模型与完全市场模型在刻画排放权交易机制中不超过 1 个策略性交易者的情形时给出的均衡解相同；因此，我们采用比较静态分析的方法，即将每个厂商分别看作是一个单独的策略性交易者($i \in S$)，而将其他所有厂商视为价格接受者（$j \in F$，$j \neq i$），进而依据任意一个模型模拟各厂商行为对配额市场均衡价格的影响，并测算这一价格水平相对于完全竞争市场情形下的结果所发生的变化。因此，这一测算方法的优势在于，该指标无须事先确定并且不受基准模型框架的影响从而可以得出一致性的计算结果。

第三步：设置多种情形并模拟计算相应的配额市场均衡价格。我们首先将所有的样本厂商按照其市场势力的大小加以排序，然后将这些厂商按照从大到小的顺序逐个从完全市场模型中的价格接受者集合 F 纳入到策略性交易者集合 S 中，进而相应计算得到一个配额市场均衡价格的变化序列。

第四步：识别出策略性交易者。对于上述由不同数量的厂商策略性行为模拟所得到的配额市场均衡价格序列，我们将其各元素逐一与完全竞争市场下配额均衡价格相比较而计算得到价格的百分比变化率序列，并逐一与事先给定的收敛准则（门限值）进行比较。当某一交易者被纳入到策略性交易者集合 S 后，完全市场模型计算得到的配额市场均衡价格的变化率超过所设定的门限值，该厂商就被归类为策略性交易者：其中，引起配额市场均衡价格上升的交易者被看作是策略性配额出售者，而引起配额市场均衡价格下降的交易者被看作是策略性配额购买者。并且，当一定数量的策略性交易者被纳入集合S后，后续厂商进入这一集合并不会使得依据完全市场模型计算得到的配额市场均衡价格发生明显的变化（配额市场均衡价格的变化率低于门限值），从而包括这一厂商在内的后续潜在市场势力较小的配额交易者均可直接被归类为价格接受者。

三、厂商间合作减排行为的讨论

本章延续第三章的思路而在识别出策略性厂商后对这些厂商可能存在的合作博弈行为加以探讨，即在完全市场模型框架下进一步分析与评估策略性厂商的串谋行为。我们假设在某碳排放权交易市场中共有s个策略性厂商构成集合S。其中，b个买方厂商构成合谋集团B，c个卖方厂商构成合谋集团C，即$C:=S \setminus B$。此时对于厂商$i \in B$，它通过决策排放量以满足其集团总成本最小化，即：

$$\min_{z_j} \left\{ \sum_{i=1}^{b} TAC_{i,B} \right\} \tag{4-12}$$

其中，$TAC_{i,B}$为此时集团B中厂商i的总履约成本，具体形式同式（4-8）。

同理，对于厂商$j \in C$，它的决策函数则满足：

$$\min_{z_j} \left\{ \sum_{j=1}^{c} TAC_{j,C} \right\} \tag{4-13}$$

其中，$TAC_{j,C}$为此时集团C中厂商j的总履约成本，具体形式同式（4-8）。

第三节　中国试点地区碳市场中策略性厂商识别及其行为影响评估的实例分析

一、基于市场势力量化结果的厂商排序

本章继续采用中国排放权交易试点地区高耗能厂商减排成本数据库中的样本厂商信息，以尝试识别中国各试点地区碳市场中的策略性交易者。

我们已运用集成估计方法完成了识别碳市场策略性交易者的第一步，即估计各样本厂商的边际减排成本曲线，因而在这一部分直接计算每个试点地区碳市场覆盖的所有厂商的市场势力。正如本章第二节所指出的，以“单一厂商对配额市场价格的影响程度”作为衡量其市场势力的指标。而为说明这一指标选取的合理性，首先，我们以参与北京地区碳市场的样本厂商为例，分别按照“单一厂商对配额市场价格的影响程度”以及交易量、排放量、减排潜力（无配额交易时的边际减排成本与参与配额交易时完全竞争市场下的配额市场价格之间的差异）这四类指标对厂商进行排序；其次，我们依次假设每个样本厂商是该地区碳排放权

交易机制中唯一的策略性交易者，从而运用完全市场模型（或 Hahn – Westskog 模型）通过模拟计算得到相应的配额市场均衡价格。图 4 – 1 则反映出依据相应指标大小将厂商纳入完全市场模型的策略性交易者集合 S 后所引起的配额市场均衡价格的变化。

（a）碳价格偏离程度

（b）交易量占比

（c）排放量占比

（d）减排潜力

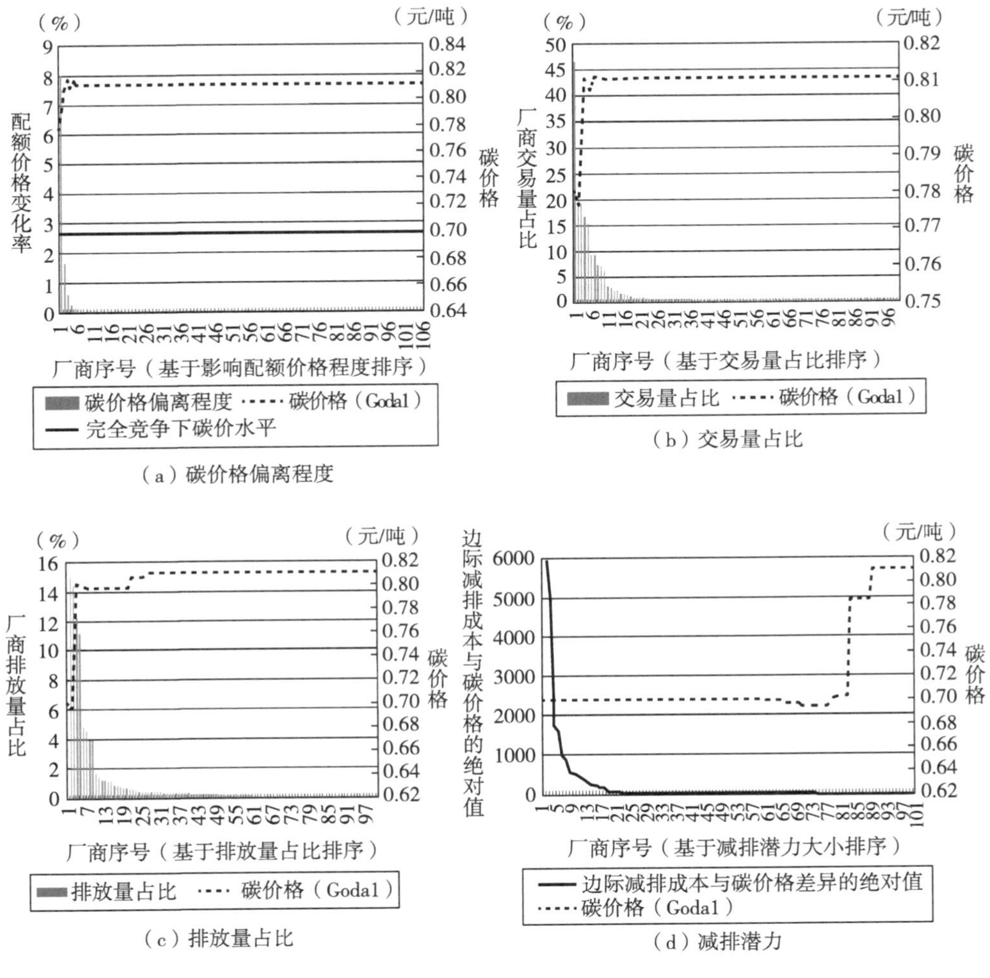

图 4 – 1　北京地区碳市场覆盖厂商依据其配额市场均衡价格偏离程度（a）、交易量占比（b）、排放量占比（c）和减排潜力（d）而依次纳入策略性交易者集合所引起碳配额市场均衡价格的变化

我们从图 4 - 1 中可以看出，采用减排潜力这一指标衡量排放权交易机制中配额交易者的市场势力是最不合理的；这一结果与 Böhringer 等（2014）的观点存在较大差异。依据交易量占比和排放量占比这两项指标所得到的模拟计算结果较为接近；但是两者用以反映交易者的市场势力似乎也不太恰当：随着策略性交易者集合中厂商的增多，依据这两项指标所模拟计算得到的配额市场均衡价格并未明显表现出逐渐收敛的趋势。我们认为，交易量指标从厂商在完全竞争市场下对配额交易的需求方面反映其影响配额市场价格的意愿，但作为后验性指标不能反映出市场结构改变所引起的厂商配额交易需求的显著变化。因此正如本书第三章所指出的，厂商对配额市场价格操控能力的大小应是其市场结构、减排潜力等多方面因素共同影响的结果，从而采用“单一厂商对配额市场价格的影响程度”作为判断其市场势力的指标最为合适。为此，我们将各样本厂商的市场势力量化计算为相应配额市场均衡价格相对于完全竞争市场结果所发生变化的百分比，而各试点地区碳市场覆盖厂商市场势力的排序结果如图 4 - 2 所示。

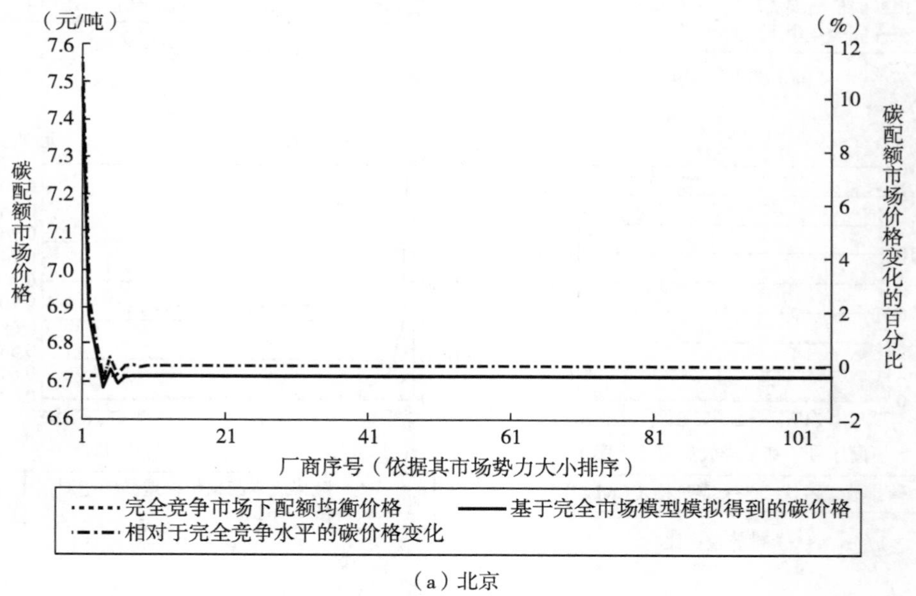

（a）北京

图 4 - 2　中国各试点地区碳排放权交易机制覆盖厂商市场势力的测算与排序

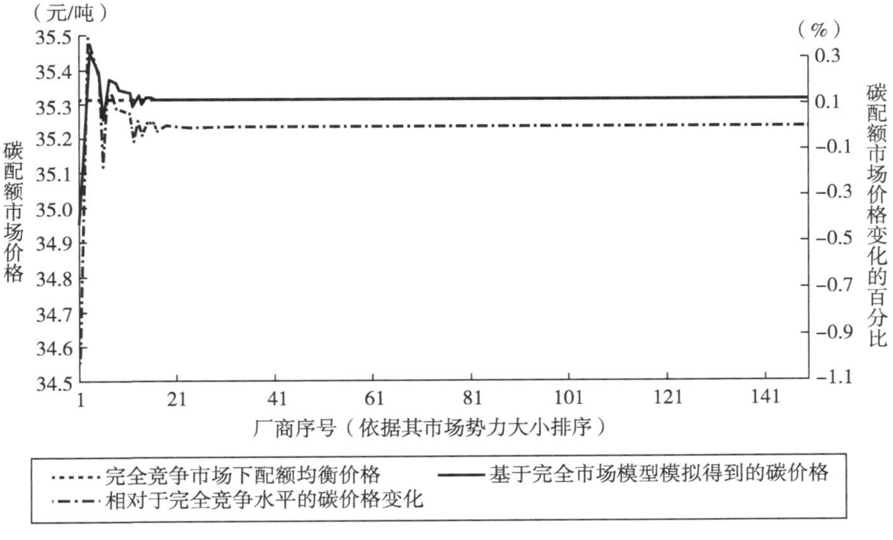

（b）天津

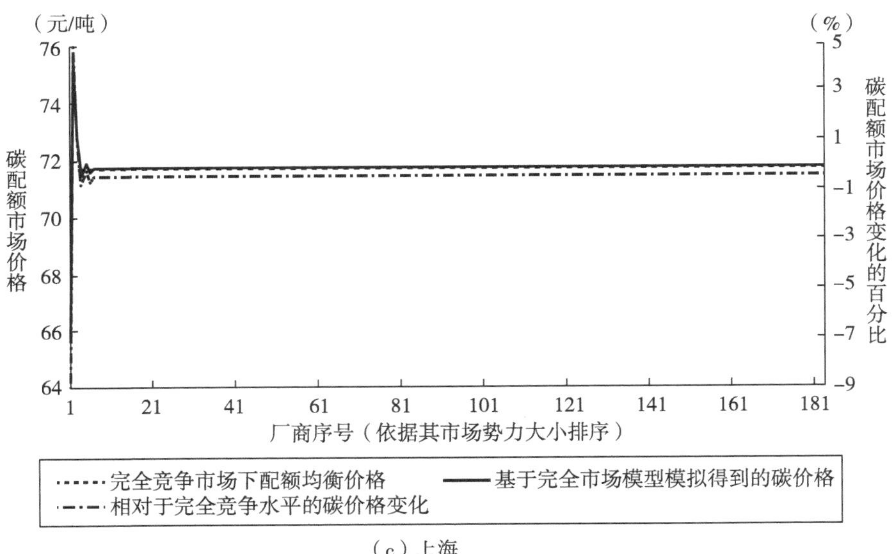

（c）上海

图4－2　中国各试点地区碳排放权交易机制覆盖厂商市场势力的测算与排序（续）

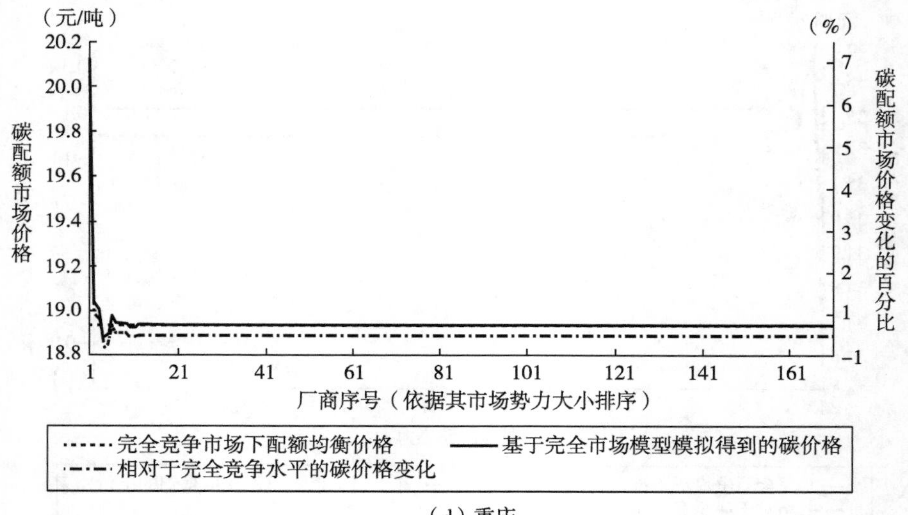

（d）重庆

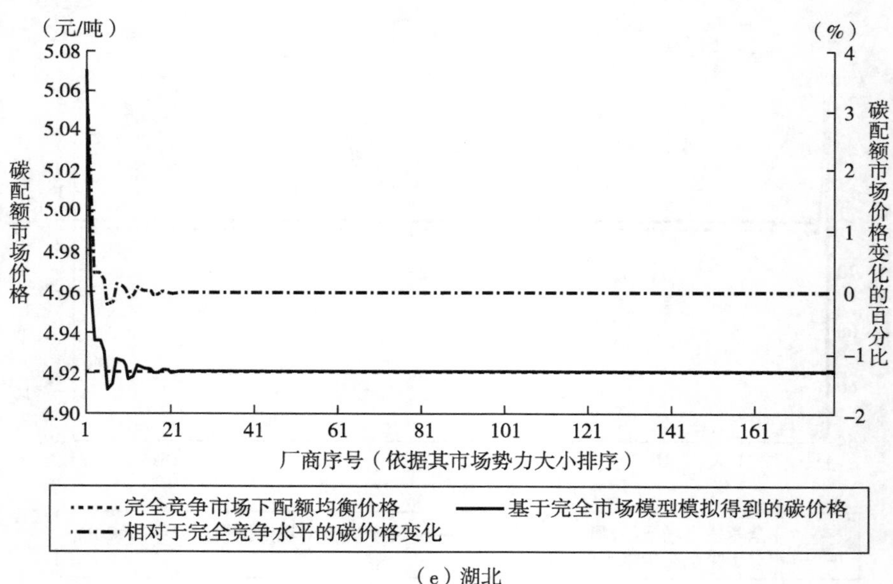

（e）湖北

图 4－2　中国各试点地区碳排放权交易机制覆盖厂商市场势力的测算与排序（续）

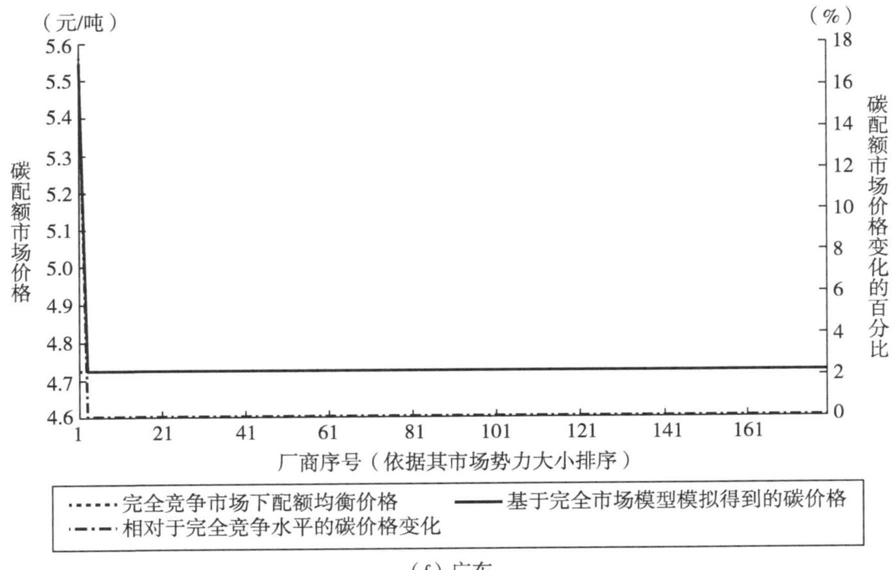

（f）广东

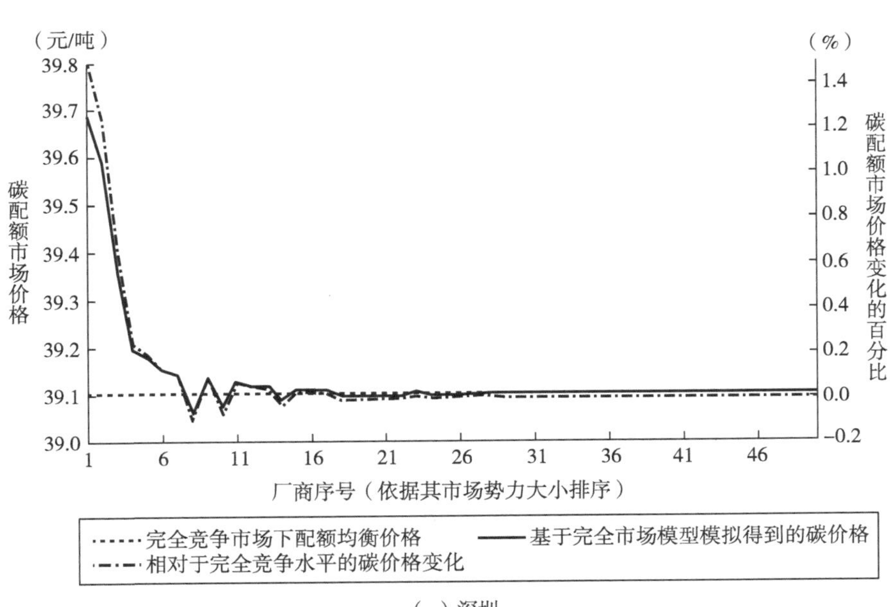

（g）深圳

图4－2　中国各试点地区碳排放权交易机制覆盖厂商市场势力的测算与排序（续）

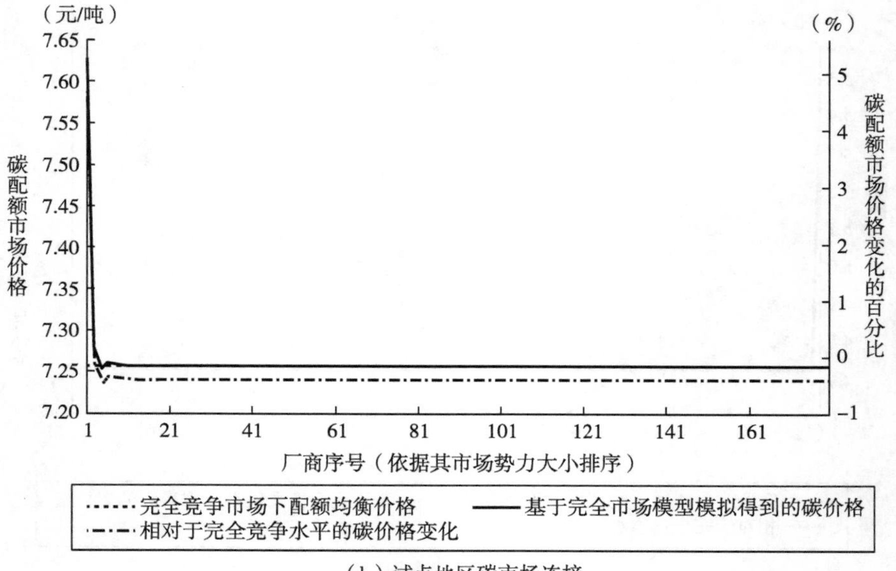

（h）试点地区碳市场连接

图4－2　中国各试点地区碳排放权交易机制覆盖厂商市场势力的测算与排序（续）

注：考虑到众多样本厂商的市场势力实际上对配额市场价格的影响极不明显，图4－2仅展示湖北、广东和7个试点地区连接构建的区域碳市场中市场势力排在前200位的厂商。

我们从图4－2中发现有关碳排放权交易机制中策略性厂商的两个突出特点：

第一，各试点地区实际拥有市场势力的厂商数量可能并不众多。我们以北京为例，完全竞争市场下的碳排放权市场均衡价格是6.7139元/吨。而图4－2（a）表明，106家样本中的大多数厂商没有给配额市场价格带来显著影响。拥有最大市场势力的厂商（将其看作在完全市场模型中唯一的策略性交易者）可以使配额市场均衡价格上涨11.47%；而除此以外，也仅有9个厂商会对配额市场均衡价格带来影响程度超过0.01%的变化。

第二，中国各试点地区碳排放权交易机制的市场结构存在差异，同时配额买卖双方的市场势力也有所不同。上海地区碳市场同时存在能够使配额市场均衡价格向相反方向变化的厂商，即可能分别存在若干能够使配额市场均衡价格明显上升或下降的配额购买者和配额出售者；天津地区碳市场中具有较强市场势力的厂商则可能多为配额购买者，从而使配额市场均衡价格向下变化；而潜在的配额出售者在其他地区的碳市场中均可能具有相对较强的市场势力，其策略性行为可能引起配额市场均衡价格的显著上升，这一点在广东地区碳市场的表现尤为明显。我们更需指出的是，当7个试点地区的碳市场连接以构造区域碳市场时，具有一定减排潜力的配额出售厂商仍可能是配额市场价格的主要操纵者。因此，我们可以推断各试点地区可被识别出来的策略性交易者的数量也会有很大的差异。

二、碳排放权交易机制配额市场均衡价格的计算

我们在印证采用“单一厂商对配额市场价格的影响程度”作为判断其市场势力的合理指标后，可以将各试点地区碳市场覆盖厂商依据其市场势力并按照从大到小的顺序依次纳入完全市场模型的策略性交易者集合 S 中，进而进行相应的多厂商配额交易的模拟分析；然后，我们计算得到各试点地区配额市场均衡价格的变化序列。图 4－3 给出了这些地区相应配额市场均衡价格的变化趋势并与完全竞争市场下的配额市场均衡价格水平进行了比较。

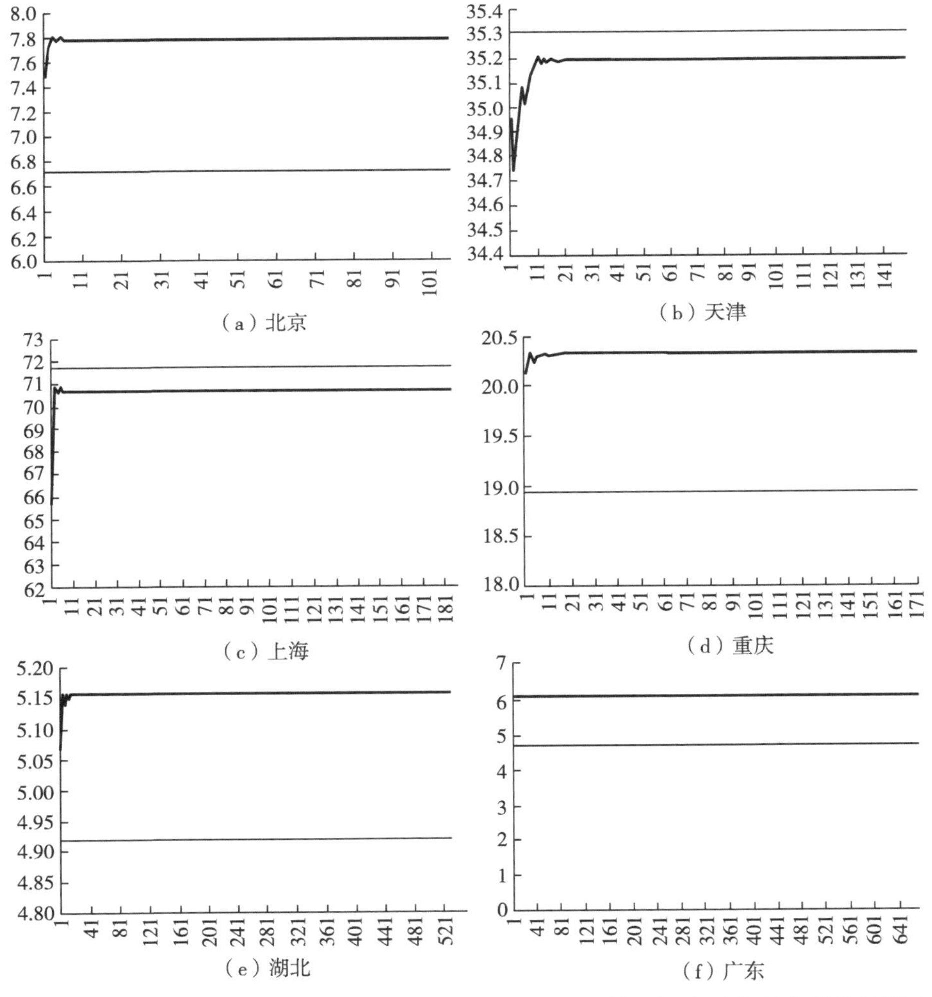

（a）北京

（b）天津

（c）上海

（d）重庆

（e）湖北

（f）广东

图 4－3 中国碳排放权交易试点地区策略性厂商数量的增加对配额市场均衡价格的影响

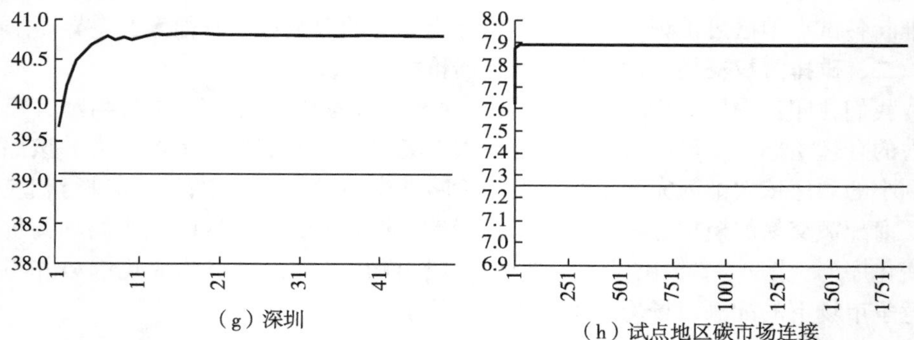

图 4-3　中国碳排放权交易试点地区策略性厂商数量的增加对配额市场均衡价格的影响（续）

注：各图中细线表示完全竞争市场条件下的配额市场均衡价格，粗线为策略性厂商数量增加时配额市场均衡价格的变化序列，横坐标为依据市场势力加以排序的厂商编号，纵坐标为配额市场均衡价格（单位为元/吨）。

我们从图 4-3 可以看出，排名靠前即拥有较强市场势力的厂商通过策略性配额交易的确能够造成配额市场均衡价格的显著变化；但是，随着策略性交易者的增多，相应的配额市场均衡价格会逐步恢复到一个稳定的水平，因此后续纳入策略性交易者集合中的厂商实际上已不再会造成配额市场价格的扭曲，而这些厂商则可能被定义为碳市场中的价格接受者。

同时，各试点地区碳市场的配额市场均衡价格的变化趋势可以反映出各地区在厂商减排潜力和市场结构上的差异。从厂商减排潜力上看，完全市场模型和 Hahn-Westskog 模型均可以预测出完全竞争市场下的配额市场均衡价格，而这一价格水平就反映出当地参与交易者的减排潜力：我们发现，考虑厂商市场势力作用而模拟得到的最终较为稳定的配额市场均衡价格虽然与完全竞争水平存在明显差异，但并没有带来地区间高耗能行业减排潜力差异的显著变化，上海地区碳市场的配额市场均衡价格高达 70.70 元/吨以上，而湖北地区碳市场的配额市场均衡价格仅为 5.16 元/吨。

图 4-3 所给出的由一系列厂商策略性行为模拟得到的配额市场价格序列并不具有明显的单调性，这也反映出策略性配额购买者和出售者在各试点地区碳排放权交易市场中均是存在的。但是，针对各地区碳市场模拟得到的配额市场均衡价格序列最终的稳定水平与完全竞争市场结果存在一定差异。这一现象表明，各试点地区碳市场中具有较强市场势力的厂商所扮演的交易角色也是不同的：天津与上海地区碳市场中拥有较高市场势力的厂商多为策略性配额购买者，它们的配额交易行为将配额市场均衡价格打压到低于其边际减排成本的水平；而在其他试点地区的碳市场中，拥有较强市场势力的厂商基本上是策略性配额出售者，它们

会有意将配额市场均衡价格推升至高于完全竞争市场情景下的水平。

我们需要指出的是，有关由7个试点地区碳市场连接所构建的区域性碳市场的模拟结果（见图4－3（h））将为中国统一碳市场建设带来一定的政策启示。我们发现这一假想的区域性碳市场最终的配额市场均衡价格将明显低于目前四个试点地区碳市场的配额市场价格，这也引起我们针对碳市场在解决地区间发展不平衡议题上的思考。但是在这一区域性碳市场中，数量较少的策略性配额出售者仍然会通过策略性配额交易行为使得配额市场均衡价格明显高于完全竞争市场情景下的水平。

三、策略性交易者的识别及其特征分析

我们通过由一系列厂商策略性行为模拟得到的配额市场均衡价格序列的变化趋势为识别排放权交易机制中的策略性厂商提供了思路。我们在本章第二节给出了策略性交易者的识别方法，但是其中收敛准则（门限值）的设置目前尚未给出明确的要求。我们根据实例分析模拟的结果选择0.01%作为判别的分界点①。当某个配额交易者的策略性行为所带来的配额市场均衡价格的变化超过该门限值，这一交易者可被认定为策略性交易者；而当后续模拟计算得到的配额市场均衡价格变化率低于门限值时，这些后来被纳入到策略性交易者集合的交易者应该被认定为价格接受者。我们按照上述思路对中国7个碳排放权交易试点地区的策略性交易者加以识别并分析其特征，相应的结果如表4－1所示。

我们从表4－1可以发现，共计102家厂商被识别为目前中国试点地区碳市场的策略性交易者。因此，实际上策略性厂商数量相对于参与配额交易的厂商总数而言是较小的。同时，扮演策略性配额出售者角色的厂商有70家，其他32家厂商则为策略性配额购买方。而当7个试点地区碳市场连接以构造区域性碳市场时，仍然有14家策略性配额出售者和2家策略性配额购买者。这一发现与图4－2所展示的结果相一致，即策略性配额出售方在市场中占据主导地位。

表4－1　策略性交易者的数量及其在不同地区或者行业中的分布

行业	北京	天津	上海	重庆	湖北	广东	深圳	试点地区碳市场连接
煤炭行业				(4/2)				
石油和天然气行业			(1/0)				(0/1)	

① 我们可以设置更高的门槛值（如0.001）以适当放松限制条件，而相关的实例分析结果表明，此时具有较高市场势力的厂商在此分类标准下仍处于策略性交易者集合中，从而对最终结果的影响不大。

续表

行业	北京	天津	上海	重庆	湖北	广东	深圳	试点地区碳市场连接
石油、煤炭及其他燃料加工业			(1/2)					
采矿业	(2/0)							(1/0)
食品制造及烟草加工业	(1/0)	(2/0)		(1/0)	(1/0)		(1/0)	
纺织相关行业				(1/0)	(1/0)	(2/0)		(3/0)
木制品相关行业							(1/0)	
造纸印刷业	(1/0)			(1/0)				
化工行业		(3/2)		(1/0)	(2/0)			
非金属矿物制品业		(1/0)		(5/0)	(1/0)	(2/0)	(2/0)	(2/0)
金属冶炼业		(1/4	(0/1)	(0/1)	(0/1)	(0/1)	(0/2)	(0/1)
金属制品业		(1/0)						
交通运输设备制造业		(1/0)			(8/0)	(1/0)	(1/0)	(6/0)
其他设备制造业		(2/0)				(2/0)	(8/3)	(2/0)
电力、热力行业	(2/4)		(2/0)	(1/1)	(1/6)		(0/1)	(0/1)
水行业							(1/0)	
总计（地区）	(6/4)	(11/6)	(4/3)	(14/4)	(14/7)	(7/1)	(14/7)	(14/2)

注：括号内的数字为策略性配额出售者数量/策略性配额购买者数量。

但是，策略性交易者在交易角色上分布的不均衡特征在各试点地区的表现也是有差异的：在最为典型的广东和重庆地区的碳市场中，我们分别识别出 7 家策略性配额出售者和 1 家策略性配额购买者，以及 14 家策略性配额出售者和 4 家策略性配额购买者。但是，在上海和北京地区的碳市场中的策略性厂商分布则较为均匀，即分别有 4 家策略性配额出售者和 3 家策略性配额购买者以及 6 家策略性配额出售者和 4 家策略性配额购买者。这些差异化的模拟结果也反映出，各试点地区碳市场中所识别出的策略性交易者的数量在参与配额交易厂商中的占比差异较大，也说明各地区碳排放权交易机制的市场结构存在明显差异。

而我们更需要关注的现象是，各试点地区碳市场中所识别出来的策略性交易者在各工业部门间的分布上也不均衡。这些厂商多数存在于典型的高耗能行业中，因此政策制定者需要对这些行业加以重视。但是，策略性配额出售者和策略性配额购买者分别集中分布在不同的排放密集型部门中：在目前 7 个试点地区的策略性配额购买者中，有 12 家厂商来自电力、热力行业，而有 10 家厂商来自金属冶炼业，这些厂商已占据策略性购买者总数的 2/3 左右；策略性配额出售者虽然分布在众多行业，但来自其他设备制造、交通运输设备制造和非金属矿物制品业三个行业的厂商数量就已超过其总数的60%。

四、策略性交易者行为对碳市场机制成本有效性影响的比较分析

我们在发现中国7个试点地区碳排放权交易市场中均存在一定数量的策略性交易者这一典型特征后，需要针对这些策略性交易者对各地区碳市场机制成本有效性的影响加以评估。为此，我们将表4－1所识别出的各地区策略性交易者放入完全市场模型相应的策略性交易者集合S中而认定其他厂商均为价格接受者，由此计算得到配额市场均衡价格、总履约成本和配额总交易量。然后，我们将这一结果与本书附录三所给出的完全竞争市场情景下的结果相比较，从而得到各试点地区策略性交易者的市场势力对碳排放权交易机制的配额市场均衡价格、厂商总履约成本和配额总交易量所带来的潜在影响。相应的实例分析结果如表4－2所示。

表4－2　中国各试点地区策略性交易者行为对碳市场机制成本有效性的影响比较

	北京	天津	上海	重庆	湖北	广东	深圳	试点地区碳市场连接
覆盖厂商总数（家）	106	150	184	171	530	676	50	1867
策略性厂商数量（家）	10	17	7	18	21	8	21	16
策略性厂商排放量占比（%）	64.23	71.50	84.13	66.06	44.38	8.16	67.89	31.35
策略性最小厂商交易量占比（%）	0.66	1.51	1.66	1.42	1.43	1.30	1.00	1.15
对配额市场均衡价格的影响（%）	15.91	－0.33	－1.46	7.38	4.81	29.82	4.36	8.70
对总履约成本的影响（%）	1.89	0.16	2.37	0.88	0.49	4.36	0.20	1.03
对配额总交易量的影响（%）	－5.18	－4.65	－18.84	－4.47	－2.44	－4.87	－1.78	－2.36

表4－2印证了我们在上一章中有关策略性厂商配额交易行为会影响碳排放权交易机制成本有效性的推测，并且发现这一影响程度似乎更为明显。值得我们注意的是，目前中国的碳排放权交易市场仍处于在多地区试运行的阶段，此时参与配额交易的厂商数量和配额交易量均有限，并且在各地区间存在明显的差异。而我们的实例分析结果表明，除了配额市场均衡价格的变化以外，所有碳排放权交易市场均出现总履约成本普遍明显上升而配额交易量显著下降的现象。并且，当这些碳市场实现连接而构建区域性碳市场时，策略性配额出售方依然具有较强的市场势力，其行为仍然会造成配额市场均衡价格的扭曲。而我们从策略性厂商行为对各试点地区碳市场机制成本有效性影响所存在的较大差异可以做出如下推断：

第一，排放权交易机制中所识别的策略性厂商数量及其影响与其市场结构特征有关。排放权交易市场越趋近于完全垄断，所识别出来的策略性厂商越少，而这些厂商所带来的影响却越显著。正如本书表3－4与表3－5所指出的，深圳地区碳排放权交易机制的配额买方市场和卖方市场均趋向于垄断竞争，所涵盖的策略性厂商相对较多，碳排放权交易机制成本有效性所受的负面影响较低，厂商总履约成本的变化不太明显。这一特点在天津、重庆和湖北地区的碳市场也有所体现。

第二，配额市场均衡价格受厂商策略性行为影响所发生的变化趋势及其程度与市场中策略性配额购买者和策略性配额出售者市场势力的相对强弱有关。同时，双方市场势力的较大悬殊则会造成厂商总履约成本的显著上升。我们结合表3－2所给出的策略性厂商行业分布特征可以看出，天津地区碳市场的策略性配额购买方集中分布于钢铁行业，这些厂商虽然数量不多但市场份额较大，并且凭借相对较强的市场势力而带来配额市场均衡价格的显著下降；以广东为代表的其他试点地区碳市场却拥有基本分布在采矿、非金属矿物制品、交通运输设备制造等行业的策略性配额出售方。这些厂商虽然排放量不大却因减排潜力较大而占据一定的市场份额，从而拥有比配额购买方更强的市场势力。它们的策略性行为使广东地区碳市场的配额市场均衡价格相对于完全竞争水平高出29.82%。

第三，与配额市场均衡价格和厂商总履约成本的变化特征不同，配额总交易量受厂商策略性行为影响而下降的程度与该碳市场中策略性交易者总体市场势力的大小有关。上海地区的碳市场同时具有占据市场份额较大的配额出售方（上海电力）和配额购买方（宝山钢铁），这些厂商在这一典型寡头垄断市场格局中的策略性行为虽然使得配额市场均衡价格仅下降1.46%，但却带来配额总交易量18.84%的降幅。配额总交易量这一显著的变化是不应被政策制定者所忽视的。

第四，排放权交易机制中的价格接受者确实拥有极小的市场份额。本章已指出，采用“交易者市场份额”作为其市场势力的测度是不合理的；但是，我们从识别出的策略性厂商的最小交易量占比可以看出，排放权交易机制中的价格接受者虽然数量众多但其配额交易量极低从而不会对碳市场机制的成本有效性造成影响。因此，交易量较少的厂商具有一定市场势力的概率应该是很小的，这也为政策制定者在重点管控厂商的选择上提供了一定依据。

第五，我们以碳配额市场均衡价格分别出现负向和正向变化的上海和深圳碳市场为例进一步说明参与排放权交易的厂商被逐个纳入完全市场模型的策略性交易者集合S后模型结果的变化。图4－4和图4－5给出了两个地区碳市场机制总履约成本和总交易量的相应变化。我们可以发现，第一个被纳入策略性交易者集合（拥有最大市场势力）的厂商显然会对碳排放权交易机制的成本有效性带来最为显著的影响。这一结果也说明，采用除0.01%以外的其他分界点去判别策略

性交易者并不会对本部分的研究结论带来显著的影响；而放宽这一门槛标准并不会影响有关主要策略性交易者的研究结论。因此，我们有关策略性厂商行为对碳排放权交易机制成本有效性影响的主要结果是稳健的。

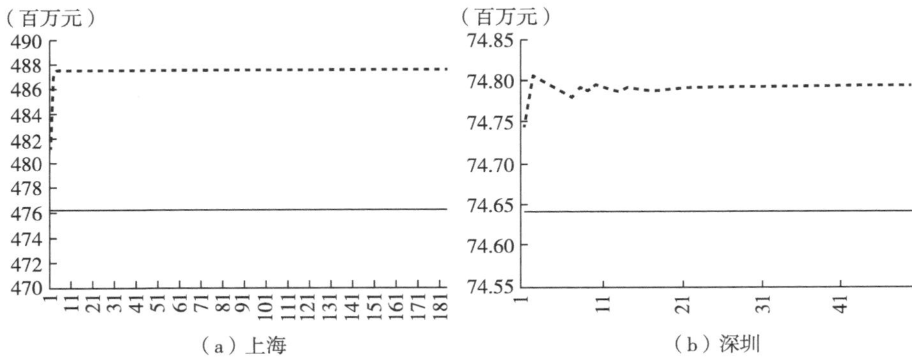

图 4－4　厂商策略性交易行为对总履约成本的影响（以上海和深圳碳市场为例）

注：图中实线表示各地区碳排放权交易机制在完全竞争市场条件下的总履约成本，虚线为基于完全市场模型将各厂商逐个纳入策略性交易者集合后模拟得到的总履约成本序列；横坐标为依据其市场势力排序的样本厂商编号，纵坐标为总履约成本。

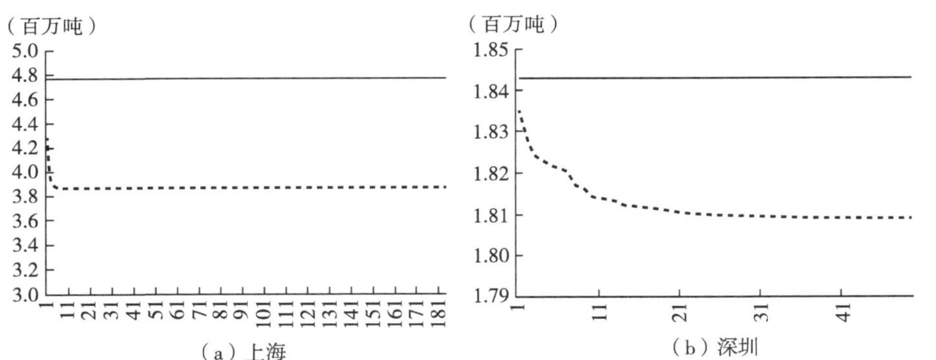

图 4－5　厂商策略性交易行为对配额总交易量的影响（以上海和深圳碳市场为例）

注：图中实线表示各地区碳排放权交易机制在完全竞争市场条件下的配额总交易量，虚线为基于完全市场模型将各厂商逐个纳入策略性交易者集合后模拟得到的总履约成本序列；横坐标为依据其市场势力排序的样本厂商编号，纵坐标为配额总交易量。

五、策略性交易者合作博弈行为的影响分析

我们通过上述实例分析发现，中国各试点地区碳市场所识别出的策略性厂商虽然数量相对不多，但是它们会对排放权交易机制的成本有效性造成较为显著的影响。我们由此推断，这些厂商如有串谋的可能则会通过共同操纵配额市场价格

以获得更大的收益。因此，我们在不考虑串谋集团组建成本的前提下假设各试点地区所识别的策略性配额购买方和策略性配额出售方分别就各自履约成本分摊达成协议从而构建两个串谋集团。二者的共同行动对各试点地区碳市场机制成本有效性的影响如表 4 -3 所示。

表 4 -3　中国各试点地区策略性厂商合作博弈行为对碳排放权交易机制成本有效性的影响

单位：%

地区	卖方合谋成本变化	买方合谋成本变化	配额市场均衡价格变化	总履约成本变化	配额总交易量变化
北京	-53.14	20.22	43.97	8.27	-13.51
天津	-7.95	3.58	5.42	2.89	-21.08
上海	0.31	3.10	2.65	6.35	-32.92
重庆	-60.26	14.70	29.01	5.80	-13.94
湖北	-28.87	18.27	28.43	8.41	-14.28
广东	-34.69	27.53	67.42	14.24	-10.14
深圳	-150.08	27.19	36.21	4.36	-11.09
试点地区碳市场连接	-26.80	19.63	32.21	7.11	-7.55

注：卖方/买方合谋厂商成本变化是指各自相对于非合作博弈时总履约成本的变化，而配额市场均衡价格、总履约成本、配额总交易量的变化则是相对于完全竞争市场时相应指标的变化。

我们从表 4 -3 中可以看出，相对于非合作博弈，策略性厂商的串谋行为对碳市场机制成本有效性的影响更为明显。因此，市场监管者更需要高度关注这些厂商可能存在的“共同行动”以避免对碳市场机制有效性造成更为不利的影响。

而我们从分别构建策略性配额购买者合谋集团和策略性配额出售者合谋集团各自总履约成本的变化来看，双方市场势力的强弱对比决定了各自最终的履约成本或市场收益。如果策略性配额出售方的市场势力相对较大，它们通过串谋行为所获得的额外收益将更为显著，随之而来的则是策略性配额购买者总履约成本的显著提高。此时，被策略性配额出售者操纵的配额市场价格向着更加不利于配额购买方的方向偏离，而这一现象存在于多数试点地区的碳排放权交易市场中。

但此时，受到一定损失的配额购买方并不会放弃串谋以避免更大的损失，因为此时策略性交易者买卖双方各自的串谋行为已构成一个“纳什均衡”：例如在上海地区碳市场，策略性交易者买卖双方的市场势力是“势均力敌”的，因此出现了“两败俱伤”的境地；但是如果有一方放弃合作，它们的损失将会更为惨重。综上所述，策略性配额交易双方各自的串谋行为最终所实现的是以一种类似于“囚徒困境”的“纳什均衡”。这一行为不仅给整个碳市场机制的成本有效性带来不利影响，也会对各策略性交易者造成一定的损失。

六、完全市场模型与 Hahn - Westskog 模型模拟结果的比较

我们通过上述实例分析印证了完全市场模型在识别排放权交易机制中策略性交易者上的优势。同时，我们也需要说明这一模型相对于 Hahn - Westskog 模型在实例分析方面更具适用性。因此，我们再次将在上海和深圳地区碳市场覆盖厂商依据其市场势力加以排序并分别纳入完全市场模型与 Hahn - Westskog 模型的策略性交易者集合 S 中，从而分别进行多厂商配额交易的模拟；我们由此计算得到两个模型所给出的配额市场均衡价格、厂商总履约成本和配额总交易量序列的变化趋势（见图 4 - 6、图 4 - 7 和图 4 - 8）。

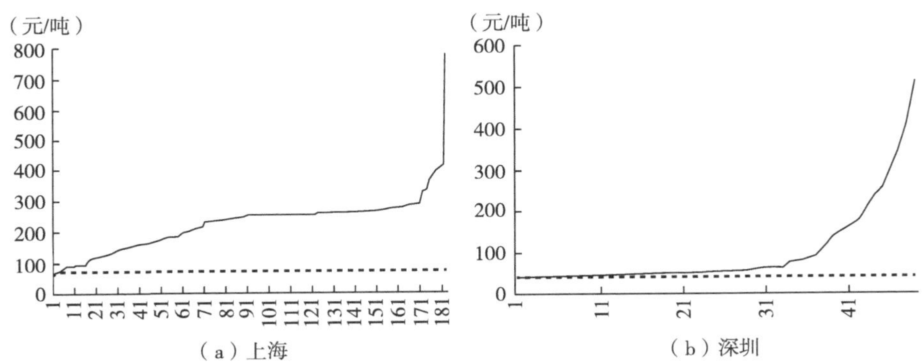

图 4 - 6 配额市场均衡价格序列变化趋势：两模型模拟结果的比较（以上海和深圳碳市场为例）

注：图中实线表示基于 Hahn - Westskog 模型的模拟结果，虚线为基于完全市场模型的模拟结果；横坐标为依据其市场势力排序的样本厂商编号，纵坐标为配额市场均衡价格。

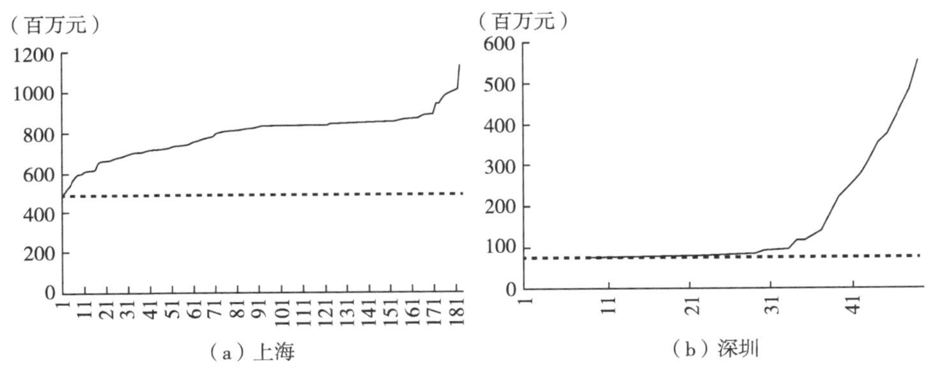

图 4 - 7 总履约成本序列变化趋势：两模型模拟结果的比较（以上海和深圳碳市场为例）

注：图中实线表示基于 Hahn - Westskog 模型的模拟结果，虚线为基于完全市场模型的模拟结果；横坐标为依据其市场势力排序的样本厂商编号，纵坐标为总履约成本。

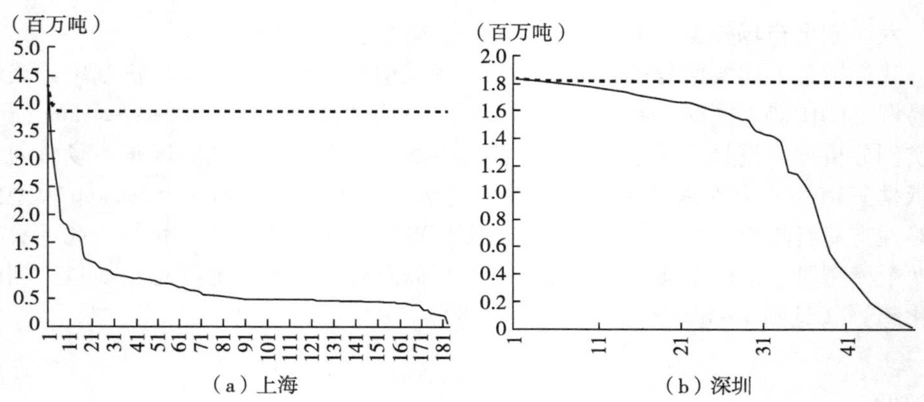

图4－8　配额总交易量序列变化趋势：两模型模拟结果的比较

（以上海和深圳碳市场为例）

注：图中实线表示基于 Hahn－Westskog 模型的模拟结果，虚线为基于完全市场模型的模拟结果；横坐标为依据其市场势力排序的样本厂商编号，纵坐标为配额总交易量。

我们可以发现，依据两个模型所得到的算例分析结果存在明显差异。虽然在上海、深圳两地碳市场中配额买卖双方的市场结构极不相似，但依据完全市场模型计算得到的上述三个观测指标序列均随着策略性厂商的增多而呈现逐渐收敛的趋势；并且，后续纳入这一集合的厂商的确对碳市场机制成本有效性的影响逐渐减弱以至可以忽略不计。而我们依据 Hahn－Westskog 模型计算得到的三个观测指标序列则出现单调递增或递减的变化特征。因此，完全市场模型能够克服传统的 Hahn－Westskog 模型均衡解因策略性交易者个数变化而不稳定的问题，从而可以用来合理识别排放权交易机制中的策略性交易者。

七、有关碳配额市场均衡价格的进一步讨论

我们采用完全市场模型对中国试点地区碳排放权交易机制中的策略性交易者加以识别并评估其行为对碳市场机制成本有效性的影响。而这一模型不能对各试点地区真实碳配额市场价格水平做出判断。为进一步说明相关实例分析结果的合理性，我们将针对中国各试点地区碳配额市场均衡价格的模拟结果与目前配额市场交易价格水平加以比较（见表4－4）。

表4－4　基于完全市场模型的模拟结果与实际配额市场交易价格水平的比较

单位：元/吨

	北京	天津	上海	重庆	湖北	广东	深圳
未考虑厂商策略性行为的配额市场均衡价格	6.71	35.31	71.75	18.94	4.92	4.72	39.10

续表

	北京	天津	上海	重庆	湖北	广东	深圳
考虑厂商策略性行为的配额市场均衡价格	7.78	35.20	70.70	20.33	5.16	6.13	40.81
2015 年底的配额现货市场交易价格	37.8	22.82	11.8	12.5	24.4	18.85	36.05

注：2015 年底的配额现货市场交易价格取自各试点地区碳排放权交易市场 2015 年最后一个交易日的市场收盘价格。

我们从表 4－4 可以看出，北京、湖北和广东地区碳市场的实际配额市场交易价格明显高于模型预测的结果，而上海和天津地区碳市场的实际配额市场交易价格则显著低于模型预测值。但是，策略性交易者的市场势力会给予配额市场均衡价格带来向上或向下的压力。因此，虽然我们采用完全市场模型模拟得到的结果与现实市场表现有一定差异，但相对于完全竞争水平有逐渐向实际配额现货市场交易价格接近的趋势。这一现象也说明，我们的实例分析结果较好地预测出目前各试点地区碳市场实际配额市场交易价格的差异，而实际配额市场交易价格数据也为策略性交易者操纵配额市场价格的行为提供了事实依据。综上所述，我们通过考虑厂商策略性行为的影响能够更为合理地刻画中国各试点地区碳排放权交易机制的实际运行情况。

而目前我们通过改进模型所得到的模拟结果与现实情况仍然存在的差异则在一定程度上可能与政府干预等其他非市场因素有关。纳入北京地区碳市场的策略性配额交易者主要来自电力、热力行业，而电力与热力生产厂商一般产能规模较大且受政府管制的影响较多。除本书附录三所讨论的碳市场机制覆盖范围以外，这些试点地区目前在碳市场建设过程中存在的诸多问题也会引起配额市场价格的大幅波动（Hu et al.，2017；Fan and Todorova，2017）。例如，厂商参与碳排放权交易的意愿较低，配额市场换手率也普遍较低（Deng and Zhang，2019），从而带来较高的流动性风险。并且，各试点地区依据“十二五”规划碳排放强度下降目标设定的排放总量控制目标也相对偏低（Fan and Todorova，2017）。同时，政策的不确定性也可能是导致配额市场价格存在不确定性的一个因素。上述因素的叠加会带来配额市场价格更高程度的扭曲，这也可用于解释北京碳排放权交易机制的配额市场交易价格与其他地区存在较大差异的原因。

第四节　结论与讨论

我们在本章依据完全市场模型的分析框架给出一种由四个步骤所组成的有关排放权交易机制中策略性交易者的识别方法。并且，我们运用中国碳排放权交易试点地区高耗能厂商减排成本数据库中的样本数据开展实例分析。由此，我们验证了完全市场模型在策略性配额交易者的识别与行为刻画方面的优势和合理性，并对中国试点地区碳市场中策略性厂商市场势力的影响进行了更为深入的分析。同时，我们提出并验证运用“单一厂商对配额市场价格的影响程度”作为一种衡量指标估计其在排放权交易机制中市场势力的合理性。我们还通过利用现实数据的模型模拟验证了完全市场模型相对于传统的 Hahn - Westskog 模型在刻画策略性配额交易者行为上更具稳定性。

本章的实例分析为中国试点地区碳市场中策略性配额交易者（包括配额购买者和配额出售者）的存在提供了确凿的证据。而由于这些地区碳排放权交易机制的市场结构存在显著差异，各试点地区所识别出来的策略性交易者在数量及其分布特点上也有明显不同：在上海和天津地区碳市场中最具市场势力的配额交易者主要是配额购买者；而其他地区碳市场的策略性配额出售者会使配额市场均衡价格相对于完全竞争水平出现明显上升的趋势。但是，这些策略性配额交易者大多来自能源密集型行业，其中策略性配额购买者主要集中在钢铁和电力供应部门，而策略性配额出售者则主要来自非金属矿物制品和机械设备（交通设备及其他）制造业。

我们发现，这些策略性配额交易者的行为不但能够引起配额市场价格的扭曲，也会带来所有参与配额交易的厂商总履约成本的上升和配额总交易量的下降。其中，配额市场均衡价格的扭曲程度与策略性配额购买者与策略性配额出售者市场势力的强弱对比有关：如果策略性配额购买者的市场势力相对较高，则配额市场均衡价格向下偏离；而如果策略性配额出售者的市场势力相对较高，则配额市场均衡价格向上偏离。虽然所识别的策略性厂商相对较少，但这些厂商值得引起目前中国碳排放权交易市场政策制定者的高度重视。

并且，我们从给出的由 7 省市碳市场连接构建的区域性碳市场的模拟结果看出，中国中西部地区矿业、非金属制品、交通设备等减排潜力较大的行业可能是策略性配额交易者的潜在来源，它们凭借其市场势力在推动碳价上升的同时获得更多的减排收益。这些厂商的策略性行为也让我们意识到中国区域间发展的不均衡会给统一碳市场的建设带来一定的挑战；而这些策略性厂商可能在配额交易过程中出现串谋行为从而获得巨额收益，将对机制的有效运行造成更为严重的影响。因此，政策设计者应通过优化政策方案以规避厂商策略性交易行为对于中国碳市场机制有效性造成的负面影响。带来一定的负面影响而正如本书第一章第四节所指出的，有关厂商策略性交易行为的关注与管理却是目前多数碳排放权交易机制的政策制定者和市场监管者所忽视的。我们结合本节的讨论和本章实例分析的主要结论，针对构建与完善有关厂商策略性配额交易行为的监管机制提出更有

针对性的建议：

第一，我国碳市场的监管部门和排放权交易所可以有针对性地关注具有潜在市场势力厂商的排放与交易行为，以防止其操纵市场的行为带来较为严重的影响。相关部门如果发现重点关注部门中具有较大市场份额的厂商出现市场参与不活跃、有意囤积配额等行为时，可通过约谈、现场调查等形式加以考察并在必要时给予提醒和警告，特别要防止多家厂商串谋行为的发生。我们可以借鉴美国加利福尼亚州排放权交易机制设立的有关厂商配额拥有量限制（Holding Limits on Allowances）的条款（Shen et al.，2014）。

第二，我国碳市场机制的监管部门和排放权交易所等相关部门要共同构建健全的碳市场信息公开机制，及时公布碳配额市场价格、配额交易量等相关信息，降低履约厂商参与排放权交易的信息成本，从而有利于市场监管者对策略性厂商行为的观察以有效规避由此带来的不利影响。

我们通过第三章和第四章有关碳排放权交易机制中厂商策略性交易行为的理论建模与实例分析发现，传统微观经济学中的市场结构理论不能直接用于具有“供需双方博弈模型”特征的排放权交易机制进行分析。碳排放权交易机制的市场出清条件是在满足总量控制目标下的配额供给与需求的平衡，而“配额”这一商品的出售者和购买者均可通过市场交易而影响最终的配额市场价格并可能弱化碳市场机制的成本有效性。本书将在后续章节运用完全市场模型的分析框架对减排技术更新、覆盖范围选取等有关碳市场机制设计的重要议题加以深入分析。

第五章　碳配额交易者的策略性行为对减排技术扩散的影响分析

第一节　问题的提出

作为一种市场化减排政策工具，碳排放权交易机制能够以成本有效的方式完成政策制定者所设定的减排任务。而任何一项减排政策工具设计与实施的最终目的均在于，运用一定的行政命令（命令控制型政策）或经济政策工具（市场化减排机制）来激励排放厂商采用与更新低碳或减排技术从而在促进技术的创新与扩散的同时完成减排目标的实现和社会的绿色低碳转型。Kneese 和 Schultze（1978）曾指出，为排放厂商有关环境 R&D 投资提供一定程度的有效激励应成为所有环境经济政策评价的一项重要准则。

但是，以排放权交易机制为代表的市场化减排机制能否促进环境友好型技术（Environmentally Friendly Technology）的推广目前仍存在广泛的争议。Jung（1996）、Kurmar 和 Managi（2010）、Tietenberg（2010）等一些支持者认为，相对于命令控制型政策，排放权交易机制会提供更强的投资激励。他们认为，减排成本的支出已成为参与排放权交易的厂商一项重要的生产决策。参与排放权交易的厂商主要通过以下三种手段来完成履约任务：①协调产量决策以控制排放量；②通过配额交易以实现减排成本有效性；③采用与更新减排技术以改变最终的能源消费模式（Yu et al.，2020）。此时，厂商依据配额市场均衡价格与其边际减排成本之间的差异决策产量与配额使用量以及减排技术的选择，进而决定其配额交易的支出（收益）与技术投资的成本。因此，相对于命令控制型政策工具，排放权交易机制能够为厂商进行减排技术更新的决策提供更为明确的市场价格信号。

然而，Fadaee 和 Lambertini（2015）、Laffont 和 Tirole（1996）等学者运用相关理论模型对上述观点加以反驳：他们发现，政策制定者向厂商免费发放初始配额，厂商会因获得免费的排放配额而减少甚至放弃有关绿色 R&D 的投资。同时，

围绕碳排放权交易机制开展的实证分析表明，配额市场为排放厂商的创新活动提供的激励是不足的，而这一现象在配额分配规则设计不合理的条件下更为明显（Schleich and Betz，2005；Hoffmann，2007；Leiter et al.，2011；Rogge et al.，2011；Bergek et al.，2014）。

而使现实环境中排放权交易机制的环境有效性备受争议的一类更为重要的因素在于，排放权交易机制不完全竞争的市场结构和履约厂商的异质性特征（Kolstad and Wolak，2008；Hintermann，2011；Liao and Shi，2018）。这一现象在某些国家或地区不甚完善的排放权交易机制中已成为相当严重的问题（Sartzetakis，1997；Dickson and MacKenzie，2018）。前文的理论探讨与实例分析已指出，大部分参与配额交易的厂商来自钢铁等能源密集型行业，而它们在产品市场中经常也可能是寡头垄断者（Wang et al.，2018）。并且，厂商在减排潜力等多方面因素上存在异质性，从而使排放权交易机制市场不再是完全竞争的。因此，我们需要强调的是，厂商间减排潜力的异质性特征使各自具有一定的操纵配额市场价格的能力，从而通过增加竞争对手在产品市场中的成本以获取更多的市场收益（Hahn，1984；Hintermann，2017）。因此，我们需要讨论厂商的异质性特征并将厂商市场势力的影响范围由单一的配额市场扩展到产品市场。Misiolek 和 Elder（1989）将厂商运用产品市场和配额市场的交互作用而同时操纵产品和配额市场价格的行为定义为“策略性排他行为”（Exclusionary Manipulation）。

不同于前文所关注的“成本最小化操纵行为”（Cost－minimizing Manipulation），厂商的策略性排他行为会同时造成产品市场和配额市场的效率损失（Malueg，1990；Song et al.，2018）。它们在两个市场中的市场势力会通过各自在产量或排放量上的决策造成产品和配额市场价格的扭曲。而配额市场价格的扭曲不仅会影响到排放权交易机制的成本节约效应，还会影响各厂商减排技术采用或更新的时点决策以及新的减排技术在高耗能行业中的扩散路径。因此，厂商在不完全竞争的排放权交易市场中的市场势力及其影响是我们在评估排放权交易机制的环境有效性时所不能忽视的一个重要议题。

与本章所研究的内容较为类似，Coria（2009）探讨了税收和许可证交易两类政策工具在影响某一减排技术采用与更新模式时的差异。Reinganum（1981）将两人非零和博弈的思想引入到技术采用模式的分析中，而 Coria 则在此基础上针对厂商技术更新时点决策提出一种更为规范的动态分析方法。这一厂商技术采用时序模型为进一步研究厂商在减排技术升级上的时点决策提供了非常有价值的理论分析框架。Coria（2009）虽然意识到厂商在减排技术更新前减排潜力的异质性，却并没有考虑与刻画厂商的策略性排他行为。因此，我们试图拓展 Coria（2009）的分析框架以考虑厂商在减排潜力和产能规模（Production Capacity）的异质性对减排技术扩散模式的影响（Karshenas and Stoneman，1993）：

第一，我们提出异质性厂商技术更新时序模型来考虑厂商间在产能规模上的异质性。厂商的产能规模已被识别为影响厂商减排技术采用决策的重要因素（Ge et al.，2017）。即使面对同一种减排技术，厂商在产能规模上的异质性使其在技术更新初始成本上差异明显，从而可能会削弱市场化减排政策工具在推动低碳技术扩散方面的优势（Mohr，2006；Fan and Dong，2018）。并且，产能规模的差异也直接带来了厂商在产品市场和配额市场中的策略性行为。因此，我们所构建的厂商技术更新时序模型与 Coria（2006，2009）所给出的基础模型存在的差异体现在“所有厂商在初始时点上进行技术投资的单位产能成本而非总成本相等”的前提假设上；同时，我们在 Moner - Colonques 和 Rubio（2015）及 Coria 和 Mohlin（2017）原有的动态分析框架中引入产能规模来反映非对称厂商间的异质性。由此，我们运用这一改进后的模型分析参与排放权交易的异质性厂商在产能规模和相应技术更新收益的差异对其减排技术更新最优时点的影响。

第二，我们提出刻画厂商策略性排他行为的两阶段博弈模型来考虑厂商间在减排潜力上的异质性。我们已经指出，策略性厂商的配额交易行为可能会影响各自进行减排技术升级所得到的预期市场收益，因此排放权交易机制不完全竞争的市场结构能够影响减排技术的更新扩散。而厂商的策略性排他行为则源于它们在减排潜力上的异质性。为此，我们将用以刻画厂商在产品市场策略性行为的多寡头古诺模型（Multi - Oligarch Cournot Model）与本书第四章所采用的完全市场模型相结合以刻画厂商的策略性排他行为，从而进一步分析排放权交易机制不完全竞争的市场结构对减排技术在行业内更新扩散模式的影响。而为深入分析厂商的策略性排他行为对低碳技术更新扩散模式的影响，我们还借鉴 Tirole（1988）和 Coria（2009）的思路将厂商通过减排技术更新所获得的市场收益分解为两个部分：一是来自直接效应（A Direct Effect）的技术更新收益，即在不考虑其他厂商所受影响的条件下厂商通过技术更新所实现的减排成本的节约；二是来自策略性效应（A Strategic Effect）的技术更新收益，即在不完全竞争市场条件下通过引起市场竞争者产出和利润变化而造成技术更新收益的增减。我们由此可以看出，来自直接效应的技术更新收益虽始终为正但也因市场结构而发生改变，而来自策略性效应的技术更新收益相对于完全竞争市场情形的变化则与厂商的策略性排他行为有关。因此，我们通过比较分析来自上述两种效应的技术更新收益变化而为阐述厂商策略性排他行为与低碳技术更新扩散之间的关系提供更为丰富的理论解释。

综上所述，我们在本章尝试从理论上分析在产能规模具有异质性的排放厂商通过策略性排他行为对减排技术更新与扩散模式的影响。我们还选取中国碳排放

权交易试点地区高耗能厂商减排成本数据库中若干钢铁厂商，针对排放权交易机制的市场结构与环境友好型技术扩散之间的关系开展相关的实例分析。中国在2018年的钢铁产量突破9亿吨并占据全球钢产量的50%，从而成为全球最大的钢铁生产国；而中国钢铁行业在2019年的能耗占国内总能源消费量的28%（见图2-2），也是中国最大的温室气体排放部门。正如我们在前几章所发现的，中国各试点地区均将规模较大的钢铁生产厂商纳入到各自的碳排放权交易机制中，并且它们多数被识别为碳市场中的策略性配额交易者。因此，我们将在本章实例分析部分刻画这些厂商的市场势力所带来的产品与配额市场价格、产品产量与排放量以及厂商技术更新时点等相关变量的变化。

本章的理论分析表明，具有产能异质性的厂商进行减排技术更新的时点与其通过技术更新获得的单位产能市场收益直接相关，从而厂商在产能规模上的差异直接决定了它们在减排技术更新上的先后顺序；而考虑到厂商技术更新带来的直接效应（Direct Effect）和策略性效应（Strategic Effect），厂商的市场势力能够加快某一减排新技术在行业内的扩散。而针对中国碳排放权交易试点地区开展的实例分析结果佐证了上述理论分析的主要结论：厂商在非竞争性市场结构下由策略性效应带来的技术更新收益会显著增加并抵消了由直接效应带来的市场收益递减，因此厂商的策略性行为能够推动新的环境友好型技术在高耗能行业中的扩散。同时，厂商所生产产品的市场需求弹性也会给厂商减排技术更新决策带来一定的影响。我们的这一研究可以帮助政策制定者更好地理解在不完全竞争市场结构下减排技术的扩散模式。我们认为，政策制定者应当在有效应对重点厂商策略性行为对碳市场机制成本有效性不利影响的同时激励这些厂商通过加快减排技术更新带动全行业减排技术的改造升级。

第二节　排放权交易机制中的市场势力与低碳技术投资：文献综述

在不完全竞争的市场结构下，具有市场势力的厂商在参与排放权交易机制时会通过策略性排他行为影响市场竞争者乃至整个行业的利润进而会对行业减排技术的研究、采用与扩散模式造成一定的影响。因此，厂商的策略性排他行为与减排技术投资和扩散模式之间的关系成为多位学者关注的热点。

首先，厂商通过更新减排技术可以获得更多的市场收益，并通过扩大市场份额以更具市场势力，从而在市场竞争中获得更多超额利润。因此，政策制定者需要倡导厂商开展技术创新以培育本土厂商在国际市场中的市场势力，进而提升其市场竞争力（张小蒂和朱勤，2007）；而在排放权交易机制中，已更新技术的厂商因排放降低而减少对配额的实际需求，从而通过获得压低配额市场价格的市场势力以降低履约成本、提高市场竞争力。因此，由减排技术更新带来的市场势力而获得的额外收益可能会吸引更多厂商加快技术的采用与更新（Fischer et al.，2003）。

其次，具有市场势力的厂商会通过其策略性行为影响减排技术的研发、采用与扩散模式。Schumpeter（1942）将市场参与者考虑技术创新要素的“市场势力”定义为“防止厂商创新被迅速模仿和利润受到损害的能力”。而厂商所拥有的这一市场操纵能力反而可能阻碍新技术的创造与采用；并且，行业较高的市场集中度会给技术的R&D投资带来一定的效率损失，从而可能出现行业内厂商集中R&D投资的正向效应与在创新数量上的负向效应间的矛盾（Vossen，1999）；并且，处于技术密集型服务业的厂商所获得的高额盈利可能主要源于创新而并非是其因规模扩张而带来的市场势力（曾世宏，2013）。

但是，有学者针对厂商策略性行为影响减排技术更新扩散的效果持相反的观点：Kirzner（2002）指出厂商所拥有的市场势力会激励其加快更新技术进而获得更多利润。而在国际市场上，某些行业市场势力的获取会助推发展中国家扩大规模、更新技术以提高其国际竞争力（庞明川，2009）。面对上述观点上的争议，杨建君等（2011）指出厂商具有一定程度的市场势力对其自主创新绩效具有正向作用，而政府也需要加强对技术市场的监管与对知识产权的保护从而正向调节市场势力与技术创新之间的关系。

正如Jaffe等（2005）所指出的，环境规制政策设计在政策制定者同时面对环境污染及因厂商市场势力而存在的技术效应等市场失灵现象时就显得更为重要。在完全竞争的排放权交易市场中，免费分配和有偿拍卖这两种典型初始配额分配方式对厂商的减排技术更新决策的影响并未存在差异，且均优于命令控制型政策工具（Montero，2002a；Requate，2005a）。Kurmar和Managi（2010）以及Tietenberg（2010）认为相对于命令控制型政策工具，排放权交易机制能够通过建立明确的价格信号而对厂商环境技术相关的R&D投资有正向激励作用。但是，Laffont和Tirole（1996）以及Fadaee和Lambertini（2015）通过理论分析发现，配额免费分配机制会使碳排放权交易机制减少或消除厂商研发绿色技术的动机。Schleich和Betz（2005）、Hoffmann（2007）、Leiter等（2011）、Rogge等（2011）以及Bergek等（2014）等相关实证研究也发现，排放权交易机制会因初始配额分配方式等要素设计不合理而不能为厂商创新活动提供足够的正向激励。

但是在不完全竞争的市场结构下，环境规制政策间的优劣顺序受多方面因素影响而不再明确（Requate，2005）。此时，异质性厂商在市场中不再是价格接受

者，它们的策略性排他行为会同时造成产品和配额市场价格的扭曲。而被扭曲的配额市场价格可能不再会为厂商的减排技术投资提供足够的正向激励：厂商的策略性排他行为会影响各自更新技术的预期收益，进而可能会影响其减排技术投资与更新的时机。因此，考虑到不完全竞争的市场结构对减排技术采用与扩散模式造成一定的影响，排放权交易机制相对于其他政策工具的优势实际上可能已不再明显（Nelissen and Requate，2007）。但是在不完全信息假设下，Sengupta（2012）却发现：相对宽松的环境管制政策仍可通过配额市场价格信息为厂商的清洁技术投资提供一定的正向激励，此时受厂商策略性行为影响而扭曲的配额市场价格仍然发挥重要的信号传递效应（Signaling Effect）。因此，我们需要在非竞争性的市场结构下重新审视厂商在技术更新上的决策。

当厂商仅在产品市场具有市场势力时，Coria（2009）通过引入厂商间技术采用时序模型来比较碳税和碳排放权交易机制对低碳技术扩散模式的影响，并发现碳排放权交易机制在产品需求富有弹性时能比碳税机制提供更多的正向激励，从而促使厂商更早地进行减排技术的更新。而当产品市场和配额市场均为不完全竞争时，技术投资会通过受厂商策略性行为影响的配额市场价格而出现溢出效应，从而造成市场竞争者成本的降低和产出的增加；此时，采用排放标准政策和配额拍卖机制均为厂商 R&D 投资提供相对更多的正向激励（Montero，2002a，2002b）。而本章将厂商的策略性排他行为引入到 Coria（2009）的分析框架中，并考虑各厂商受产能约束而造成的初始投资成本的差异。

在不完全竞争市场结构下，我们需要准确刻画厂商在技术采用与更新决策过程中的策略性行为，进而更加深入评估市场化减排政策工具在现实环境中对厂商减排技术更新提供的经济激励。Reinganum（1981）、Fudenberg 和 Tirole（1985）及 Huisman 和 Kort（2003）在双寡头垄断的分析框架（Duopolistic Framework）下探讨有关厂商技术更新的决策问题。Malueg（1990）已证实，厂商在减排技术更新上所获得的正向激励与其技术更新前后在排放权交易市场中的交易角色及其市场份额有关。Nelissen 和 Requate（2007）进而证实，碳排放权交易机制在不完全竞争市场中的表现不一定优于其他政策工具。Bruneau（2004）、Montero（2002b）、Requate（2005a）以及 Nelissen 和 Requate（2007）将不完全竞争市场条件下市场化减排政策工具对厂商减排技术投资提供的 R&D 激励作用分解为直接效应（Direct Effect）和策略性效应（Strategic Effect）；他们的研究证实了市场化减排政策工具在不完全竞争市场结构下可能并不明显的激励效应，并为本章的研究提供了很好的分析框架。

我们需要考虑并刻画厂商在成本与技术上的异质性特征，以分析不完全竞争的排放权交易机制对厂商进行减排技术投资的 R&D 激励效应。厂商上述异质性特征正是不完全竞争市场形成的重要原因。考虑到异质性厂商间减排成本函数的非对称性（Ambec and Coria，2013），它们在更新减排技术前的减排潜力已存在一定差异。这些厂商会逐个而非同时进行减排技术的更新（Thirtle and Ruttan，1987；Karshenas and Stoneman，1993）。因此，厂商在配额市场中的市场势力显然会影响各自减排技术更新的决策，这正是我们不能忽视的问题。

而最为重要的是，我们需要刻画异质性厂商的策略性排他行为并分析由此带来的产品和配额市场价格的扭曲（Misiolek and Elder，1989；Chesney et al.，2016）。古诺模型已被广泛用于刻画厂商在产品市场中的博弈行为。Reinganum（1981）、Fudenberg 和 Tirole（1985）以及 Huisman 和 Kort（2003）先后运用古诺双寡头模型分析厂商的技术更新决策。Pahle 等（2013）运用动态古诺模型分析发电企业在排放权交易机制中的减排技术投资问题。Limpaitoon 等（2014）构建电力市场寡头垄断模型以讨论发电厂商的策略性交易行为对排放权交易机制有效性的影响。而诸多学者将上述古诺模型运用到环境政策评估后发现，不同政策工具对减排技术更新影响的差异是模糊的（Montero，2002b；Gersbach and Requate，2004；Requate，2005b；Sanin and Zanaj，2007）。而本章将把第四章所采用的完全市场模型与多寡头古诺竞争模型相结合，运用一个两阶段非合作—合作博弈模型来刻画厂商在产品市场和配额市场均存在的策略性行为。

第三节　厂商减排技术更新决策与策略性排他行为建模

一、基本假设与预备知识

我们假设来自某一能源密集型行业的若干厂商生产某种同质化商品，它们同属于一个数量固定且有限的集合 I；该集合中的每家厂商 $j \in I$（$j = 1, \cdots, n$）都被纳入一个排放权交易机制中。而这些生产同一类型产品的厂商面临的市场逆需求函数以如下线性形式给出：

$$P = P(Q) = a - b \cdot \sum_{j=1}^{n} q_j \quad a, b > 0 \tag{5-1}$$

其中，a 和 b 为相应数值为正的参数，q_j 表示厂商 j 所生产产品的产量，而 $Q = \sum_{j=1}^{n} q_j$ 为这些厂商所生产产品的总产量。

与 Coria（2009）类似，我们假设厂商生产上述产品会产生一定的均质污染物，并且它们每生产一个单位商品会带来这类污染物一个单位的排放（$\partial e_j / \partial q_j =$

1)。而我们在这里仅考虑二氧化碳排放，并给出两点假设：第一，这些厂商可以通过采用减排技术来控制二氧化碳的排放；第二，这些厂商所采用的减排技术均属于管道末端技术（End－of－pipe Technology）的范畴，即它们通过采用这些减排技术所实现的最终排放量 e_j 与其实际产出 q_j 无关①。

我们还假设，各厂商在时期1的始点（the Beginning of Period 1）均有更新减排技术的意愿。而此时，一种新的减排技术出现并可被市场中的所有厂商所采用。我们假定有 i 个的厂商选择去投资并采用这一新技术。该技术可以使这些更新技术的厂商以更低的总减排成本 $TC_j(r_j)$ $(j=1,2,\cdots,i)$ 来完成减排任务，而这一技术的减排成本函数可表示为：

$$TC_j(r_j)=\frac{c}{2}\cdot r_j^2=\frac{c}{2}\cdot(q_j-e_j)^2 \tag{5-2}$$

其中，c 是相应的参数，$r_j=(q_j-e_j)$ 表示厂商 j 通过采用这一技术所实现的减排量。

并且，我们认为其他 n－i 个厂商在进行减排技术更新前所拥有的减排技术是有差异的（Guo and Fan，2020），从而面对形式相同而参数不同的减排成本函数。其中，厂商 k 的减排成本函数由式（5－3）表示：

$$TC_k(r_k)=\frac{c_k}{2}\cdot r_k^2=\frac{c_k}{2}\cdot(q_k-e_k)^2 \tag{5-3}$$

其中，c_k 是每个未进行减排技术更新的厂商所对应的参数，$r_k=(q_k-e_k)$ 是各自凭借其减排技术所实现的减排量。由此，我们认为市场中目前所出现的新技术应使各厂商以更低的减排成本控制二氧化碳排放，从而对于任意一个厂商 k，在不考虑其他技术进步等因素的条件下减排成本函数的参数均满足 $c_k>c$。

我们假设政策制定者依据免费分配（祖父制或者基准线法）的原则向这些参与碳排放权交易的厂商分配初始配额：当市场中共计有 i 家厂商采用了新技术时，新技术采用厂商 j 和新技术未采用厂商 k 分别获得数量为 ε_j 和 ε_k 的初始配额。因此，这些厂商所需完成的排放总量控制目标为 $\overline{E}=\sum_{j=1}^{i}\varepsilon_j+\sum_{k=i+1}^{n}\varepsilon_k$。与我们在前面章节的分析不同，这些厂商可以通过同时优化产量和排放量来完成其减排目标。

二、厂商减排技术更新决策模型

我们在 Coria（2009）所提出的动态分析框架下考虑厂商在减排成本和产能规模上的差异，从而提出了一种新的有关异质性厂商减排技术更新的时序模型。

① 目前大部分厂商采用末端减排技术控制污染，因此这一假设是合理的。而我们在这一部分的分析中暂不需要考虑厂商在产品市场与配额市场的市场势力的相互影响。

能源密集型厂商因其生产设备受到相对较高的沉没成本的约束，从而在短期内很难对其生产规模加以调整。因此，我们将这些非对称厂商在产能规模上的差异作为其异质性的表现之一。同时，厂商在技术更新前后总履约成本的差异会直接决定其通过采用这一新技术所获得的单位产能收益，而它们的产能规模则决定了各自采用新技术所支付的最终成本。

由此我们认为，每个厂商在进行新技术投资决策时需考虑各自产能规模$\overline{q_j}$的约束，而这些厂商的实际产量均会不超过其产能规模，即 $q_j \leq \overline{q_j}$。同时我们假设，各厂商在时期 1 的始点投资这一新技术所需支付的单位产能成本均为 k。因此，厂商 j 采用这一新技术所付出的总投资成本则为 $k \cdot \overline{q_j}$。但实际上，厂商一般不会在新技术刚进入市场时就支付高昂的投资成本。我们假定厂商 j 最终决定在时点τ_j 进行减排技术的更新。当所有厂商均完成技术更新后，我们将这些厂商按照其减排技术更新时点进行排序，从而 i 个厂商（i≤n）进行减排技术更新的时点以向量 $\tau = (\tau_1, \cdots, \tau_i, \cdots, \tau_n)$ 表示并满足 $0 < \tau_1 \leq \tau_2 \leq \cdots \leq \tau_{j-1} \leq \tau_j \leq \tau_{j+1} \leq \cdots \leq \tau_{n-1} \leq \tau_n < \infty$。

我们还假设，随着市场上采用这一新技术的厂商增多，其他厂商也逐渐有更新减排技术的意愿，从而使这一技术的投资成本也会逐渐下降。因此，我们将厂商 j 在时点τ_j 上投资该减排技术所需支付的投资成本定义为 $K_j(\tau_j) = k \cdot \overline{q_j} \cdot e^{-(\delta + \theta_j) \cdot \tau_j}$，其中参数 δ 表示跨期贴现率，参数 θ_j 表示厂商在技术投资成本上的顺序效应（Order Effect），并在一定程度上反映出新技术在行业内的扩散速率；我们认为，这一技术的投资成本 K_j 会因采用该技术的厂商增多而以参数 θ_j 的速率逐渐下降，但成本下降的速率也会随着已更新技术的厂商个数的增加而趋缓，从而有 $\theta_j > 0$，$\partial\theta_j/\partial j > 0$，$\partial^2\theta_j/\partial^2 j \leq 0$①。

当市场上已有 i 个厂商采用了这一新技术，这些已进行技术更新的厂商 j 通过市场竞争所实现的古诺纳什利润（Cournot - Nash Profit）被定义为$\pi(i)_j^A$，而仍未进行技术更新的厂商通过市场竞争所实现的古诺纳什利润被定义为$\pi(i)_j^{NA}$。类似于 Coria（2009），我们假设各厂商依据其原本减排潜力和产能约束能够确切预知各自更新与不更新减排技术所能带来的收益即$\pi(i)_j^A$ 和$\pi(i)_j^{NA}$。

我们假设上述所定义的各厂商减排技术更新时序向量τ在满足条件$\tau_1 \leq \tau_2 \leq \cdots \leq \tau_{i-1} \leq \tau_i \leq \tau_{i+1} \leq \cdots \leq \tau_{n-1} \leq \tau_n$ 时已构成一个子博弈完美纳什均衡。而为证明这一均衡解的存在性，我们在 Reinganum（1981）和 Coria（2009）分析思路的基础上针对各厂商更新技术的预期收益给出以下四个方面的假设：

① 我们在本章实例分析部分按照 Coria（2009）的定义来考虑参数 θ_j 的设置并满足相应的性质，同时假定这一参数的变化与采用技术的厂商个数有关，而与厂商的产能约束及相应的初始投资成本的差异无关。

第一，各厂商依据其更新减排技术所获的单位产能预期收益来决策其采用新技术的时点顺序，即不论已有多少厂商采用新技术，厂商 i 通过更新减排技术所得到的单位产能预期收益的增加一定大于第 i + 1 个厂商通过更新减排技术所得到的单位产能预期收益的增加，即有：

$$\frac{[\pi_1^A(m)-\pi_1^{NA}(m-1)]}{\bar{q}_1}>\cdots>\frac{[\pi_i^A(m)-\pi_i^{NA}(m-1)]}{\bar{q}_i}>\cdots>\frac{[\pi_n^A(m)-\pi_n^{NA}(m-1)]}{\bar{q}_n}$$

$\forall m\leqslant n$　(5 - 4i)

我们可以看出，这一假设因考虑到各厂商在产能 $\bar{q}_i$ 的差异而与 Coria（2009）中的假设（i）有所不同，此时厂商在决策减排技术的更新时点时必须同时考虑减排潜力与产能规模的约束。

第二，厂商目前即刻进行减排技术更新的成本是昂贵的，即

$$\rho'(0)>\pi_1^A(1)-\pi_1^{NA}(0) \quad (5-4ii)$$

Reinganum（1981）指出，这是有关技术更新成本方面一个不是很强的假设。

第三，新技术的投资成本不可能无限期地持续下降，从而我们排除无限期 τ_i 存在的可能，即：

$$\lim_{\tau_n\to\infty}\rho'(\tau_n)>0 \quad (5-4iii)$$

第四，在考虑厂商间产能规模差异的前提下，随着已更新减排技术厂商的增多，技术更新成本会以一个足够大而缓慢递增的速率逐渐递减，即：

$$\frac{\bar{q}_i}{\bar{q}_{i-1}}\cdot\Delta\pi_{i-1}\cdot e^{[\theta_{i-1}-\theta_i]\cdot\tau_{i-1}}-[\theta_{i-1}-\theta_i]\cdot k\cdot\bar{q}_i\cdot e^{[-\theta_i]\cdot\tau_{i-1}}>\Delta\pi_i>\frac{\bar{q}_i}{\bar{q}_{i+1}}\cdot\Delta\pi_{i+1}\cdot e^{[\theta_{i+1}-\theta_i]\cdot\tau_{i+1}^*}-[\theta_{i+1}-\theta_i]\cdot k\cdot\bar{q}_i\cdot e^{-[\theta_i]\cdot\tau_{i+1}^*} \quad (5-4iv)$$

其中，$\Delta\pi_{i-1}=\pi_{i-1}^A$（m）$-\pi_{i-1}^{NA}$（m）。正如 Coria（2009）所指出的，这一假设可用以确保厂商 i 的目标函数（即在一定时间段内该厂商减排技术更新所获市场净收益，如式（5 - 5）所示是关于其可选择的变量 τ_i 严格凸的。

我们可以依据上述四个重要假设证明，厂商通过减排技术更新所得到的单位产能预期收益 $[\pi_i^A(m)-\pi_i^{NA}(m-1)]/\bar{q}_i$ 越大，则其更新技术的时点越早，进而满足 $\tau_1\leqslant\tau_2\leqslant\cdots\leqslant\tau_{i-1}\leqslant\tau_i\leqslant\tau_{i+1}\leqslant\cdots\leqslant\tau_{n-1}\leqslant\tau_n$ 的各厂商减排技术更新的时序向量 τ 构成一个子博弈完美纳什均衡（Perfect Equilibrium in Sub - games）（本章附录一给出了详细的证明过程）。并且，我们将厂商 i 在时点 τ_i 上进行减排技术更新所实现的利润或所付出的成本净现值定义为：

$$V^i(\tau_1,\cdots,\tau_i,\cdots,\tau_n)=\sum_{m=0}^{i-1}\int_{\tau_m}^{\tau_{m+1}}\pi_i^{NA}(m)\cdot e^{-\delta\cdot t}dt+\sum_{m=i}^{n}\int_{\tau_m}^{\tau_{m+1}}\pi_i^A(m)\cdot e^{-\delta\cdot t}dt-k\cdot\bar{q}_i\cdot e^{-(\delta+\theta_i)\cdot\tau_i} \quad (5-5)$$

其中，$\tau_0=0$，$\tau_{n+1}=\infty$。

此时，厂商 i 将在时间段 $[\tau_{i-1}, \tau_{i+1}]$ 内选择τ_i 以实现其利润 V^i 的最大化。因此，我们依据以下一阶条件确定其进行减排技术更新的最优时点，即：

$$\frac{\partial V^i}{\partial \tau_i} = [\pi_i^{NA} - \pi_i^A] \cdot e^{-\delta \cdot \tau_i^*} + (\delta + \theta_i) \cdot k \cdot \overline{q}_i \cdot e^{-(\delta+\theta_i) \cdot \tau_i^*} = 0 \quad (5-6)$$

从式（5－6）可以看出，厂商在时点τ_j^* 进行减排技术更新时，它推迟技术更新所需支付的成本与由此所获得的市场收益应该相等；其中，推迟技术更新所需支付的成本是指因边际减排成本降低而带来的收益差，而推迟技术更新所获得的市场收益则等于因初始投资的节约而产生的机会成本。当上述二者相等时，厂商会进行减排技术的更新，从而它的更新时点τ_j^* 满足：

$$\tau_i^* = \frac{1}{\theta_i} \cdot \left(\frac{(\delta + \theta_i) \cdot k \cdot \overline{q}_i}{\pi_i^A - \pi_i^{NA}} \right) \quad (5-7)$$

从式（5－7）可以推断，厂商在产能规模和减排成本上的异质性均直接影响它在不完全竞争市场上进行减排技术更新的时点决策，具体体现在：

（1）厂商的产能规模可以影响其进行减排技术更新所需支付的初始成本。如果某一厂商具有较小的产能规模$\overline{q}_j$，则它相对于其他厂商所承担的初始成本较小，从而会更早地进行减排技术的更新。厂商间技术更新的顺序即由此确定。

（2）厂商的减排成本会影响其通过策略性排他行为所获得的市场收益。如果厂商通过策略性排他行为获得更高的市场收益$\pi(i)_j^A - \pi(i-1)_j^{NA}$，它将比其他减排潜力相对较高的厂商更早进行减排技术的更新。因此，产品市场和配额市场均存在的不完全竞争市场结构势必会对减排技术在高耗能行业的更新与扩散带来显著的影响。

综上所述，如果某一厂商通过减排技术更新所得到的单位产能预期收益越高，它将越早地采用这一新技术。而此时，各厂商进行减排技术更新的时序不仅与减排潜力有关，还需要考虑其投资初始成本的差异。

三、考虑厂商策略性排他行为的排放权交易模型

我们将刻画厂商在产品市场中策略性行为的多寡头古诺模型与本书上一章所采用的完全市场模型相结合以刻画厂商的策略性排他行为。同时，我们不再识别配额市场中所谓的“价格接受者”而认为所有厂商均具有一定的市场势力。

我们依据这一动态博弈模型的均衡解测算厂商在不完全竞争市场中减排技术更新所获得的预期收益，从而分析厂商的策略性排他行为对减排技术更新扩散的影响。为此，我们首先假设在已有 i 个厂商完成减排技术更新的一个完全竞争市场中，已更新减排技术的厂商 j 通过市场竞争所获取的古诺纳什利润为$\pi(i)_j^{A,C}$，而该厂商如未进行技术更新则通过市场竞争所获取的古诺纳什利润为$\pi(i)_j^{NA,C}$。并且，我们将此时配额的市场均衡价格定义为 p(i)。正如 Coria（2009）所指出

的，厂商需要依据“边际减排成本等于配额市场均衡价格”的原则而在完全竞争市场中决策产量和排放量，以实现利润最大化。

与本书第四章的思路类似，我们通过多寡头古诺模型和完全市场模型的结合而运用一个两阶段非合作—合作博弈模型刻画厂商间的策略性排他行为。因此我们认为，包括技术更新者和技术未更新者在内的所有厂商均在产品市场和配额市场中具有市场势力，并分别通过对产量和排放量的策略性选择来实现各自利润的最大化。我们在此简要阐述这一动态博弈模型的基本结构：

第一阶段：技术更新者和技术未更新者均决策各自的产量并在保证总量控制目标$\overline{E}$不变的条件下以非合作的形式对这一总量排放约束进行策略性分配。

技术更新者和技术未更新者首先同时决策其产量 q_j 或 q_k。此时，面对因生产带来的排放量以及各自所获得的初始配额 ε_j 或 ε_k，它们均希望通过操纵配额市场以获得更高的市场利润。如果某厂商因生产造成的排放量 q_j 或 q_k 大于 ε_j 或 ε_k，它作为潜在配额购买者就希望获得数量超过 ε_j 或 ε_k 的配额以降低配额需求，从而实现打压配额市场价格的目的；而如果该厂商因采用新技术可实现较少的排放量，它作为潜在配额出售者则希望获得低于 ε_j 或 ε_k 的初始配额以减少配额市场供给，从而实现抬高配额市场价格的目的。

由此我们认为，技术更新者和技术未更新者均在充分考虑各自产量和减排潜力的条件下以非合作的形式对总量控制目标$\overline{E}$进行再分配从而决策各自新的排放限额目标：技术更新者和技术未更新者所决策的新的排放控制目标被分别定义为 z_j（$j=1，2，\cdots，i$）和 z_k（$k=i+1，i+2，\cdots，n$）。它们排放控制目标的总和不得超过政策制定者原先规定的排放上限，即 $z_N:=\sum_{j=1}^{i}z_j+\sum_{k=i+1}^{n}z_k\leqslant\overline{E}$。这些古诺竞争下成熟的（Full－fledged）寡头垄断者能够预见到各自产量和策略性初始配额拥有量对配额市场均衡价格带来一定的影响。

第二阶段：技术更新者和技术未更新者以构建一个联盟 I 的形式进行总履约成本的合理分摊。

正如本书第四章所指出的，我们依然将厂商的配额交易行为描述为一个以联盟博弈为主要形式的合作博弈行为。但此时，技术更新者和技术未更新者已分别将 z_j 和 z_k 作为各自新的排放控制目标。当它们在这一阶段分别决策的排放量为 y_j 和 y_k 时，各自所要承担的减排成本分别用$\frac{c_j}{2}\cdot(q_j-y_j)^2$ 和$\frac{c_k}{2}\cdot(q_k-y_k)^2$ 表示。而以联盟形式开展合作减排的厂商则通过决策产量 q_j 或 q_k 以及排放量 y_j 和 y_k 以在其总排放量 $\sum_{j=1}^{i}y_j+\sum_{k=i+1}^{n}y_k$ 不超过总量控制目标 z_N 的前提下实现其总履约

成本 $\sum_{j=1}^{i}\frac{c_j}{2}\cdot(q_j-y_j)^2+\sum_{k=i+1}^{n}\frac{c_k}{2}\cdot(q_k-y_k)^2$ 的最小化。因此，有关技术更新者和技术未更新者为实现各自履约成本最小化而决策排放量 y_j 和 y_k 的优化模型表示为：

$$\min_{q_j,y_j}\quad \sum_{j=1}^{i}\frac{c_j}{2}\cdot(q_j-y_j)^2+\sum_{k=i+1}^{n}\frac{c_k}{2}\cdot(q_k-y_k)^2,\quad j=1,2,\cdots,i \tag{5-8}$$

$$\min_{q_k,y_k}\quad \sum_{j=1}^{i}\frac{c_j}{2}\cdot(q_j-y_j)^2+\sum_{k=i+1}^{n}\frac{c_k}{2}\cdot(q_k-y_k)^2,\quad k=(i+1),(i+2),\cdots,n \tag{5-9}$$

与第四章类似，我们假设参与配额交易的技术更新者和技术未更新者均希望保证所构建联盟的稳定性。因此，我们在这里不对厂商加以区分而将所有厂商变量的下标用 l 表示。而这些厂商所构建联盟 I 的特征函数被修正为：

$$v(N)=\inf\left\{\sum_{l\in N}\frac{c_l}{2}\cdot(q_l-y_l)^2\,\middle|\,\sum_{l\in N}y_l\in\sum_{l\in N}z_l:\mathbf{z_N}\right\} \tag{5-10}$$

并且，我们为保证该联盟的稳定性而为技术更新者和技术未更新者均构建与上述特征函数有关的拉格朗日乘子，即：

$$F_j(q_1,\cdots,q_i;y_1,\cdots,y_i;\lambda(i))=\sum_{j=1}^{i}\frac{c_j}{2}\cdot(q_j-y_j)^2+\lambda(i)\cdot\left(\sum_{j=1}^{i}y_j+\sum_{k=i+1}^{n}y_k-\sum_{j=1}^{i}z_j-\sum_{k=i+1}^{n}z_k\right) \tag{5-11}$$

$$F_k(q_{i+1},\cdots,q_n;y_{i+1},\cdots,y_n;\lambda(i))=\sum_{k=i+1}^{n}\frac{c_k}{2}\cdot(q_k-y_k)^2+\lambda(i)\cdot\left(\sum_{j=1}^{i}y_j+\sum_{k=i+1}^{n}y_k-\sum_{j=1}^{i}z_j-\sum_{k=i+1}^{n}z_k\right) \tag{5-12}$$

其中，λ（i）表示当厂商 i 更新技术时的拉格朗日乘子，也可被理解为不完全竞争市场条件下的配额市场均衡价格。进而，我们将式（5－11）和式（5－12）与各厂商总履约成本最小化问题相结合而得到技术更新者和技术未更新者各自分摊的履约成本，即 co_j 和 co_k：

$$co_j^*=\min_{q_j,y_j}\left\{\lambda(i)\cdot(y_j-z_j)+\frac{c_j}{2}\cdot(q_j-y_j)^2\right\} \tag{5-13}$$

$$co_k^*=\min_{q_k,y_k}\left\{\lambda(i)\cdot(y_k-z_k)+\frac{c_k}{2}\cdot(q_k-y_k)^2\right\} \tag{5-14}$$

上述成本分摊满足有关核解的帕累托效率条件，同时保证厂商的总排放量等于厂商在第一阶段所决策的排放控制目标的总和，即 $\sum_{j=1}^{i}y_j+\sum_{k=i+1}^{n}y_k=\sum_{j=1}^{i}z_j+\sum_{k=i+1}^{n}z_k$。

我们仍然假设本章所提出的两阶段模型是一个完全信息动态博弈模型。技术更新者和技术未更新者均意识到各自有关策略性初始配额选择 z_j 和 z_k 会对第二阶段总履约成本的最小化带来影响，并且它们在第一阶段对其在第二阶段联盟博弈中的成本分摊通常是知晓的①。当在这一不完全竞争市场中有 i 个厂商已更新减排技术时，已更新减排技术的厂商 j 通过市场竞争所获得的古诺纳什利润被定义为 $\pi(i)_j^{A,NC}$，而该厂商如未进行技术更新则通过市场竞争所获得的古诺纳什利润被定义为 $\pi(i)_j^{NA,NC}$。$\lambda(i)$ 表示不完全竞争市场的配额市场均衡价格。因此，技术更新者 j 的决策目标可表示为：

$$\max_{q_j,z_j,y_j} \pi(i)_j^{A,NC} = P(Q)\cdot q_j - \frac{c_j}{2}\cdot(q_j - y_j + z_j - \varepsilon_j)^2 - \lambda(i)\cdot(y_j - z_j),\quad j=1,2,\cdots,i \tag{5-15}$$

相应地，有关（q_j，z_j，y_j）的一阶条件分别由式（5－16）～式（5－18）给出：

$$a - b\cdot Q - b\cdot q_j - c_j\cdot(q_j - y_j + z_j - \varepsilon_j) = 0 \tag{5-16}$$

$$[\lambda(i) - c_j\cdot(q_j - y_j + z_j - \varepsilon_j)]\cdot[1 - \lambda(i)'\cdot y'_j] - \lambda(i)'\cdot(y_j - z_j) = 0 \tag{5-17}$$

$$\lambda(i) - c_j\cdot(q_j - y_j) = 0 \tag{5-18}$$

其中：

$$y'_j = \frac{dy_j}{d\lambda(i)} = -\frac{1}{c_j}$$

$$\lambda(i)' = \frac{\partial\lambda}{\partial z_j} = \frac{\partial\lambda}{\partial z_k} = -\frac{1}{\sum_{j=1}^{i}\frac{1}{c_j} + \sum_{k=i+1}^{n}\frac{1}{c_k}} \tag{5-19}$$

类似地，技术未更新者 k 的决策目标可表示为：

$$\max_{q_k,z_k,y_k} \pi(i)_k^{NA,NC} = P(Q)\cdot q_k - \frac{c_k}{2}\cdot(q_k - y_k + z_k - \varepsilon_k)^2 - \lambda(i)\cdot(y_k - z_k),\quad k=i+1,2,\cdots,n \tag{5-20}$$

相应地，有关（q_k，z_k，y_k）的一阶条件分别由式（5－21）给出：

$$a - b\cdot Q - b\cdot q_k - c_k\cdot(q_k - y_k + z_k - \varepsilon_k) = 0 \tag{5-21}$$

$$[\lambda(i) - c_k\cdot(q_k - y_k + z_k - \varepsilon_k)]\cdot[1 - \lambda(i)'\cdot y'_k] - \lambda(i)'\cdot(y_k - z_k) = 0 \tag{5-22}$$

$$\lambda(i) - c_j\cdot(q_j - y_j) = 0 \tag{5-23}$$

① 我们在该模型并没有考虑到厂商的产出决策对其在模型第二阶段配额市场均衡价格的影响，因为我们已在第六章第二节假设厂商有关减排的决策与其产量无关。

其中：

$$y'_k=\frac{dy_k}{d\lambda(i)}=-\frac{1}{c_k}$$

$$\lambda(i)'=\frac{\partial\lambda}{\partial z_j}=\frac{\partial\lambda}{\partial z_k}=-\frac{1}{\sum_{j=1}^{i}\frac{1}{c_j}+\sum_{k=i+1}^{n}\frac{1}{c_k}} \tag{5-24}$$

式（5－17）和式（5－22）表明，厂商在该模型第二阶段的边际减排成本等于最终的配额市场均衡价格 λ（i），是其实现总履约成本最小化而需满足的条件之一。但此时，厂商已策略性地分别选择 z_j 或 z_k 而不是 ε_j 或 ε_k 作为各自的排放控制目标。而如式（5－16）和式（5－21）所示，厂商在 q_j 或 q_k 上的策略性选择会使产品市场均衡价格偏离完全竞争水平，而其在 z_j 或 z_k 上的策略性选择会使得其最终的边际减排成本偏离配额市场均衡价格。

Coria（2009）在探讨排放权交易机制对减排技术扩散模式的影响时仅采用多寡头古诺模型刻画厂商在产品市场中的决策行为而忽略了配额市场不完全竞争的特点。我们由式（5－15）和式（5－20）可以预见到，厂商的策略性排他行为会同时造成产品市场价格和配额市场价格的扭曲，进而影响其通过减排技术更新所获得的预期收益 $\pi(i)_j^{A,NC}-\pi(i-1)_j^{NA,NC}$；因此，我们可以依据式（5－7）计算得到各厂商进行减排技术更新的最优时点，并且通过比较在排放权交易机制不同市场结构下厂商技术更新预期收益即 $\pi(i)_j^{A,C}-\pi(i-1)_j^{NA,C}$ 和 $\pi(i)_j^{A,NC}-\pi(i-1)_j^{NA,NC}$ 的差异来评估厂商在排放权交易机制中的策略性行为对减排技术更新扩散模式的影响。

第四节　厂商策略性排他行为对减排技术扩散模式影响的理论分析

一、有关市场结构与厂商技术更新决策之间关系的定理

我们可以依据式（5－7）来比较厂商在完全竞争和不完全竞争的配额市场中减排技术更新的预期收益，进而分析排放权交易机制的市场结构与厂商减排技术更新决策之间的关系。为此，我们首先提出以下假设：

假设 1：处于同一行业、生产同质性产品的所有厂商均面临一个向下倾斜的产品逆需求函数；

假设 2：市场上最新出现的某种能够被广泛采用的减排技术可以使所有厂商以相比过去更低的总减排成本来实现减排。

我们依据上述假设和理论分析框架而提出命题 1 及其推论，具体内容如下：

命题1：异质性厂商在产品市场和配额市场中的策略性行为将加快新的减排技术在行业中的扩散推广。

推论：

我们首先给出以下三种市场情形：

（1）有关厂商所生产商品的线性逆需求函数中的参数 a 逐渐变小；

（2）有关厂商所生产商品的线性逆需求函数中的参数 b 逐渐变大；

（3）市场上所出现的新技术的减排成本函数中的参数 c 逐渐变小。

我们认为，只要上述条件中的任意一项得到满足，不完全竞争的配额市场所覆盖的所有厂商均会更早地进行减排技术的更新。

本章的附录 2 给出了上述命题和推论的证明。

二、排放权交易机制对厂商减排技术更新的激励效应及其分解

我们依据 Tirole（1998）和 Coria（2009）给出的分析框架将参与排放权交易的厂商通过减排技术更新获得的市场收益分解为直接效应（Direct Effect）和策略性效应（Strategic Effect）。我们可以通过对这两种效应的分析来对厂商凭借其在产品市场和配额市场的市场势力而更早更新减排技术的内在原因加以解释。为此，我们首先对厂商在不完全竞争的配额市场中由直接效应和策略性效应带来的预期市场收益给出明确的界定并加以比较分析。

厂商通过更新减排技术而由直接效应带来的预期市场收益考虑其通过重新优化减排量和排放配额需求量的组合而引起的履约成本的变化，但并不考虑厂商更新技术的行为对配额市场价格和其他厂商产出决策的影响。我们假设配额市场价格在第 j 个厂商更新技术后仍然等于 λ（j－1）。由此，该厂商在不完全竞争的配额市场中通过更新减排技术而由直接效应带来的预期市场收益 $\Delta\pi_j^{DE,NC}$ 如式（5－25）所示：

$$\Delta\pi_j^{DE,NC}=\frac{1}{2}\cdot\left[\frac{1}{c_j\cdot\left(\frac{i-1}{c}+\sum_{k=i+1}^{n}\frac{1}{c_k}\right)^2}-\frac{1}{c\cdot\left(\frac{i}{c}+\sum_{k=i+1}^{n}\frac{1}{c_k}\right)^2}\right]\cdot\left[q_j(\lambda(j-1))-\varepsilon_j+\left(\frac{i-1}{c}+\sum_{k=i+1}^{n}\frac{1}{c_k}\right)\cdot\lambda(j-1)\right]^2+\lambda(j-1)\cdot\left[\frac{1}{c\cdot\left(\frac{i}{c}+\sum_{k=i+1}^{n}\frac{1}{c_k}\right)}-\frac{1}{c_j\cdot\left(\frac{i-1}{c}+\sum_{k=i}^{n}\frac{1}{c_k}\right)}\right]\cdot\left[q_j(\lambda(j-1))-\varepsilon_j+\left(\frac{i-1}{c}+\sum_{k=i+1}^{n}\frac{1}{c_k}\right)\cdot\lambda(j-1)\right]\tag{5-25}$$

厂商通过更新减排技术而由策略性效应带来的预期市场收益则分别与配额市场和产品市场的变化有关：一方面，来自配额市场的策略性效应考虑到配额市场价格的变化对技术更新者产出和排放量决策的影响，而假定其他厂商的产出决策依然不变且等于$\overline{Q_{-j}}[\lambda(j-1)]$。另一方面，来自产品市场的策略性效应则考虑到配额市场价格的变化对其边际减排成本及其他市场竞争者产出决策的影响。

这里我们需要说明的是，在不完全竞争的配额市场中，技术更新者通过更新减排技术而由策略性效应带来的预期市场收益的数学表达式是相对比较复杂的：我们可以推断，市场中技术更新厂商数量的变化因造成厂商减排潜力的变化而引起市场集中度的改变。如果技术更新者可以操纵配额市场价格，最终的配额市场均衡价格可能并不总会因为一定数量的厂商更新减排技术而出现下降趋势。因此，由来自产品市场的策略性效应带来的市场收益可能不再始终为负值。综上所述，厂商在不完全竞争的排放权交易市场中通过更新减排技术而由策略性效应带来的预期市场收益可以表示为：

$$\Delta\pi_j^{SE,NC} = \Delta\pi_j^{SEP,NC} + \Delta\pi_j^{SEO,NC} = P[Q(\lambda(j))]\cdot q_j(\lambda(j)) - P[Q(\lambda(j-1))]\cdot q_j(\lambda(j-1)) + \frac{c}{2}\cdot\frac{1}{c^2\cdot\left(\frac{i}{c}+\sum_{k=i+1}^{n}\frac{1}{c_k}\right)^2}\cdot\left[q_j(\lambda(j-1)) - \varepsilon_j + \left(\frac{i-1}{c}+\sum_{k=i+1}^{n}\frac{1}{c_k}\right)\cdot\lambda(j-1)\right]^2 - \frac{c}{2}\cdot\frac{1}{c^2\cdot\left(\frac{i}{c}+\sum_{k=i+1}^{n}\frac{1}{c_k}\right)^2}\cdot\left[q_j(\lambda(j)) - \varepsilon_j + \left(\frac{i-1}{c}+\sum_{k=i+1}^{n}\frac{1}{c_k}\right)\cdot\lambda(j)\right]^2 + \lambda(j-1)\cdot\left[1-\frac{1}{\left(i+c\cdot\sum_{k=i+1}^{n}\frac{1}{c_k}\right)}\right]\cdot\left[q_j(\lambda(j-1)) - \varepsilon_j - \frac{\lambda(j-1)}{c}\right] - \lambda(j)\cdot\left[1-\frac{1}{c_j\cdot\left(\frac{i-1}{c}+\sum_{k=i}^{n}\frac{1}{c_k}\right)}\right]\cdot\left[q_j(\lambda(j)) - \varepsilon_j - \frac{\lambda(j)}{c_j}\right] \qquad (5-26)$$

我们在本章的附录3分别给出了有关厂商通过更新减排技术而由直接效应和策略性效应带来的预期市场收益的详细推导过程。

综上所述，我们通过比较厂商在完全竞争和不完全竞争的配额市场中通过更新减排技术所获得的预期市场收益而提出如下命题。

命题2：厂商在不完全竞争的配额市场中会较早地进行减排技术的更新，是因为：

（1）每个厂商在不完全竞争的配额市场中通过更新减排技术而由直接效应带来的预期市场收益相对于完全竞争市场情形要更低；

（2）每个厂商在不完全竞争的配额市场中通过更新减排技术而由策略性效应带来的预期市场收益相对于完全竞争市场情形要更高；

（3）每个厂商在不完全竞争的配额市场中通过更新减排技术而由策略性效应带来预期市场收益的增加足以抵消此时由直接效应带来的预期市场收益的减少。

因此，每个厂商在不完全竞争的配额市场中通过更新减排技术而获得的市场净收益会高于完全竞争水平。

我们在本章附录 4 给出命题 2 的证明。

我们在此需要说明的是，本章附录 2 和附录 4 所给出的有关上述两个命题的证明思路均是假设排放权交易机制中仅有两个具有减排成本异质性（非对称）的配额交易者。我们用一个配额购买者和一个配额出售者来刻画任意具有减排潜力异质性的个体在配额市场中的交易行为。我们很难直接通过比较如式（5－25）和式（5－26）所示的厂商通过更新减排技术而获得的预期收益的差异来分析市场中存在超过两个异质性厂商的情形。因此，我们将在本章第五节给出相应实例分析的量化结果并加以讨论。同时，我们也考虑到产能规模差异所带来的影响。

三、考虑厂商减排技术更新决策的社会总福利的计算

我们通过计算与比较在排放权交易机制不同市场结构下的社会总福利来进一步分析厂商策略性排他行为对减排技术更新扩散模式的影响。考虑到每个厂商在两种市场结构下更新减排技术的时点是不同的，我们需要计算在一定数量厂商采用新技术的条件下社会总福利的净现值。而社会总福利可被定义为消费者剩余（CS）与厂商利润（PP，不包括配额交易所得的市场收益）[①] 之和减去新技术的投资成本（IC）。我们需要强调的是，厂商在产品市场和配额市场中的策略性行为均不会引起排放总量控制目标的改变；因此与 Coria（2019）不同，我们并不考虑厂商排放造成的损失（Damage from Emissions）。在给定产品需求函数形式和其他关键参数的条件下，我们将市场上有 i 个厂商已更新减排技术时的社会总福利 W（i）计算为：

$$
\begin{aligned}
W(i) &= [CS(i) + PP(i) - IC(i)] \cdot e^{-\delta \cdot \tau_i} \\
&= \left[\frac{b}{2} \cdot Q^2(i) + \sum_{l=1}^{n} \pi_l - k \cdot \bar{q}_i \cdot e^{-\theta_i \cdot \tau_i}\right] \cdot e^{-\delta \cdot \tau_i} \qquad (5-27)
\end{aligned}
$$

第五节　中国碳排放权交易试点地区钢铁行业异质性厂商减排技术更新行为的实例分析

一、数据与情景设置

我们选取中国碳排放权交易试点地区高耗能厂商减排成本数据库中若干来自钢铁行业的代表性厂商开展实例分析以量化分析异质性厂商的策略性排他行为对

① 我们在这里不考虑厂商通过配额交易而得到的市场收益或支付成本，因为社会总福利中的收益流仅考虑厂商和政府之间的收入流动（Coria，2009），而厂商间通过配额交易所获得的收入或支付的成本则可以相互抵消。

减排技术更新扩散模式的影响。我们所选取的6家钢铁生产厂商均来自除北京和深圳外其他碳排放权交易试点地区，它们分别是宝山钢铁股份有限公司（BG）、重庆钢铁股份有限公司（CG）、韶关钢铁集团有限公司（SG）、天津钢铁集团有限公司（TG）、天津天铁冶金集团有限公司（TY）和武汉钢铁有限公司（WG）。

与前文的实例分析不同，我们需要考虑样本厂商的减排技术选择行为，从而不再采用高耗能厂商减排成本数据库中原本依据宏观行业边际减排成本曲线得到的微观厂商边际减排成本函数。Li 和 Zhu（2014）采用自底向上建模的方法并运用节能供给曲线（CSC）和二氧化碳减排供给曲线得到基于技术减排潜力评估的中国钢铁行业减排成本曲线。他们将钢铁行业的生产分为烧结、炼焦、高炉炼铁、转炉炼钢、电炉炼钢、热轧和铸造、冷轧和精炼及总体工序共计7道工序。为此，我们首先对实例分析中所谓的“减排新技术”和“减排旧技术”分别加以定义：电炉炼钢工序（EAF）的减排成本较低但仅被中国少数钢铁生产厂商所采用，其中大部分技术的普及率不足50%从而在国内钢铁行业中未实现完全普及（Li and Zhu，2014）；因此，采用电炉炼钢工序的完整生产工艺流程被定义为“减排新技术”，而未采用这一工序的原有生产工艺流程被视为“减排旧技术”。我们依据 Li 和 Zhu（2014）中的相关数据来估计得到与新、旧技术相对应的线性边际减排成本函数中的相关参数。而实际上，我们已将本章所研究的问题转化为中国钢铁行业生产工序升级的问题。

但是，我们依然借鉴了本书所提出的集成估计方法来得到各样本厂商采用“减排旧技术”时减排成本函数中的参数从而体现出它们在技术更新前减排潜力的差异。为此，我们采用截距项为零的对数函数形式重新拟合选用“减排旧技术”的行业边际减排成本曲线，然后运用样本厂商的碳排放强度数据和坐标轴平移的方法估计得到各样本厂商的边际减排成本曲线。我们在这里还需要说明的是，我们还采用线性函数形式对各厂商边际减排成本曲线中的数据重新拟合以便于模型的求解。

我们还需要对实例分析所要考虑的其他关键参数加以说明：第一，我们依据经通货膨胀率调整至2012年水平的2005～2010年国内钢铁市场价格和粗钢产品市场需求量（粗钢国内产量加进口量减出口量）的数据和本章式（5－1）给出的函数形式，得到中国钢铁行业线性逆需求函数中参数的估计值；第二，由于缺乏实际数据，我们依据样本厂商各自2010年的产量并假设其产能利用率均达到中国钢铁行业产能利用率的平均水平（75%）而推算这些厂商的产能规模；第三，我们参考 Worrell 等（2000）和 Coria（2009）的数据确定贴现率 δ 和技术扩散率 θ_j 的数值；第四，我们依据中国某一钢铁厂商电炉炼钢厂建设方案的数据来核算得到“减排新技术”即电炉炼钢技术的投资成本。相关的原始数据出自《中国统计年鉴》

(2006~2011)和《钢铁统计年鉴》(2006~2011)等资料中。本章附录5给出了上述“减排新技术”和“减排旧技术”相关参数值以及本部分实例分析所要使用的其他关键参数的数值。

同时，我们假设这些厂商均需将其排放量控制在2010年排放水平的90%而依据祖父制原则获取初始配额；我们为专门分析厂商的市场势力对减排技术扩散模式的影响，从而不再考虑样本厂商所在地区间碳减排目标的差异，也不讨论碳减排目标的改变对实例分析结果的影响。并且，我们不再像Coria(2009)那样对样本厂商初始配额的数据加以调整，主要是出于以下两个方面的考虑：第一，我们没有必要保证高耗能行业中的“老旧”厂商在减排技术更新之前能够获得更多的初始配额；第二，我们需要审慎对待厂商的初始配额分配方式，因为这一方式的改变会影响厂商在不完全竞争的配额市场中的市场势力(Hahn，1984)。

此外，我们在实例分析中针对样本厂商设置了九种代表不同市场结构特征的情景。这些厂商个数不同的市场结构情景可用以反映具有不同市场垄断程度的排放权交易机制之间的差异。我们由此给出的计算结果可以相对全面地反映厂商的策略性排他行为对减排技术扩散模式的影响。我们需要特别指出的是，依据履约厂商个数超过两个的市场结构情景所开展的实例分析模拟结果可用以佐证本章第四节提出的相关命题。我们在这部分将拥有厂商个数最多的市场结构情景看作基准情景(Base Scenario)。

我们仍依据本书第三章所采用的HHI指数来反映各市场结构情景下配额购买方和配额出售方的垄断程度，并根据每个样本厂商在完全竞争的配额市场中的市场份额来计算得到HHI指数值。表5-1列出了我们所设计的所有市场结构情景的相关信息。我们从表中的数值结果可以发现，这些市场结构情景的设置已尽可能地考虑到有关配额市场不完全竞争程度的所有情况：例如，最具减排潜力的厂商可在基准情景和情景5-1、情景4-1、情景4-2、情景4-4和情景3-1中操纵配额市场价格；最可能成为最大配额购买者的厂商可以在情景4-3、情景3-2中扭曲配额市场价格；而配额购买者和配额出售者在情景5-2中的市场势力可能是“势均力敌”的。

表5-1　本部分案例分析有关市场结构情景的设置

情景	样本厂商个数	样本厂商	配额出售方市场的HHI指数	配额购买方市场的HHI指数
基准情景	6	CG；SG；TG；TY；WG；BG	0.996	0.289
情景5-1	5	CG；SG；TG；WG；BG	1.000	0.288
情景5-2	5	CG；SG；TG；TY；WG	0.607	0.642
情景4-1	4	CG；SG；TG；BG	1.000	0.369

续表

情景	样本厂商个数	样本厂商	配额出售方市场的 HHI 指数	配额购买方市场的 HHI 指数
情景 4－2	4	CG；SG；TY；WG	0.789	0.671
情景 4－3	4	CG；SG；TG；WG	0.518	0.865
情景 4－4	4	CG；TG；TY；WG	0.736	1.000
情景 3－1	3	CG；SG；TY	1.000	0.702
情景 3－2	3	CG；TY；WG	0.890	1.000

注：我们在本章后续实例分析部分均采用样本厂商名称的部分首字母缩写来表示样本厂商，即 BG——宝山钢铁股份有限公司，CG——重庆钢铁股份有限公司，SG——韶关钢铁集团有限公司，TG——天津钢铁集团有限公司，TY——天津天铁冶金集团有限公司，WG——武汉钢铁有限公司。

二、实例分析模拟结果：基准情景

1. 产能规模对厂商减排技术更新时点的影响

我们假设在不考虑产能规模约束时所有厂商的初始投资成本均为各样本厂商目前更新减排技术所需成本的平均水平，即 229000 元（人民币）。我们进而计算得到在基准情景下考虑产能约束和市场结构特征时各厂商的技术更新时点并加以比较。相应的实例分析计算结果由表 5－2 给出。我们发现，不考虑产能规模约束的政策情景模拟结果可用以佐证 Coria（2009）的结论，即每个厂商会依据通过技术更新所获预期市场收益来决策其更新减排技术的最优时点。

当厂商的产能规模具有异质性时，它们最终的技术更新时点路径不仅与它们之间减排潜力的差异有关，还要考虑由产能约束带来的初始投资成本的差异。并且 Coria（2009）已指出，当这些厂商所处行业的规模不会因它们陆续进行减排技术更新而发生改变时，它们通过技术更新所得到的单位产能预期收益与已更新技术的厂商个数无关。而我们通过如表 5－2 所展示的计算结果可知，厂商所获得的单位产能预期市场收益决定了各自更新减排技术的最优时点。例如，厂商 WG 拥有较大的产能规模并且投资成本较高，从而通过减排技术更新所获得的单位产能预期市场收益偏低，因此该厂商要比厂商 SG、TG 和 TY 较晚地更新减排技术；同时，厂商 CG、SG、TG 和 TY 均会因拥有较小的生产规模而相比于不考虑产能规模约束时的假想情景较早地进行了减排技术的更新改造。

我们从表 5－2 中还可以发现，厂商在减排潜力上的异质性不会像生产规模差异那样改变它们更新减排技术的先后次序。但是相关的结果也能用以印证本章所提出的命题 1，即所有厂商在不完全竞争的配额市场中均会较早地进行减排技术的更新。并且不论厂商更新减排技术的初始投资成本是否存在差异，这一结论始终是成立的。

2. 厂商策略性排他行为对产品和配额市场表现的影响

我们首先分析各厂商在更新减排技术前的策略性排他行为对产品和配额市场表现所带来的影响（见表5－3）。我们可以发现，两个市场都因厂商的市场势力而出现一定程度的效率损失。

表5－2 在基准情景下产能规模约束对厂商减排技术更新时点的影响

(a) 不考虑产能规模约束

厂商	CG	WG	SG	TG	TY	BG
完全竞争市场						
技术更新时点	60.71	61.04	61.91	62.45	63.09	66.42
通过技术更新所获单位产能预期市场收益	0.0237	0.0234	0.0226	0.0222	0.0217	0.0191
不完全竞争市场						
技术更新时点	60.56	60.87	61.74	62.27	62.88	66.14
通过技术更新所获单位产能预期市场收益	0.0238	0.0235	0.0228	0.0223	0.0218	0.0193

(b) 考虑产能规模约束

厂商	CG	SG	TG	TY	WG	BG
完全竞争市场						
技术更新时点	26.28	29.75	30.16	33.04	79.62	89.58
通过技术更新所获单位产能预期市场收益	0.0877	0.0761	0.0743	0.0661	0.0107	0.0072
不完全竞争市场						
技术更新时点	26.13	29.58	29.98	32.85	79.43	89.31
通过技术更新所获单位产能预期市场收益	0.0882	0.0766	0.0748	0.0666	0.0108	0.0073

第一，从产品市场来看，厂商在配额市场中的策略性行为使得各厂商的产量不再相等，并且减排成本较高/较低的厂商会分别选择减少/增加产品的供应。但总体看来，该行业的产品总产量会有所下降，而产品价格的变化则不甚明显，因此消费者剩余也有一定的损失。

第二，从配额市场来看，厂商的策略性排他行为使得配额市场均衡价格上升，从而说明具有相对较大减排潜力的策略性配额出售方（厂商GY）市场势力更强。因此，该厂商可以通过提高产量即增加配额使用量来减少市场的配额供给从而提升配额市场价格，而其他减排成本较高的厂商只能通过降低产出以减少排放从而降低配额市场需求。并且，由于这些厂商仅需完成既定减排目标而没有进一步减排的动力，它们在配额市场中的策略性行为会带来产品市场更为明显的扭曲。

第三，从厂商最终的市场利润来看，具有较大减排潜力的策略性配额出售方凭借其市场势力而在市场中获得更高的超额利润。而配额购买者则均有一定程度的利润损失。但总体来看，在这一特定的市场结构下行业的总利润是上升的。因此，在不完全竞争的配额市场中厂商的策略性排他行为在带来超额利润的同时还会造成消费者剩余的下降。

表 5－3　厂商均未更新减排技术时策略性排他行为的市场表现

市场结构		完全竞争市场	不完全竞争市场
产量（百万吨）	厂商 CG	34.95	8.84
	厂商 SG	34.95	18.02
	厂商 TG	34.95	25.18
	厂商 TY	34.95	35.07
	厂商 WG	34.95	23.15
	厂商 BG	34.95	99.39
总产量（百万吨）		209.67	209.66
产品价格（元/吨）		886.58	886.58
消费者剩余（百万元）		2101.39	2101.13
排放量（百万吨）	厂商 CG	34.82	8.72
	厂商 SG	34.37	17.44
	厂商 TG	34.18	24.42
	厂商 TY	33.96	34.09
	厂商 WG	34.75	22.95
	厂商 BG	32.79	97.24
实际减排量（百万吨）	厂商 CG	0.12	0.12
	厂商 SG	0.58	0.58
	厂商 TG	0.77	0.77
	厂商 TY	0.98	0.98
	厂商 WG	0.20	0.20
	厂商 BG	2.15	2.15
实际减排量合计（百万吨）		4.80	4.80
配额市场均衡价格（元/吨）		883.23	883.70

续表

市场结构		完全竞争市场	不完全竞争市场
利润（百万元）	厂商 CG	7863.55	7776.36
	厂商 SG	15769.76	15713.23
	厂商 TG	22019.90	21987.32
	厂商 TY	30660.76	30661.23
	厂商 WG	20473.90	20434.52
	厂商 BG	86981.92	87197.29
厂商总利润（百万元）		183769.79	183769.95

当厂商陆续更新减排技术后，它们在减排潜力上的差异也由此发生改变。因此，厂商在产品市场和配额市场中的市场势力对两个市场造成的影响也会发生改变。我们从表5-2可以发现，各厂商减排技术的更新时点也在发生变化。表5-4（a）和表5-4（b）分别给出了在两种市场结构下厂商更新减排技术行为带来的市场表现。

表5-4（a）　完全竞争市场下各厂商陆续更新减排技术时的市场表现

厂商		CG	SG	TG	TY	WG	BG
产量（百万吨）	厂商 CG	36.99	38.96	40.89	42.78	44.80	46.48
	厂商 WG	36.99	38.96	40.89	42.78	44.80	46.48
	厂商 SG	36.99	38.96	40.89	42.78	44.80	46.48
	厂商 TG	36.99	38.96	40.89	42.78	44.80	46.48
	厂商 TY	36.99	38.96	40.89	42.78	44.80	46.48
	厂商 BG	36.99	38.96	40.89	42.78	44.80	46.48
总产量（百万吨）		221.97	233.78	245.36	256.70	268.78	278.90
产品价格（元/吨）		885.40	884.27	883.16	882.08	880.92	879.96
排放量（百万吨）	厂商 CG	24.57	26.55	28.50	30.41	32.44	34.15
	厂商 WG	36.42	26.55	28.50	30.41	32.44	34.15
	厂商 SG	36.23	38.20	28.50	30.41	32.44	34.15
	厂商 TG	36.01	37.98	39.92	30.41	32.44	34.15
	厂商 TY	36.80	38.76	40.70	42.59	32.44	34.15
	厂商 BG	34.85	36.82	38.75	40.64	42.66	34.15

续表

厂商		CG	SG	TG	TY	WG	BG
实际减排量（百万吨）	厂商 CG	12.43	12.41	12.39	12.37	12.35	12.34
	厂商 WG	0.58	12.41	12.39	12.37	12.35	12.34
	厂商 SG	0.76	0.76	12.39	12.37	12.35	12.34
	厂商 TG	0.98	0.98	0.98	12.37	12.35	12.34
	厂商 TY	0.20	0.20	0.20	0.20	12.35	12.34
	厂商 BG	2.15	2.15	2.14	2.14	2.14	12.34
实际减排量合计（百万吨）		17.10	28.90	40.49	51.83	63.90	74.03
配额市场均衡价格（元/吨）		881.86	880.55	879.25	877.99	876.64	875.51
利润（百万元）	厂商 CG	13290.76	13277.23	13264.69	13253.14	13241.60	13232.56
	厂商 WG	15759.15	20959.42	20935.61	20913.03	20889.74	20870.85
	厂商 SG	21999.46	21980.59	27074.85	27043.44	27010.75	26983.97
	厂商 TG	30626.76	30594.86	30564.29	35537.93	35492.21	35454.50
	厂商 TY	20456.25	20440.05	20424.89	20410.73	25725.04	25699.91
	厂商 BG	86859.65	86743.02	86629.29	86518.69	86401.64	90771.14

表 5－4（b） 不完全竞争市场下各厂商陆续更新减排技术时的市场表现

厂商		CG	SG	TG	TY	WG	BG
产量（百万吨）	厂商 CG	21.17	21.18	21.19	21.21	21.24	21.25
	厂商 WG	18.05	29.87	29.88	29.88	29.90	29.91
	厂商 SG	25.20	25.23	36.83	36.83	36.83	36.83
	厂商 TG	35.08	35.09	35.10	46.45	46.44	46.43
	厂商 TY	23.17	23.20	23.23	23.26	35.38	35.38
	厂商 BG	99.31	99.23	99.17	99.10	99.04	109.10
总产量（百万吨）		221.98	233.80	245.40	256.74	268.84	278.90
产品价格（元/吨）		885.40	884.27	883.16	882.08	880.92	879.96
排放量（百万吨）	厂商 CG	8.74	8.77	8.80	8.84	8.89	8.91
	厂商 WG	17.47	17.47	17.49	17.51	17.55	17.57
	厂商 SG	24.44	24.46	24.44	24.46	24.48	24.49
	厂商 TG	34.10	34.11	34.12	34.08	34.09	34.09
	厂商 TY	22.98	23.00	23.03	23.07	23.03	23.04
	厂商 BG	97.16	97.09	97.02	96.96	96.91	96.77

续表

厂商		CG	SG	TG	TY	WG	BG
实际减排量（百万吨）	厂商 CG	12.43	12.41	12.39	12.37	12.35	12.34
	厂商 WG	0.58	12.41	12.39	12.37	12.35	12.34
	厂商 SG	0.76	0.76	12.39	12.37	12.35	12.34
	厂商 TG	0.98	0.98	0.98	12.37	12.35	12.34
	厂商 TY	0.20	0.20	0.20	0.20	12.35	12.34
	厂商 BG	2.15	2.15	2.14	2.14	2.14	12.34
实际减排量合计（百万吨）		17.09	28.90	40.48	51.82	63.89	74.03
配额市场均衡价格（元/吨）		881.76	880.40	879.10	877.86	876.47	875.51
利润（百万元）	厂商 CG	13234.74	13210.91	13187.58	13164.81	13140.58	13120.39
	厂商 WG	15692.13	20925.50	20892.45	20860.16	20825.79	20797.16
	厂商 SG	21957.74	21929.38	27058.85	27018.95	26976.45	26941.07
	厂商 TG	30619.94	30580.35	30541.53	35552.75	35498.99	35454.26
	厂商 TY	20407.35	20381.30	20355.77	20330.83	25684.51	25650.55
	厂商 BG	87079.89	86967.22	86856.70	86748.62	86633.29	91049.16

我们通过对比可以发现，厂商的策略性排他行为会加快减排技术的更新扩散，而这一现象与不完全竞争市场下产品市场和配额市场的扭曲程度有关。因此，我们首先分析在厂商陆续更新减排技术的过程中产品市场和配额市场效率的变化。

第一，厂商凭借其在配额市场中的市场势力而造成产品市场价格的扭曲。已更新减排技术的厂商会尝试提高产量，但产量增幅则会随着市场中技术更新厂商的增多而逐渐稳定。此时，由于未更新技术的厂商会通过减产以降低排放并减少配额需求，产品的总产量和市场价格的变化均不甚明显。但是，由于厂商间减排潜力的差异已不存在，最终厂商间的产出决策虽有差异但是行业总产出和产品市场价格已接近完全竞争市场的水平，从而厂商已不再对产品市场价格造成一定的扭曲。

第二，厂商通过更新减排技术和获取显著减排潜力所拥有的市场势力对配额市场价格造成的影响相较于产品市场价格反而不甚明显。厂商的策略性排他行为主要体现在产出决策而并非是减排量的决策。已更新减排技术的厂商并不会增加减排量而是通过调整产量来降低配额的市场供给，从而提升配额市场价格。这一行为特征与本书前两章中厂商“成本最小化策略性行为”有明显不同。与在产品市场的表现类似的是，随着厂商陆续更新减排技术而具有同等的减排潜力，它们难以凭借其在减排潜力上的优势而通过策略性排他行为获取超额收益，从而配额市场价格也已接近于完全竞争市场的水平。

因此，随着新的减排技术在行业内的更新扩散，厂商间减排成本的差异性在逐渐缩小，产品市场和配额市场由厂商策略性排他行为而造成的扭曲程度也逐渐减弱。由此我们认为减排技术的更新扩散有助于克服厂商策略性行为对市场效率造成的不利影响。

3. 市场结构变化与厂商技术更新时点

我们通过以上分析发现，原本拥有较高减排成本的厂商更新减排技术后可以获得显著的成本优势进而凭借其市场势力获取更多的市场收益。因此，这些厂商均会提前进行减排技术的更新。而为更加深入地揭示排放权交易机制不完全竞争的市场结构与厂商减排技术更新决策之间的关系，我们对完全竞争和不完全竞争的排放权交易市场对各厂商减排技术更新的激励效应加以分解。相应的计算结果如表 5 –5 所示。而这些结果也印证了本章所提出的命题 2 即相对于完全竞争市场情景，厂商在不完全竞争的排放权交易市场中通过减排技术更新会获得更多的预期市场收益从而加快新技术在行业内的扩散。

表 5 –5　在基准情景下厂商通过减排技术更新所获预期市场收益的分解分析

厂商	CG	SG	TG	TY	WG	BG
完全竞争市场						
单位产能的预期市场收益	0. 0877	0. 0761	0. 0743	0. 0661	0. 0107	0. 0072
直接效应	0. 0879	0. 0764	0. 0748	0. 0666	0. 0108	0. 0074
策略性效应	–0. 0002	–0. 0004	–0. 0005	–0. 0006	–0. 0001	–0. 0002
不完全竞争市场						
单位产能的预期市场收益	0. 0882	0. 0766	0. 0748	0. 0666	0. 0108	0. 0073
直接效应	0. 0420	0. 0631	0. 0682	0. 0631	0. 0104	0. 0074
策略性效应	0. 0461	0. 0135	0. 0066	0. 0034	0. 0004	0. 0001

我们发现，各样本厂商由“直接效应”带来的通过更新减排技术所获得的预期市场收益在不完全竞争的市场条件下会有所下降。这是因为，厂商在更新减排技术后对配额市场价格的操纵能力会有所提高。此时，厂商会通过控制配额市场供给、提升配额市场价格以获得更多市场收益。因此，各厂商通过更新减排技术带来的成本节约被过高的配额市场价格带来的配额交易支出所抵消。

而此时这些厂商通过更新减排技术而由“策略性效应”带来的预期市场收益在不完全竞争的市场条件下会明显提升。虽然市场上更新减排技术的厂商逐渐增多，但是配额市场价格的下降幅度却因技术更新者的策略性行为而小于完全竞

争市场情形。此时，未更新减排技术的厂商也会因其相对较高的边际减排成本而降低产量。市场产品总供给的减少带来产品市场价格的上升，从而技术更新厂商通过同时操纵产品和配额市场而获得比完全竞争市场情形更高的市场收益。并且，这一由"策略性效应"带来的预期市场收益足以抵消此时"直接效应"带来的预期损失。

综上所述，由于"直接效应"和"策略性效应"分别发生上述变化，厂商通过减排技术更新而带来更高的预期市场收益促使它们在不完全竞争的配额市场中较早地进行减排技术的升级改造。

4. *总社会福利与厂商技术更新时点*

我们运用基准情景下的模拟数据并根据式（5－27）计算并比较厂商在完全竞争和不完全竞争的配额市场中的减排技术更新行为对社会总福利的影响。相关的计算结果如表5－6所示。

表5－6　在基准情景下厂商减排技术更新行为对社会总福利的影响

厂商	CG	SG	TG	TY	WG	BG
完全竞争市场						
消费者剩余	2355.09	2612.31	2877.66	3149.75	3453.11	3718.0877
厂商利润	188992.03	193995.17	198893.62	203676.95	208760.98	213012.92
总投资成本	22803.39	21813.22	21341.71	20818.92	22235.59	18360.65
折现因子	0.0052	0.0026	0.0024	0.0013	1.21×10^{-7}	1.66×10^{-8}
总社会福利净现值	879.18	455.77	433.03	250.80	0.0231	0.0033
不完全竞争市场						
消费者剩余	2355.29	2612.85	2878.46	3150.65	3454.65	3718.0877
厂商利润	188991.80	193994.66	198892.88	203676.13	208759.60	213012.60
总投资成本	22934.40	21952.06	21489.20	20976.23	22400.33	18555.26
折现因子	0.0054	0.0027	0.0025	0.0014	1.26×10^{-7}	1.75×10^{-8}
总社会福利净现值	905.38	470.70	448.35	260.48	0.0239	0.0035

我们发现，厂商在两种市场结构下不同的减排技术更新行为并未引起消费者剩余和厂商利润的显著变化。技术更新厂商会通过更大力度的减排来减少配额的市场供给，从而在完成履约任务的同时抬高配额市场价格以获取超额收益。但是，技术未更新厂商只能通过减少产出来降低各自的配额需求从而完成减排任务。同时，技术更新厂商会增加产品的市场供给而抵消技术未更新厂商产出的下降，从而产品的市场价格会有所下降并伴随消费者剩余的轻微增加以

及最终厂商总利润的略微损失。同时随着技术更新厂商逐渐增多，消费者剩余和生产者利润在两种市场结构下的差距会逐渐缩小。此时，所有厂商在更新减排技术后拥有同等的减排潜力，从而造成各自市场势力的削弱。

另外，折现因子在社会总福利的核算中发挥更为重要的作用。在不完全竞争的配额市场中，厂商因提前更新减排技术而使其技术更新成本的净现值有所增加。但此时，折现因子也会逐渐升高，从而社会总福利的净现值实际上会有所提高。但是，厂商策略性的减排技术更新决策在增进社会总福利方面的作用会随着技术更新厂商的增多而逐渐衰退。

三、实例分析模拟结果：多种情景的比较

我们依据基准市场结构情景的分析结果发现，排放权交易机制非竞争性的市场结构不会引起厂商间减排技术更新顺序的变化，而是通过改变各自通过技术更新所获预期市场收益的变化来影响其技术更新时点。而我们需要进一步分析配额市场不完全竞争程度的变化对本章研究结论的影响；为此，我们通过改变样本厂商数量来表征不完全竞争程度有差异的排放权交易机制。此时，不同市场结构情景下的总量控制目标会有所差异，从而造成配额市场价格水平的变化。相关的一系列结果将帮助我们进一步论证本章第四节相关理论分析结论的合理性。

表 5 –7 给出了在表 5 –1 所展示的 9 种代表性市场结构情景下各样本厂商更新减排技术的时点。我们发现，不论排放权交易机制覆盖厂商的数量如何变化，厂商在不完全竞争程度不同的配额市场中均会运用其市场势力加快减排技术的更新扩散。并且我们还发现，厂商策略性地加快减排技术的更新改造会对改善社会总福利有一定的促进作用。

表 5 –7　厂商在排放权交易机制不同市场结构下减排技术更新时点的比较

厂商		CG	SG	TG	TY	WG	BG
基准情景	完全竞争市场	26.28	29.75	30.16	33.04	79.62	89.58
	不完全竞争市场	26.13	29.58	29.98	32.85	79.43	89.31
情景 5 –1	完全竞争市场	26.07	29.54	29.96	—	79.54	89.43
	不完全竞争市场	25.93	29.38	29.79	—	79.37	89.16
情景 5 –2	完全竞争市场	25.66	29.14	29.56	32.45	79.02	—
	不完全竞争市场	25.57	29.03	29.43	32.30	78.88	—
情景 4 –1	完全竞争市场	25.93	29.41	29.83	—	—	89.46
	不完全竞争市场	25.80	29.26	29.66	—	—	89.18
情景 4 –2	完全竞争市场	25.45	28.93	29.35	—	78.94	—
	不完全竞争市场	25.37	28.83	29.24	—	78.82	—

续表

厂商		CG	SG	TG	TY	WG	BG
情景 4-3	完全竞争市场	25.51	28.99	—	32.38	79.00	—
	不完全竞争市场	25.43	28.89	—	32.24	78.87	—
情景 4-4	完全竞争市场	25.56	—	29.58	32.42	79.04	—
	不完全竞争市场	25.47	—	29.46	32.28	78.91	—
情景 3-1	完全竞争市场	25.37	28.85	—	32.25	—	—
	不完全竞争市场	25.30	28.76	—	32.11	—	—
情景 3-2	完全竞争市场	25.40	—	—	32.42	79.21	—
	不完全竞争市场	25.33	—	—	32.29	79.09	—

我们还尝试分解厂商通过更新减排技术所获的预期市场收益来进一步解释不完全竞争的市场结构与减排技术扩散速度之间的关系。图 5-1 给出了各市场结构情景下实现行业内新技术全扩散时最后一个厂商通过更新减排技术而分别由“直接效应”和“策略性效应”带来的预期市场收益在两种市场结构下的差异。我们发现，不论排放权交易机制不完全竞争程度如何变化，各厂商由“策略性效应”带来的技术更新预期市场收益的增加均会明显提高并足以抵消由“直接效应”带来的预期损失。因此，所有厂商的策略性排他行为促使它们加快减排技术的更新扩散。

并且，我们还对比了各市场结构情景下在考虑厂商策略性排他行为时实现行业内新技术全扩散的时点和社会总福利净现值（见图 5-2）。我们在这里用各市场结构情景下最后一个厂商更新减排技术的时点来表示完成行业内新技术全扩散的时间。我们发现，当配额出售方拥有较大的市场势力即 HHI 指数较高（情景 4-1、情景 5-1 和基准情景）时，厂商会更早地进行减排技术的更新改造。我们认为，由于配额出售者本已在这一类型的市场结构下拥有更强的市场势力，减排成本更低的新技术会帮助它们通过策略性排他行为而获得更多的市场收益。因此，这些厂商预见到这些可实现的超额收益而加快减排技术的更新速度。

四、实例分析模拟结果：模型中关键参数的影响

我们已运用中国碳排放权交易试点地区高耗能厂商减排成本数据库中若干来自钢铁行业的代表性厂商数据探讨了厂商在产能规模和减排潜力上的异质性对减排技术更新扩散模式的影响。而除了厂商的策略性行为外，我们还需要对产品市场结构特征、新技术的减排潜力以及厂商产能规模与厂商减排技术更新行为之间的关系做进一步的分析。因此，我们在本部分讨论包括线性逆需求函数中的参数 a 和 b、新技术减排成本函数中的参数 c 以及厂商的产能规模 $\overline{q_j}$ 在内的模型关键参数变化并对模型结果开展敏感性分析。我们首先在图5－3中给出参数的变化对在完全竞争市场和不完全竞争市场下实现行业内新技术全扩散的时点差异所带来的影响。

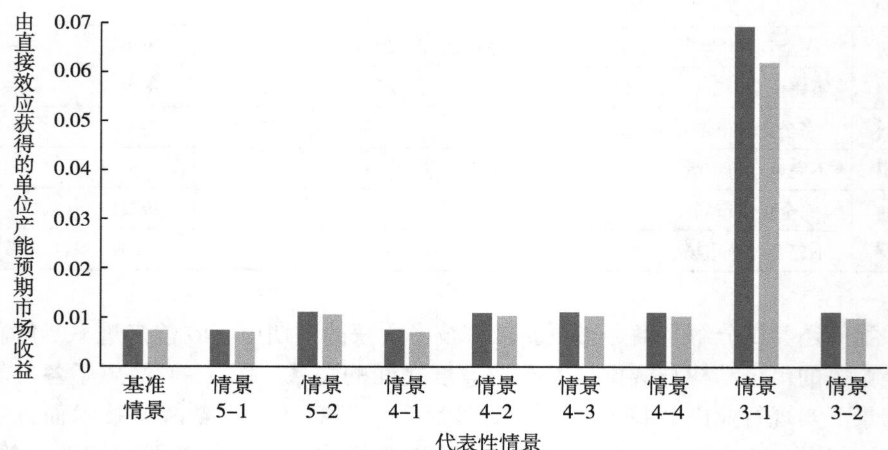

（a）由直接效应获得的单位产能预期市场收益

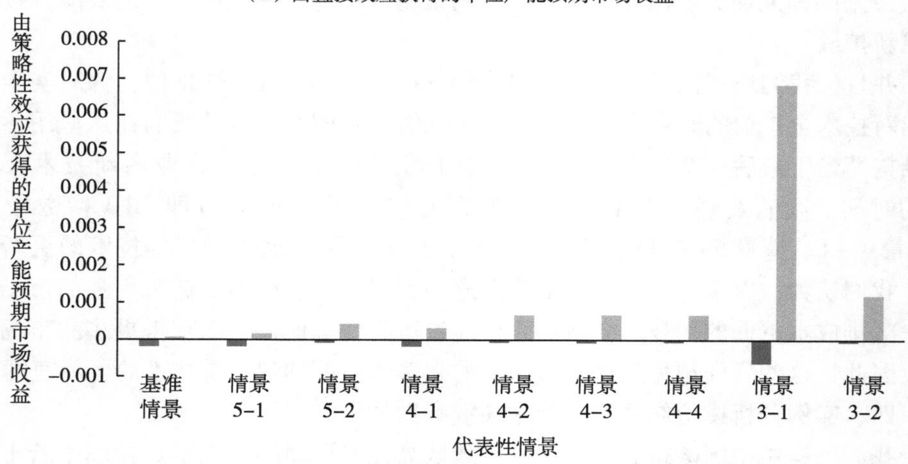

（b）由策略性效应获得的单位产能预期市场收益

图5－1　不同市场结构下厂商更新技术而由直接效应和策略性效应获得的单位产能预期市场收益的对比

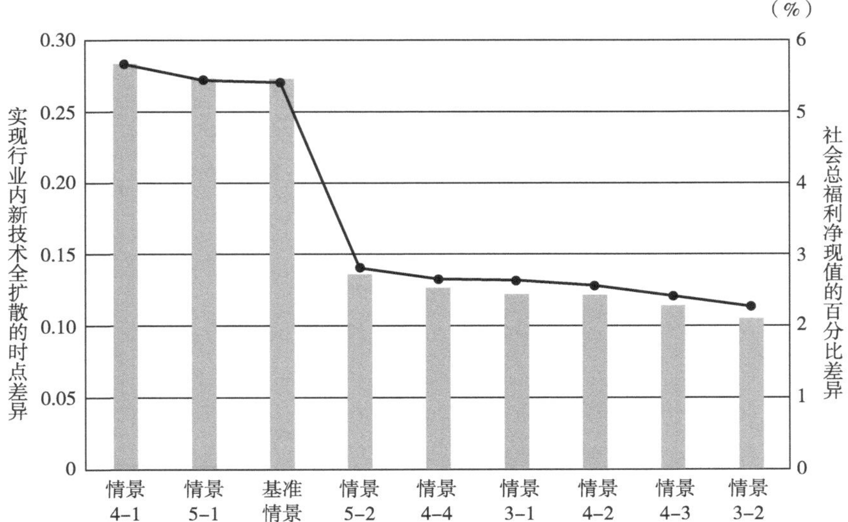

图5-2　实现行业内新技术全扩散的时点和社会总福利净现值在不同市场结构下的差异

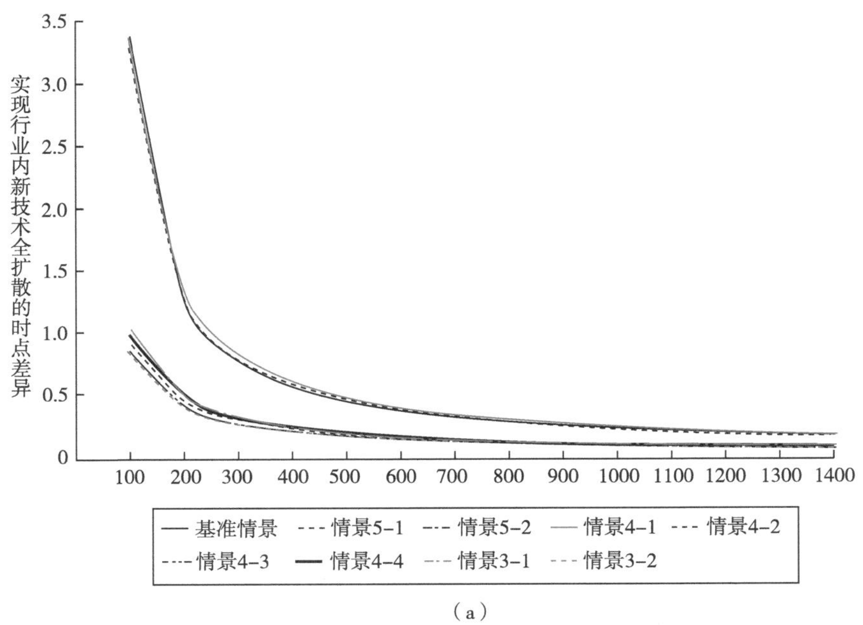

（a）

图5-3　模型关键参数的变化对不同市场结构下实现行业内新技术全扩散时点差异的影响

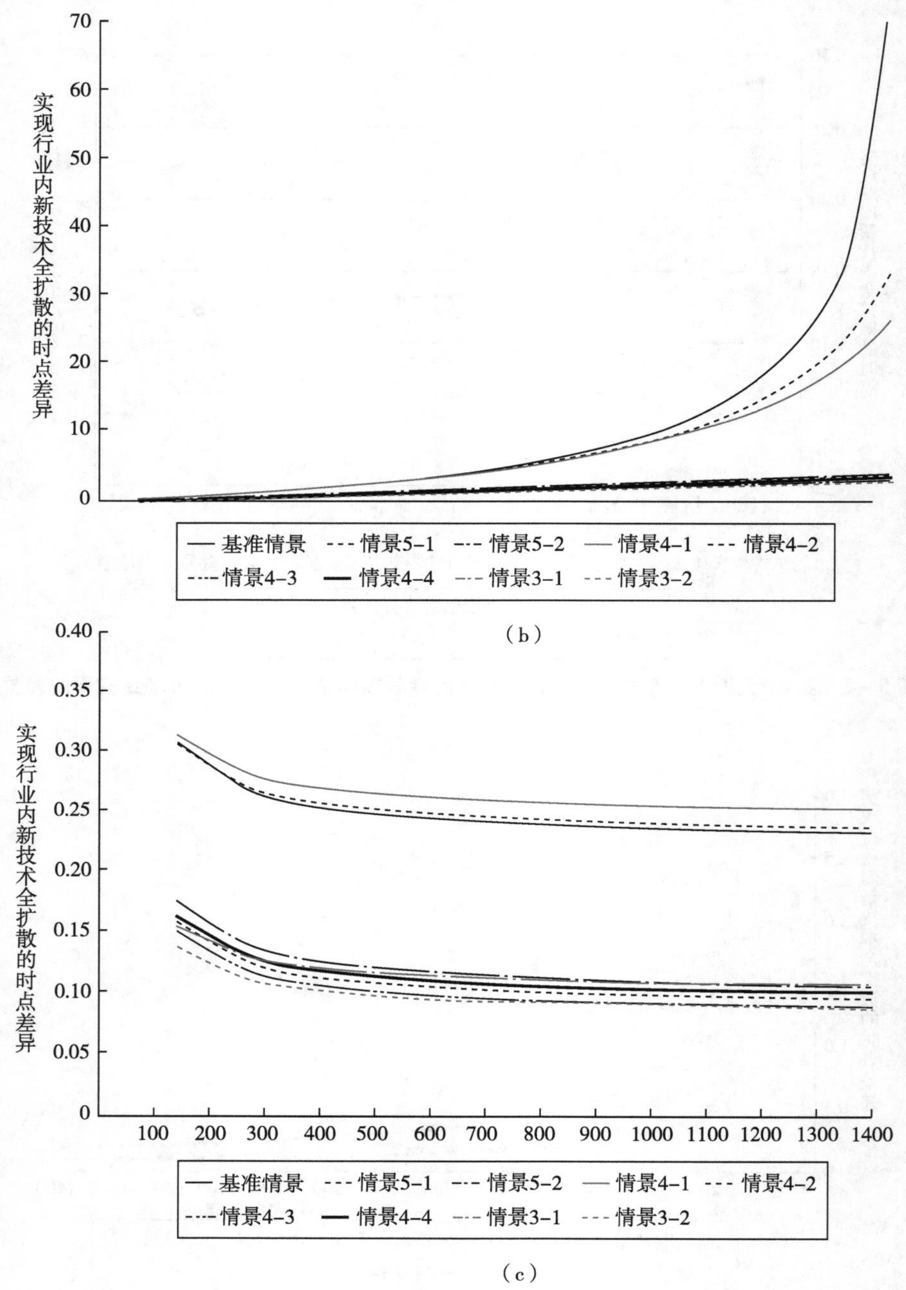

（c）

图 5-3　模型关键参数的变化对不同市场结构下实现行业内新技术全扩散时点差异的影响（续）

线性逆需求函数中参数 a 和 b 的变化均表示产品市场需求的改变进而对厂商产量和减排量决策的影响。相关敏感性分析的结果表明，我们在本章第四节给出的命题 2 及其推论在任意市场结构特征的排放权交易机制中均是正确的。我们认为，厂商在参数 a 变大（见图 5－3（a））时通过操纵产品和配额市场来获取超额收益的难度增大，因此它们选择推迟减排技术的更新时点；而当所生产商品的市场需求缺乏弹性即参数 b 变大（见图 5－3（b））时，厂商则可相对容易地通过操纵产品和配额市场价格并通过减排技术更新获得更高的预期市场收益，从而会更早地更新减排技术。同时，如果市场中配额出售者具有更强的市场势力（如情景 4－1、情景 5－1 和基准市场情景），产品需求函数中相关参数的变化对减排技术更新扩散速度的影响会更加显著。

新技术减排成本函数中的参数 c 则直接反映了新技术的减排潜力。当新技术减排潜力更大即参数 c 变小（见图 5－3（c））时，更新技术的厂商在减排潜力上具有显著优势，从而会运用其在排放权交易机制中的市场势力而获得更高的市场收益。因此，厂商就会提前更新减排技术。同样地，如果市场中配额出售者具有更强的市场势力（如情景 4－1、情景 5－1 和基准市场情景），新技术减排成本函数中这一参数的变化对减排技术扩散速度的影响也更为显著。

不同于上述三类模型参数的影响，厂商产能规模的约束会显著改变减排新技术在高耗能行业的扩散路径即厂商更新减排技术的先后顺序。我们依据本章附录 5 中表 E1 给出的样本厂商产量数据而计算得到基准情景下各厂商受不同水平的产能规模约束时更新减排技术的时点。表 5－8 给出了不同产能规模约束下每个厂商更新减排技术的次序以及厂商策略性排他行为对各自技术更新时点的影响。相应的计算结果再次证实我们的论断即厂商的产能规模越小，它越会较早地更新减排技术。考虑到各厂商技术更新前减排潜力的较大差异，我们发现：某一厂商如果原本作为配额出售方而具有较强市场势力时，它会在不完全竞争的配额市场中加快减排技术的更新改造。例如，样本厂商 BG 在完成减排技术更新后可以通过策略性排他行为获得更高的市场收益。

表 5－8　在基准情景下产能规模约束水平对厂商减排技术更新时点决策的影响

样本厂商	产能规模（百万吨）	6.08	6.71	6.73	7.39	48.73	59.33
CG	减排技术更新次序	1	1	2	3	5	5
	完全竞争市场和不完全竞争市场下减排技术更新时点的差异	0.15	0.15	0.16	0.16	0.18	0.18
WG	减排技术更新次序	1	2	2	4	5	6
	完全竞争市场和不完全竞争市场下减排技术更新时点的差异	0.16	0.17	0.17	0.18	0.19	0.20

续表

样本厂商	产能（百万吨）	6.08	6.71	6.73	7.39	48.73	59.33
SG	减排技术更新次序	1	2	2	4	3	5
	完全竞争市场和不完全竞争市场下减排技术更新时点的差异	0.16	0.17	0.17	0.26	0.17	0.18
TG	减排技术更新次序	1	2	3	4	5	6
	完全竞争市场和不完全竞争市场下减排技术更新时点的差异	0.17	0.17	0.18	0.18	0.19	0.20
TY	减排技术更新次序	1	3	3	4	5	4
	完全竞争市场和不完全竞争市场下减排技术更新时点的差异	0.18	0.19	0.19	0.19	0.20	0.21
BG	减排技术更新次序	3	4	4	4	6	6
	完全竞争市场和不完全竞争市场下减排技术更新时点的差异	0.25	0.26	0.26	0.26	0.27	0.27

第六节　结论与讨论

我们在本章将完全市场模型与经典的多寡头古诺模型相结合以刻画厂商在排放权交易机制中的策略性排他行为，并且探讨了异质性厂商的市场势力对高耗能行业减排技术中更新扩散模式的影响。

市场的不完全竞争特征与技术的更新扩散模式之间的关系是产业组织理论中一个经典而颇具争议的科学问题。而我们在排放权交易机制的背景下探讨这一经典议题，并认为厂商减排技术的更新决策与其产能规模和减排潜力有关。因此，我们在 Coria（2009）的经典分析框架下做了如下改进：第一，考虑厂商在产能规模上的异质性以识别各市场主体在技术更新时序上的差异；第二，考虑厂商在减排成本上的异质性从而运用一个两阶段博弈模型刻画厂商的策略性排他行为对减排技术更新时点决策的影响。并且，我们还在 Tirole（1998）和 Coria（2009）的基础上给出厂商在不完全竞争市场中通过技术更新所获预期市场收益的分解方法，通过探讨其中由“直接效应”和“策略性效应”引起预期市场收益的变化特征而更加深入地揭示市场结构与技术扩散之间的关系。

我们还选取中国碳排放权交易试点地区高耗能厂商减排成本数据库中若干来自钢铁行业的代表性厂商开展相关的实例分析。我们发现，厂商在排放权交易机制中的策略性排他行为会同时引起产品市场与配额市场的扭曲，并且对厂商生产决策的影响更为显著。但是，所有厂商在这一市场结构下均会因“策略性效应”而从减排技术更新的过程中获得更高的市场收益，而这正是它们均会较早更新改造减排技术的重要原因。同时，当某一厂商在技术更新前具有相对较高的减排潜力时，它更会提前更新减排技术以追求更高的市场收益；并且，如果这些厂商所生产商品的市场需求缺乏弹性，它们则会更为容易地操纵产品和配额市场价格从而更愿意提前进行减排技术的更新改造。但我们还需要强调的是，不同于减排成本的异质性所带来的影响，产能规模异质性的约束会导致厂商间最终更新技术的先后顺序发生改变。厂商更新减排技术的时点与其通过技术更新所获得的单位产能预期市场收益有关：不同于 Coria（2009），厂商能够获得的单位产能预期市场收益越高，它更新减排技术的时点越早。

因此，我们从温室气体市场化减排政策工具的视角探讨市场结构与技术扩散之间的关系。我们所给出的较为完整的理论模型和基于厂商微观视角的实例分析均为 Schumpeter 等（1942）的观点提供一定的理论与实证依据。这一所谓的“熊彼特假说”（Schumpeterian Hypothesis）也识别出市场集中度与厂商创新活动之间的正向关系。而我们实例分析的结果还表明，当这些异质性厂商在不完全竞争的市场中推动技术更新扩散时，产品市场和配额市场的扭曲程度逐步减弱，社会总福利也会因此得到改善（Bonilla et al.，2015）。

我们通过本章的模型构建与实例分析所得出的研究结论可以帮助政策制定者更好地认识在不完全竞争的碳排放权交易市场下减排技术更新扩散模式的内在机理。中国已启动全国碳排放权交易市场，而前文也指出策略性厂商的行为应当引起政策设计者和市场监管者的重视。因此，我们为中国碳市场机制的优化设计提出以下政策建议：

第一，政策设计者要注重行业的市场结构与竞争程度以制定与完善高耗能行业技术升级的激励机制。碳排放权交易机制的市场监管者应该高度关注参与排放权交易且生产规模较大厂商的市场行为，而这些具有潜在市场势力的厂商在减排技术 R&D 投资上获得更多激励从而会带动整个行业的减排技术水平。

第二，市场监管者要从资金、技术、人才储备、知识产权等多个方面加强对重点厂商进行减排技术投资的引导与管理。杨建君（2011）曾指出，适度的市场垄断有利于技术的采用与创新。市场监管者要对东部拥有一定资金或技术实力的规模性厂商在策略性行为上有一定的容忍度，并通过灵活的监管机制来激励它们带动整个行业的技术升级。

第三，国家层面的政策制定者要重视引导落后地区大型高耗能厂商开展减排技术投资。这些厂商在参与碳市场机制时会通过策略性排他行为扭曲产品和配额市场价格从而获得超额收益，但也会依赖其生产粗放、成本较低的减排技术而不愿意较早地实施减排技术的更新改造。因此，政府应该为它们的技术投资与升级提出一定的鼓励引导措施，鼓励它们将通过配额出售所获得的减排收益用于新技术的投资与研发中，并通过财政、税收等手段在减排技术投资方面对这些厂商给予更多的支持。

第四，市场监管者要重视在行业技术升级改造过程中信息公开的重要性。工业与信息部门要制定、公布并实时更新高耗能行业节能减排技术的清单目录。市场监管者要加强对于新技术的宣传与引导，鼓励高耗能行业中的典型厂商尽快投资与采用新技术，以促进高耗能行业尽快完成生产工序的升级改造。

本章附录

附录 1

该部分将证明，在考虑技术更新投资成本受产能规模约束的条件下各厂商减排技术更新时点组成的序列构成一个子博弈纳什均衡。

我们假定目前由各厂商减排技术的更新时点组成的向量 $\tau=(\tau_1, \cdots, \tau_i, \cdots, \tau_n)$ 满足弱序排列（Weak Ordering），即 $0<\tau_1^*\leqslant\tau_2^*\leqslant\cdots\leqslant\tau_{i-1}^*\leqslant\tau_i^*\leqslant\tau_{i+1}^*\leqslant\cdots\leqslant\tau_n^*<\infty$。我们在本章第三节已给出第 i 个更新减排技术的厂商所面临的目标函数即式（5-7）。并且，该厂商通过在时点段 $[\tau_{i-1}^*, \tau_{i+1}^*]$ 选择 τ_i 以最大化总收益 V^i 所需满足的一阶条件为式（5-6）。我们首先证明 $\tau_1^*>0$。为此，我们在时点 $\tau_1=0$ 上求解 $\frac{\partial V^1}{\partial \tau_1}$ 而得到：

$$\left.\frac{\partial V^1}{\partial \tau_1}\right|_{\tau_1=0}=[\pi_1^{NA}(0)-\pi_1^{A}(1)]+(\delta+\theta_1)\cdot k\cdot \bar{q}_i \tag{A1}$$

此时我们依据假设（5-4ii）可以得到式（A1）为正，即 $\left.\frac{\partial V^1}{\partial \tau_1}\right|_{\tau_1=0}>0$ 且 $\tau_1^*>0$。

然后，我们为证明 $\tau_n^*<\infty$ 而依据假设（5-4iii）得到：

$$\begin{aligned}\lim_{\tau_n\to\infty}\frac{\partial V^i}{\partial \tau_i}&=\lim_{\tau_n\to\infty}\{[\pi_n^{NA}(n-1)-\pi_n^{A}(n)]\cdot e^{-\delta\cdot\tau_n^*}+(\delta+\theta_n)\cdot k\cdot\bar{q}_i\cdot e^{-(\delta+\theta_n)\cdot\tau_n}\}\\&=\lim_{\tau_n\to\infty}-\rho'(\tau_n)<0\end{aligned} \tag{A2}$$

从而我们得知式（A2）为负，即 $\lim_{\tau_n\to\infty}\frac{\partial V^i}{\partial \tau_i}<0$ 且 $\tau_n^*<\infty$。

最后，我们为证明$\tau_i \in [\tau_{i-1}^*, \tau_{i+1}^*]$而在时点$\tau_i = \tau_{i-1}^*$上计算$\frac{\partial V^i}{\partial \tau_i}$，得到：

$$\left.\frac{\partial V^i}{\partial \tau_i}\right|_{\tau_i=\tau_{i-1}^*} = [\pi_i^{NA}(i-2) - \pi_i^A(i-1)] \cdot e^{-\delta \cdot \tau_{i-1}^*} + (\delta+\theta_i) \cdot k \cdot \bar{q}_i \cdot e^{-(\delta+\theta_i) \cdot \tau_{i-1}^*} \tag{A3}$$

我们将厂商 i－1 与厂商 i 更新减排技术的成本变化率定义为 ϕ：

$$\theta_i = \theta_{i-1} + \phi, \ \phi > 0 \tag{A4}$$

并将式（A4）代入式（A3）而得到：

$$\left.\frac{\partial V^i}{\partial \tau_i}\right|_{\tau_i=\tau_{i-1}^*} = [\pi_i^{NA}(i-2) - \pi_i^A(i-1)] \cdot e^{-\delta \cdot \tau_{i-1}^*} + (\delta+\theta_{i-1}) \cdot k \cdot \bar{q}_i \cdot e^{-(\delta+\theta_{i-1}) \cdot \tau_{i-1}^*} \cdot e^{-\phi \cdot \tau_{i-1}^*} + \phi \cdot k \cdot \bar{q}_i \cdot e^{-(\delta+\theta_{i-1}+\phi) \cdot \tau_{i-1}^*} \tag{A5}$$

同时我们根据式（5－7）可知，厂商 i－1 更新减排技术的最优时点可依据以下一阶条件得到，即：

$$\frac{\partial V^{i-1}}{\partial \tau_{i-1}} = [\pi_{i-1}^{NA}(i-2) - \pi_{i-1}^A(i-1)] \cdot e^{-\delta \cdot \tau_{i-1}^*} + (\delta+\theta_{i-1}) \cdot k \cdot \bar{q}_{i-1} \cdot e^{-(\delta+\theta_{i-1}) \cdot \tau_{i-1}^*} = 0 \tag{A6}$$

而我们将式（A4）代入式（A6）可得到：

$$\left.\frac{\partial V^i}{\partial \tau_i}\right|_{\tau_i=\tau_{i-1}^*} = \left\{\frac{[\pi_{i-1}^A(i-1) - \pi_{i-1}^{NA}(i-2)]}{\bar{q}_{i-1}} \cdot \bar{q}_i \cdot e^{-\phi \cdot \tau_{i-1}^*} - [\pi_i^A(i-1) - \pi_i^{NA}(i-2)]\right\} \cdot e^{-\delta \cdot \tau_{i-1}^*} + \phi \cdot k \cdot \bar{q}_i \cdot e^{-(\delta+\theta_{i-1}+\phi) \cdot \tau_{i-1}^*} \tag{A7}$$

即：

$$\left.\frac{\partial V^i}{\partial \tau_i}\right|_{\tau_i=\tau_{i-1}^*} = \frac{\Delta \pi_{i-1}}{\bar{q}_{i-1}} \cdot \bar{q}_i \cdot e^{[\theta_{i-1}-\theta_i] \cdot \tau_{i-1}} - [\theta_{i-1} - \theta_i] \cdot k \cdot \bar{q}_i \cdot e^{[-\theta_i] \cdot \tau_{i-1}} - \Delta \pi_i \tag{A8}$$

此时，我们依据假设（5－4iv）可知式（A8）为正数。如果$\phi = [\theta_i - \theta_{i-1}]$非常小，则$\left.\frac{\partial V^i}{\partial \tau_i}\right|_{\tau_i=\tau_{i-1}^*}$严格为正，从而厂商 i 会在时点$\tau_i = \tau_i^*$上更新减排技术；而如果 ϕ 的值较大，技术更新成本因出现较大幅度的下降而促使该厂商提前进行技术更新，从而原本给出的厂商减排技术更新时点序列已不再成立。

同理，我们在时点$\tau_i = \tau_{i+1}^*$上时计算$\frac{\partial V^i}{\partial \tau_i}$而得到：

$$\left.\frac{\partial V^i}{\partial \tau_i}\right|_{\tau_i=\tau_{i+1}^*} = [\pi_i^{NA}(i) - \pi_i^A(i+1)] \cdot e^{-\delta \cdot \tau_{i+1}^*} + (\delta+\theta_i) \cdot k \cdot \bar{q}_i \cdot e^{-(\delta+\theta_i) \cdot \tau_{i+1}^*} \tag{A9}$$

我们将厂商 i 与厂商 i+1 更新减排技术的成本变化率定义为 χ：

$$\theta_{i+1}=\theta_i+\chi,\ \chi>0 \tag{A10}$$

并将式（A10）代入式（A9）可得到：

$$\left.\frac{\partial V^i}{\partial \tau_i}\right|_{\tau_i=\tau_{i+1}^*}=\left[\pi_i^{NA}(i)-\pi_i^{A}(i+1)\right]\cdot e^{-\delta\cdot\tau_{i+1}^*}+(\delta+\theta_{i+1})\cdot k\cdot\bar{q}_i\cdot e^{-(\delta+\theta_{i+1})\cdot\tau_{i+1}^*}\cdot e^{\chi\cdot\tau_{i+1}^*}-\chi\cdot k\cdot\bar{q}_i\cdot e^{-(\delta+\theta_{i+1}-\chi)\cdot\tau_{i+1}^*} \tag{A11}$$

同时我们根据式（5-7）可知，厂商 i+1 更新减排技术的最优时点可依据以下一阶条件得到，即：

$$\left.\frac{\partial V^{i+1}}{\partial \tau_{i+1}}\right|_{\tau_i=\tau_{i+1}^*}=\left[\pi_{i+1}^{NA}(i)-\pi_{i+1}^{A}(i+1)\right]\cdot e^{-\delta\cdot\tau_{i+1}^*}+(\delta+\theta_{i+1})\cdot k\cdot\bar{q}_{i+1}\cdot e^{-(\delta+\theta_{i+1})\cdot\tau_{i+1}^*}=0 \tag{A12}$$

而我们将式（A12）代入式（A11）可得到：

$$\left.\frac{\partial V^i}{\partial \tau_i}\right|_{\tau_i=\tau_{i+1}^*}=\left\{\left[\pi_i^{NA}(i+1)-\pi_i^{A}(i)\right]+\frac{\left[\pi_i^{A}(i+1)-\pi_i^{NA}(i)\right]}{\bar{q}_{i+1}}\cdot\bar{q}_i\cdot e^{\chi\cdot\tau_{i+1}^*}\right\}\cdot e^{-\delta\cdot\tau_{i+1}^*}-\chi\cdot k\cdot\bar{q}_i\cdot e^{-(\delta+\theta_{i+1}-\chi)\cdot\tau_{i+1}^*} \tag{A13}$$

即：

$$\left.\frac{\partial V^i}{\partial \tau_i}\right|_{\tau_i=\tau_{i+1}^*}=\frac{\bar{q}_i}{\bar{q}_{i+1}}\cdot\Delta\pi_{i+1}\cdot e^{[\theta_{i+1}-\theta_i]\cdot\tau_{i+1}^*}-\Delta\pi_i-[\theta_{i+1}-\theta_i]\cdot k\cdot\bar{q}_i\cdot e^{-[\theta_i]\cdot\tau_{i+1}^*} \tag{A14}$$

此时，我们依据假设（5-4iv）可知式（A14）为负数。如果 $\chi=\theta_{i+1}-\theta_i$ 非常小，则 $\left.\frac{\partial V^i}{\partial \tau_i}\right|_{\tau_i=\tau_{i+1}^*}$ 严格为正，从而厂商 i 会在时点 $\tau_i=\tau_i^*$ 上更新减排技术；而如果 χ 的值很大，厂商 i 则会为以更低的技术更新成本获得更大减排量而推迟技术改造。

根据上述假设，我们可知 $\theta''_i\leqslant 0$ 而 $\phi\geqslant\chi$。因此，减排技术更新成本的降幅较大而使得 $\left.\frac{\partial V^i}{\partial \tau_i}\right|_{\tau_i=\tau_{i-1}^*}$ 为负。此时，厂商大幅下降的减排技术更新成本会较早地抵消其通过技术更新所获的市场收益，从而厂商会提前更新减排技术。而如果减排技术更新成本的变化率 θ'_i 很小，V^i 严格凸而存在唯一的最优技术更新时点 $\tau_i\in[\tau_{i-1}^*,\ \tau_{i+1}^*]$。

我们现在进一步证明有关厂商减排技术更新时序的 n 维向量 $\tau=(\tau_1,\ \cdots,\ \tau_{i-1},\ \tau_i,\ \tau_{i+1},\ \cdots,\ \tau_n)$ 是一个纳什均衡，即满足：

$$V^i(\tau)\geqslant V^i(\tau_1,\ \cdots,\ \tau_{i-1},\ \tau'_i,\ \tau_{i+1},\ \cdots,\ \tau_n)\quad \forall\tau'_i,\ i=1,\ 2,\ \cdots,\ n \tag{A15}$$

因此，我们需要证明厂商 i 的减排技术更新时点将不会变更到其他任一时间

区间 $[0,\tau_1^*]$，…，$[\tau_{i-2}^*,\tau_{i-1}^*]$，$[\tau_{i+1}^*,\tau_{i+2}^*]$，…，$[\tau_n^*,\infty]$ 内。

我们假设厂商 i 在 $T\in[\tau_{k-1}^*,\tau_k^*]$ 时更新减排技术并且 $k<i$，从而有：

$$V^i=\sum_{m=0}^{k-2}\int_{\tau_m}^{\tau_{m+1}}\pi_i^{NA}(m)\cdot e^{-\delta\cdot t}dt+\int_{\tau_{k-1}}^{T}\pi_i^{NA}(k-1)\cdot e^{-\delta\cdot t}dt+\int_{T}^{\tau_k}\pi_i^{NA}(k)\cdot e^{-\delta\cdot t}dt+\sum_{m=k}^{i-2}\int_{\tau_m}^{\tau_{m+1}}\pi_i^{A}(m+1)\cdot e^{-\delta\cdot t}dt+\int_{\tau_{i-1}}^{\tau_i}\pi_i^{A}(i)\cdot e^{-\delta\cdot t}dt+\sum_{m=i+1}^{n}\int_{\tau_m}^{\tau_{m+1}}\pi_i^{A}(m)\cdot e^{-\delta\cdot t}dt-k\cdot\bar{q}_i\cdot e^{-(\delta+\theta_k)\cdot T}\tag{A16}$$

我们计算厂商技术更新成本的净现值有关 T 的一阶条件而得到其最大值，从而有：

$$\frac{\partial V^i}{\partial T}=[\pi_i^{NA}(k-1)-\pi_i^{A}(k)]\cdot e^{-\delta\cdot T^*}+(\delta+\theta_k)\cdot k\cdot\bar{q}_i\cdot e^{-(\delta+\theta_k)\cdot T^*}=0\tag{A17}$$

而式（A17）在时点 $T^*=\tau_k^*$ 上且 $i=k$ 时是满足的。而对于厂商 $k<i$，它有关减排技术更新时点的决策则满足：

$$\frac{\partial V^i}{\partial\tau_k^*}=[\pi_i^{NA}(k-1)-\pi_i^{A}(k)]\cdot e^{-\delta\cdot\tau_k^*}+(\delta+\theta_k)\cdot k\cdot\bar{q}_i\cdot e^{-(\delta+\theta_k)\cdot\tau_k^*}=0\tag{A18}$$

而我们将式（A18）代入式（A17）可得到：

$$\frac{\partial V^i}{\partial\tau_k^*}=\left\{[\pi_i^{NA}(k-1)-\pi_i^{A}(k)]-\frac{\bar{q}_i}{\bar{q}_k}\cdot[\pi_k^{NA}(k-1)-\pi_k^{A}(k)]\right\}\cdot e^{-\delta\cdot\tau_k^*}\tag{A19}$$

此时，我们依据假设（5-4i）可知式（A19）的值为正。因此当 $k<i$ 时，V^i 在各时点段 $[\tau_{k-1}^*,\tau_k^*]$ 是递增的。

同理，我们假设厂商 i 在 $T\in[\tau_k^*,\tau_{k+1}^*]$ 时进行减排技术的更新并且 $k>i$，从而有：

$$V^i=\sum_{m=0}^{i-2}\int_{\tau_m}^{\tau_{m+1}}\pi_i^{NA}(m)\cdot e^{-\delta\cdot t}dt+\int_{\tau_{i-1}}^{\tau_{i+1}}\pi_i^{NA}(i-1)\cdot e^{-\delta\cdot t}dt+\sum_{m=i+1}^{k-1}\int_{\tau_m}^{\tau_{m+1}}\pi_i^{NA}(i-1)\cdot e^{-\delta\cdot t}dt+\int_{\tau_k}^{T}\pi_i^{NA}(k-1)\cdot e^{-\delta\cdot t}dt+\int_{T}^{\tau_{k+1}}\pi_i^{A}(k)\cdot e^{-\delta\cdot t}dt+\sum_{m=k+1}^{n}\int_{\tau_m}^{\tau_{m+1}}\pi_i^{A}(m)\cdot e^{-\delta\cdot t}dt-k\cdot\bar{q}_i\cdot e^{-(\delta+\theta_k)\cdot T}\tag{A20}$$

我们计算式（A20）有关 T 的一阶条件而得到其最大值，从而有：

$$\frac{\partial V^i}{\partial T}=[\pi_i^{NA}(k-1)-\pi_i^{A}(k)]\cdot e^{-\delta\cdot T^*}+(\delta+\theta_k)\cdot k\cdot\bar{q}_i\cdot e^{-(\delta+\theta_k)\cdot T^*}=0\tag{A21}$$

而式（A21）在时点 $T^*=\tau_k^*$ 上且 $i=k$ 时是满足的。而对于厂商 $k>i$，它有关减排技术更新时点的决策则满足：

$$\frac{\partial V^i}{\partial \tau_k^*}=[\pi_i^{NA}(k-1)-\pi_i^A(k)]\cdot e^{-\delta\cdot\tau_k^*}+(\delta+\theta_k)\cdot k\cdot\overline{q}_i\cdot e^{-(\delta+\theta_k)\cdot\tau_k^*}=0 \tag{A22}$$

而我们将式（A22）代入式（A21）可得到：

$$\frac{\partial V^i}{\partial \tau_k^*}=\left\{[\pi_i^{NA}(k-1)-\pi_i^A(k)]-\frac{\overline{q}_i}{q_k}\cdot[\pi_k^{NA}(k-1)-\pi_k^A(k)]\right\}\cdot e^{-\delta\cdot\tau_k^*} \tag{A23}$$

此时，我们同样依据假设（5－4i）可知式（A22）的值为负。因此当 $k<i$ 时，V^i 在各时点段 $[\tau_k^*,\ \tau_{k+1}^*]$ 是递增的。

综上所述，满足条件 $0<\tau_1^*\leqslant\tau_2^*\leqslant\cdots\leqslant\tau_{i-1}^*\leqslant\tau_i^*\leqslant\tau_{i+1}^*\leqslant\cdots\leqslant\tau_n^*<\infty$ 的厂商减排技术更新时序向量 $\tau=(\tau_1,\ \cdots,\ \tau_i,\ \cdots,\ \tau_n)$ 是一个子博弈完美纳什均衡。

附录 2

本部分证明本章第四节命题 1 及其推论。

我们将厂商 j 在完全竞争和不完全竞争的排放权交易市场中更新减排技术的时点分别用 τ_j^{C*} 和 τ_j^{NC*} 表示，而将该厂商通过减排技术更新而获得的预期市场收益分别用 $\Delta\pi_j^C$ 和 $\Delta\pi_j^{NC}$ 表示。同时，我们将上述两个时点的差异表示为 $\Delta\tau_j=\tau_j^{C*}-\tau_j^{NC*}$。进而为了证明命题 1，我们仅需证明这一厂商在两种市场结构下通过减排技术更新而获得的预期市场收益的差异 $delta_j$ 满足：

$$delta_j=\Delta\pi_j^{NC}-\Delta\pi_j^C>0 \tag{B1}$$

为了保证证明过程的简洁而不失一般性，我们假设仅有两家厂商即厂商 1 和厂商 2 参与排放权交易，从而它们在市场上分别扮演配额购买方和配额出售方的角色。同时，我们假设厂商 2 能以比厂商 1 更低的减排成本完成同等的减排任务。此时，一种具有更大减排潜力的新技术在市场中出现。这两个厂商凭借原有减排技术和这一新技术所面临的减排成本函数均以本章第三节的函数形式给出，并且函数中所设定的相应参数数值满足 $c<c_2<c_1$。而刻画这两个厂商所生产产品市场需求的线性逆需求函数以 $P=a-b\cdot(q_1+q_2)$ 的形式给出。在完全竞争的排放权交易市场中，我们将厂商 j 通过更新减排技术并参与市场竞争所实现的古诺纳什利润定义为 $\pi_j^{C,A}(j=1,\ 2)$，而将其未更新减排技术并参与市场竞争所实现的古诺纳什利润定义为 $\pi_j^{C,NA}(j=1,\ 2)$。由此，厂商 1 和厂商 2 通过减排技术更新所获得的预期市场收益分别表示为：

$$\Delta_1^C=(\pi_1^{C,A}-\pi_1^{C,NA}) \tag{B2}$$

$$\Delta_2^C=(\pi_2^{C,A}-\pi_2^{C,NA}) \tag{B3}$$

而在不完全竞争的排放权交易市场中，我们将厂商 j 通过更新减排技术并参与市场竞争所实现的古诺纳什利润定义为 $\pi_j^{NC,A}(j=1,\ 2)$，而将其未更新减排技术并参与市场竞争所实现的古诺纳什利润定义为 $\pi_j^{NC,NA}(j=1,\ 2)$。由此，厂商 1

和厂商 2 通过减排技术更新所获得的预期市场收益分别表示为：

$$\Delta_1^{NC}=(\pi_1^{NC,A}-\pi_1^{NC,NA}) \tag{B4}$$

$$\Delta_2^{NC}=(\pi_2^{NC,A}-\pi_2^{NC,NA}) \tag{B5}$$

由此，我们将厂商 1 和厂商 2 在完全竞争和不完全竞争的配额市场中通过减排技术更新所获预期市场收益的差异分别定义为：

$$delta_1=\frac{\begin{array}{c}(3\cdot b+c_2)\cdot b\cdot c^2\cdot\varepsilon_1+[6\cdot b\cdot c_2\cdot(b+c)+c\cdot c_2\cdot(c+c_2)+\\ b\cdot c\cdot(c+3\cdot b)+2\cdot b\cdot c_2\cdot(3\cdot b+3\cdot c+c_2)]\cdot c_2\cdot\varepsilon_2+a\cdot b\cdot c\cdot(c_2-c)\end{array}}{[6\cdot b\cdot(b\cdot c+b\cdot c_2+c\cdot c_2)+2\cdot b\cdot(c^2+c_2^2)+c\cdot c_2^2\cdot(c+c_2)]\cdot c_2} \tag{B6}$$

$$delta_2=\frac{A}{B} \tag{B7}$$

其中，

$A=[b\cdot c^2\cdot(5\cdot b^2+c)+2\cdot b^2\cdot c_2\cdot(b\cdot c_2+3\cdot b^2)+b\cdot c\cdot(6\cdot b^2+c\cdot c_2+3\cdot b\cdot c_2)]\cdot\varepsilon_1+[3\cdot b^2\cdot c_2\cdot(8+c_2+6\cdot b)+6\cdot b\cdot c\cdot(c^2+3\cdot b^2)+c\cdot c_2\cdot(2\cdot c^2+b\cdot(5\cdot c_2+15\cdot c+27\cdot b))]\cdot\varepsilon_2+a\cdot(c_2-c)\cdot[b\cdot(c_2+3\cdot c)+c\cdot(c_2+c)]$

$B=2\cdot(2\cdot b+c)\cdot[6\cdot b^2\cdot(c+c_2)+2\cdot b\cdot(c^2+c_2^2)+c\cdot c_2\cdot(6\cdot b+c+c_2)]$

我们不难发现，式（B6）中的所有参数值均为正数并且 $c_2>c$，所以 $delta_1>0$。类似地，变量 A 和 B 的值也均为正数从而 $delta_2>0$。因此，当厂商 1 和厂商 2 在配额市场均具有市场势力时，它们更新减排技术均会获得一定的市场收益。所以，它们均会在不完全竞争的配额市场中更早地更新减排技术。

并且，我们根据式（B6）和式（B7）也会很容易地发现：

$$\frac{\partial delta_j}{\partial a}>0,\ \forall a>0,\ j=1,\ 2$$

$$\frac{\partial delta_j}{\partial b}>0,\ \forall b>0,\ j=1,\ 2$$

$$\frac{\partial delta_j}{\partial c}<0,\ \forall c<c_j,\ j=1,\ 2 \tag{B8}$$

同时，由于以上参数的取值均存在边界，我们还发现：

$$\left.\frac{\partial delta_j}{\partial a}\right|_{a=0}>0,\ j=1,\ 2$$

$$\left.\frac{\partial delta_j}{\partial b}\right|_{b=0}>0,\ j=1,\ 2$$

$$\left.\frac{\partial delta_j}{\partial c}\right|_{c=c_n}<0,\ j=1,\ 2;\ n=\max\{j\} \tag{B9}$$

由此，我们证明了命题 1 及其推论。

附录 3

本部分将给出本章第四节有关厂商在不完全竞争市场中通过更新减排技术而分别由直接效应和策略性效应获得的预期市场收益的计算过程。

我们首先依据厂商为实现利润最大化而有关（q_j，z_j，y_j）或（q_k，z_k，y_k）决策的一阶条件即式（5-16）~式（5-18）和式（5-21）~式（5-23）而得到：

$$\left(\frac{1}{\sum_{j=1}^{i}\frac{1}{c}+\sum_{k=i+1}^{n}\frac{1}{c_k}}-c\right)\cdot(z_j-y_j)+\left(\frac{1}{\sum_{j=1}^{i}\frac{1}{c}+\sum_{k=i+1}^{n}\frac{1}{c_k}}-c\right)\cdot(q_j-\varepsilon_j)-$$

$$\left[\frac{1}{c\cdot\left(\sum_{j=1}^{i}\frac{1}{c}+\sum_{k=i+1}^{n}\frac{1}{c_k}\right)}-1\right]\cdot\lambda(j)+\frac{1}{\sum_{j=1}^{i}\frac{1}{c}+\sum_{k=i+1}^{n}\frac{1}{c_k}}\cdot(y_j-z_j)=0 \quad (C1)$$

而上式可被改写为：

$$(y_j-z_j)=\left[1-\frac{1}{c\cdot\left(\sum_{j=1}^{i}\frac{1}{c}+\sum_{k=i+1}^{n}\frac{1}{c_k}\right)}\right]\cdot\left(y_j-\varepsilon_j-\frac{\lambda(j)}{c}\right) \quad (C2)$$

我们分别用 $Y_j^A(\lambda(j-1))$ 和 $Y_j^{NA}(\lambda(j-1))$ 来替换技术更新者和技术未更新者在式（C2）左边的表达式，从而得到：

$$Y_j^A(\lambda(j-1))=y_j^A(\lambda(j-1))-z_j^A(\lambda(j-1))$$

$$=\left(1-\frac{1}{\left(i+c\cdot\sum_{k=i+1}^{n}\frac{1}{c_k}\right)}\right)\cdot\left(q_j(\lambda(j-1))-\varepsilon_j-\frac{\lambda(j-1)}{c}\right) \quad (C3)$$

$$Y_j^{NA}(\lambda(j-1))=y_j^{NA}(\lambda(j-1))-z_j^{NA}(\lambda(j-1))$$

$$=\left[1-\frac{1}{c_j\cdot\left(\frac{i-1}{c}+\sum_{k=i}^{n}\frac{1}{c_k}\right)}\right]\cdot\left[q_j(\lambda(j-1))-\varepsilon_j-\frac{\lambda(j-1)}{c_j}\right] \quad (C4)$$

因此，厂商在不完全竞争的配额市场中通过更新减排技术而由直接效应获得的预期市场收益可以被计算为：

$$\Delta\pi_j^{DE,NC}=\frac{c_j}{2}\cdot[q_j(\lambda(j-1))-Y_j^{NA}(\lambda(j-1))-\varepsilon_j]^2-\frac{c}{2}\cdot[q_j(\lambda(j-1))-$$

$$Y_j^A(\lambda(j-1))-\varepsilon_j]^2+\lambda(j-1)\cdot[Y_j^{NA}(\lambda(j-1))-Y_j^A(\lambda(j-1))] \quad (C5)$$

其中：

$$q_j(\lambda(j-1))-Y_j^{NA}(\lambda(j-1))-\varepsilon_j=\frac{1}{c_j\cdot\left(\frac{i-1}{c}+\sum_{k=i+1}^{n}\frac{1}{c_k}\right)}\cdot\Big[q_j(\lambda(j-1))-$$

$$\varepsilon_j + \left(\frac{i-1}{c} + \sum_{k=i+1}^{n}\frac{1}{c_k}\right)\cdot\lambda(j-1)\Big]$$

$$q_j(\lambda(j-1)) - Y_j^A(\lambda(j-1)) - \varepsilon_j = \frac{1}{c\cdot\left(\frac{i}{c} + \sum_{k=i+1}^{n}\frac{1}{c_k}\right)}\cdot\Big[q_j(\lambda(j-1)) -$$

$$\varepsilon_j + \left(\frac{i-1}{c} + \sum_{k=i+1}^{n}\frac{1}{c_k}\right)\cdot\lambda(j-1)\Big]$$

$$Y_j^{NA}(\lambda(j-1)) - Y_j^A(\lambda(j-1)) = \left[\frac{1}{c\cdot\left(\frac{i}{c} + \sum_{k=i+1}^{n}\frac{1}{c_k}\right)} - \frac{1}{c_j\cdot\left(\frac{i-1}{c} + \sum_{k=i}^{n}\frac{1}{c_k}\right)}\right]\cdot$$

$$\left(q_j(\lambda(j-1)) - \varepsilon_j + \left(\frac{i-1}{c} + \sum_{k=i+1}^{n}\frac{1}{c_k}\right)\cdot\lambda(j-1)\right) \tag{C6}$$

因此，式（C5）也可被改写为：

$$\Delta\pi_j^{DE,NC} = \frac{1}{2}\cdot\left[\frac{1}{c_j\cdot\left(\frac{i-1}{c} + \sum_{k=i+1}^{n}\frac{1}{c_k}\right)^2} - \frac{1}{c\cdot\left(\frac{i}{c} + \sum_{k=i+1}^{n}\frac{1}{c_k}\right)^2}\right]\cdot\Big[q_j(\lambda(j-1)) -$$

$$\varepsilon_j + \left(\frac{i-1}{c} + \sum_{k=i+1}^{n}\frac{1}{c_k}\right)\cdot\lambda(j-1)\Big]^2 + \lambda(j-1)\cdot\left[\frac{1}{c\cdot\left(\frac{i}{c} + \sum_{k=i+1}^{n}\frac{1}{c_k}\right)} -\right.$$

$$\left.\frac{1}{c_j\cdot\left(\frac{i-1}{c} + \sum_{k=i}^{n}\frac{1}{c_k}\right)}\right]\cdot\left(q_j(\lambda(j-1)) - \varepsilon_j + \left(\frac{i-1}{c} + \sum_{k=i+1}^{n}\frac{1}{c_k}\right)\cdot\lambda(j-1)\right) \tag{C7}$$

并且，我们根据有关厂商在不完全竞争市场中通过更新减排技术而由策略性效应获得的预期市场收益的定义而计算得到：

$$\Delta\pi_j^{SEP,NC} + \Delta\pi_j^{SEO,NC} = \{P[\overline{Q_{-j}}(\lambda(j-1)) + q_j(\lambda(j))]\cdot q_j(\lambda(j)) - \frac{c}{2}\cdot[q_j(\lambda(j)) - Y_j^A(\lambda(j)) - \varepsilon_j]^2 - \lambda(j)\cdot Y_j^A(\lambda(j))\} - \{P[Q(\lambda(j-1))]\cdot q_j(\lambda(j-1)) - \frac{c}{2}\cdot[q_j(\lambda(j-1)) - Y_j^A(\lambda(j-1)) - \varepsilon_j]^2 - \lambda(j-1)\cdot Y_j^A(\lambda(j-1))\} + \{P[Q(\lambda(j))] - P[\overline{Q_{-j}}(\lambda(j-1)) + q_j(\lambda(j))]\}\cdot q_j(\lambda(j)) = P[Q(\lambda(j))]\cdot q_j(\lambda(j)) - P[Q(\lambda(j-1))]\cdot q_j(\lambda(j-1)) + \frac{c}{2}[q_j(\lambda(j-1)) - Y_j^A(\lambda(j-1)) - \varepsilon_j]^2 - \frac{c}{2}[q_j(\lambda(j)) - Y_j^A(\lambda(j)) - \varepsilon_j]^2 + \lambda(j-1)\cdot Y_j^A(\lambda(j-1)) - \lambda(j)\cdot Y_j^A(\lambda(j)) \tag{C8}$$

而我们依据式（C3）和式（C4）可以得到：

$$\Delta\pi_j^{SEP,NC} + \Delta\pi_j^{SEO,NC} = P[Q(\lambda(j))]\cdot q_j(\lambda(j)) - P[Q(\lambda(j-1))]\cdot q_j(\lambda(j-1)) +$$

$$\frac{c}{2}\cdot\frac{1}{c^2\cdot\left(\frac{i}{c}+\sum_{k=i+1}^{n}\frac{1}{c_k}\right)^2}\cdot\left[q_j(\lambda(j-1))-\varepsilon_j+\left(\frac{i-1}{c}+\sum_{k=i+1}^{n}\frac{1}{c_k}\right)\cdot\lambda(j-1)\right]^2-$$

$$\frac{c}{2}\cdot\frac{1}{c^2\cdot\left(\frac{i}{c}+\sum_{k=i+1}^{n}\frac{1}{c_k}\right)^2}\cdot\left[q_j(\lambda(j))-\varepsilon_j+\left(\frac{i-1}{c}+\sum_{k=i+1}^{n}\frac{1}{c_k}\right)\cdot\lambda(j)\right]^2+\lambda(j-1)\cdot$$

$$\left[1-\frac{1}{\left(i+c\cdot\sum_{k=i+1}^{n}\frac{1}{c_k}\right)}\right]\cdot\left[q_j(\lambda(j-1))-\varepsilon_j-\frac{\lambda(j-1)}{c}\right]-\lambda(j)\cdot$$

$$\left[1-\frac{1}{c_j\cdot\left(\frac{i-1}{c}+\sum_{k=i}^{n}\frac{1}{c_k}\right)}\right]\cdot\left(q_j(\lambda(j))-\varepsilon_j-\frac{\lambda(j)}{c_j}\right) \quad (C9)$$

附录4

本部分证明本章第四节给出的命题2。

我们仍然假设仅有两家厂商即厂商1和厂商2参与排放权交易，并且厂商2能以比厂商1更低的减排成本来完成同等的减排任务。此时，一种减排潜力更大的新技术在市场中出现。同时，我们将厂商j(j=1，2)在完全竞争的配额市场中通过减排技术更新而由直接效应获得的预期市场收益表示为$\Delta\pi_j^{DE,C}$(j=1，2)，而将其在不完全竞争的配额市场中所获得的预期市场收益表示为$\Delta\pi_j^{DE,NC}$(j=1，2)。类似地，我们将厂商j(j=1，2)在完全竞争的配额市场中通过减排技术更新而由策略性效应获得的预期市场收益表示为$\Delta\pi_j^{SE,C}$(j=1，2)，而将其在不完全竞争的配额市场中所获得的预期市场收益表示为$\Delta\pi_j^{SE,NC}$(j=1，2)。

由此，我们依据Coria（2009）计算得到厂商j(j=1，2）在完全竞争的配额市场中通过减排技术更新而分别由直接效应和策略性效应获得的预期市场收益：

$$\Delta\pi_1^{DE,C}=\frac{[p(0)]^2}{2}\cdot\left(\frac{1}{c}-\frac{1}{c_1}\right) \quad (D1)$$

$$\Delta\pi_1^{SE,C}=\frac{[a-p(1)]^2-[a-p(0)]^2}{9\cdot b}+\frac{[p(1)]^2-[p(0)]^2}{2\cdot c}+[p(1)-p(0)]\cdot\varepsilon_1 \quad (D2)$$

$$\Delta\pi_2^{DE,C}=\frac{[p(1)]^2}{2}\cdot\left(\frac{1}{c}-\frac{1}{c_2}\right) \quad (D3)$$

$$\Delta\pi_2^{SE,C}=\frac{[a-p(2)]^2-[a-p(1)]^2}{9\cdot b}+\frac{[p(2)]^2-[p(1)]^2}{2\cdot c}+[p(2)-p(1)]\cdot\varepsilon_2 \quad (D4)$$

同时，我们依据式（5-25）和式（5-26）而将厂商j（j=1，2）在不完全竞争的配额市场中通过减排技术更新而分别由直接效应和策略性效应获得的预

期市场收益表示为：

$$\Delta\pi_1^{DE,NC}=\frac{c_1\cdot[q_1(\lambda(0))-y_1(\lambda(0))+z_1(\lambda(0))-\varepsilon_1]^2}{2}-\frac{c}{2}\cdot\left[(q_1(\lambda(0))-\left(1-\frac{1}{1+\frac{c}{c_2}}\right)\cdot\left(q_1(\lambda(0))-\varepsilon_1-\frac{\lambda(0)}{c}\right)-\varepsilon_1\right]^2+\lambda(0)\cdot\left[y_1(\lambda(0))-z_1(\lambda(0))-\left(1-\frac{1}{1+\frac{c}{c_2}}\right)\cdot\left(q_1(\lambda(0))-\varepsilon_1-\frac{\lambda(0)}{c}\right)\right]\tag{D5}$$

$$\Delta\pi_1^{SE,NC}=[a-b\cdot(q_1(\lambda(1))+q_2(\lambda(1)))]\cdot q_1(\lambda(1))-[a-b\cdot(q_1(\lambda(0))+q_2(\lambda(0)))]\cdot q_1(\lambda(0))+\frac{c}{2}\cdot\left[(q_1(\lambda(0))-\left(1-\frac{1}{1+\frac{c}{c_2}}\right)\cdot\left(q_1(\lambda(0))-\varepsilon_1-\frac{\lambda(0)}{c}\right)-\varepsilon_1\right]^2-\frac{c}{2}\cdot[(q_1(\lambda(1))-y_1(\lambda(1))+z_1(\lambda(1))-\varepsilon_1]^2+\lambda(0)\cdot\left(1-\frac{1}{1+\frac{c}{c_2}}\right)\cdot\left(q_1(\lambda(0))-\varepsilon_1-\frac{\lambda(0)}{c}\right)-\lambda(1)\cdot[y_1(\lambda(1))-z_1(\lambda(1))]\tag{D6}$$

$$\Delta\pi_2^{DE,NC}=\frac{c_2\cdot[q_2(\lambda(1))-y_2(\lambda(1))+z_2(\lambda(1))-\varepsilon_2]^2}{2}-\frac{c}{2}\cdot\left[(q_2(\lambda(1))-\frac{1}{2}\cdot\left(q_2(\lambda(1))-\varepsilon_2-\frac{\lambda(1)}{c}\right)-\varepsilon_2\right]^2+\lambda(1)\cdot\left[y_2(\lambda(1))-z_2(\lambda(1))-\frac{1}{2}\cdot\left(q_2(\lambda(1))-\varepsilon_2-\frac{\lambda(1)}{c}\right)\right]\tag{D7}$$

$$\Delta\pi_2^{SE,NC}=[a-b\cdot(q_1(\lambda(2))+q_2(\lambda(2)))]\cdot q_2(\lambda(2))-[a-b\cdot(q_1(\lambda(1))+q_2(\lambda(1)))]\cdot q_2(\lambda(1))+\frac{c}{2}\cdot\left[(q_2(\lambda(1))-\frac{1}{2}\cdot\left(q_2(\lambda(1))-\varepsilon_2-\frac{\lambda(1)}{c}\right)-\varepsilon_2\right]^2-\frac{c}{2}\cdot[(q_2(\lambda(2))-y_2(\lambda(2))+z_2(\lambda(2))-\varepsilon_2]^2+\frac{\lambda(1)}{2}\cdot\left(q_2(\lambda(1))-\varepsilon_2-\frac{\lambda(1)}{c}\right)-\lambda(2)\cdot[y_2(\lambda(2))-z_2(\lambda(2))]\tag{D8}$$

我们依据附录 3 中的计算结果而计算得到厂商 j（j = 1，2）在不同市场结构下通过减排技术更新而由直接效应获得的预期市场收益之间的差异，即：

$$\Delta \pi_1^{DE,C} - \Delta \pi_1^{DE,NC} = \frac{(c_1 - c) \cdot \left[\sum_{i=1}^{6} b^{7-i} \cdot \sum_{j=1}^{6-i} c^j \cdot c_2^{j-1} \cdot \varepsilon_1^2 + a \cdot \sum_{i=1}^{6} b^i \cdot \sum_{j=4}^{5-i} c^j \cdot c_2^{j-1} \cdot \varepsilon_2^2 + \sum_{i=1}^{6} b^{5-i} \cdot \sum_{j=2}^{i} c^j \cdot c_2^{j-1} \cdot \varepsilon_1 \cdot \varepsilon_2 \right]}{2 \cdot c \cdot (c + c_2)^2 \cdot B^2 \cdot D^2 \cdot \varepsilon_1^2} \tag{D9}$$

$$\Delta \pi_2^{DE,C} - \Delta \pi_2^{DE,NC} = \frac{(c_2 - c) \cdot b^2 \cdot \left[\sum_{i=1}^{8} b^{11-i} \cdot \sum_{j=4}^{7-i} c^j \cdot c_2^{j-1} \cdot \varepsilon_2^2 + a \cdot \sum_{i=1}^{8} b^{10-i} \cdot \sum_{j=1}^{6-i} c^j \cdot c_2^{j-1} \cdot \varepsilon_1^2 + \sum_{i=1}^{9} b^{9-i} \cdot \sum_{j=1}^{5-i} c^j \cdot c_2^{j-1} \cdot \varepsilon_1 \cdot \varepsilon_2 \right]}{8 \cdot c \cdot (3 \cdot b \cdot c + 3 \cdot b \cdot c_2 + 2 \cdot c \cdot c_2)^2 \cdot (2 \cdot b \cdot c^2 + 6 \cdot b^2 \cdot c + 2 \cdot b \cdot c_2^2 + 6 \cdot b^2 \cdot c_2 + c \cdot c_2^2 + c^2 \cdot c_2 + 6 \cdot b \cdot c \cdot c_2)^2 \cdot \varepsilon_2^2} \tag{D10}$$

我们也可以相应计算得到两个厂商在不同市场结构下通过减排技术更新而由策略性效应获得的预期市场收益的差异，即：

$$\Delta \pi_1^{SE,NC} - \Delta \pi_1^{SE,C} = \frac{(c_1 - c) \cdot \left[\sum_{i=1}^{12} b^{13-i} \cdot \sum_{j=1}^{6-i} c^j \cdot c_1^{j-1} \cdot \varepsilon_1^2 + a \cdot \sum_{i=1}^{12} b^{12-i} \cdot \sum_{j=4}^{5-i} c^j \cdot c_2^{j-1} \cdot \varepsilon_2^2 + \sum_{i=1}^{12} b^{11-i} \cdot \sum_{j=2}^{5-i} c^j \cdot c_2^{j-1} \cdot \varepsilon_1 \cdot \varepsilon_2 \right]}{2 \cdot c \cdot (c + c_2)^2 \cdot A^2 \cdot B^2 \cdot C^2 \cdot D^2 \cdot \varepsilon_1^2} \tag{D11}$$

$$\Delta \pi_2^{SE,NC} - \Delta \pi_2^{SE,C} = \frac{(c_2 - c) \cdot \left[\sum_{i=1}^{8} b^{10-i} \cdot \sum_{j=1}^{6-i} c^j \cdot c_2^{j-1} \cdot \varepsilon_2^2 + a \cdot \sum_{i=1}^{8} b^{9-i} \cdot \sum_{j=1}^{5-i} c^j \cdot c_2^{j-1} \cdot \varepsilon_1^2 + \sum_{i=1}^{8} b^{8-i} \cdot \sum_{j=1}^{i} c^j \cdot c_2^{j-1} \cdot \varepsilon_1 \cdot \varepsilon_2 \right]}{8 \cdot c \cdot (2 \cdot b + c)^2 \cdot (3 \cdot b + c) \cdot (3 \cdot b \cdot c + 3 \cdot b \cdot c_2 + 2 \cdot c \cdot c_2)^2 \cdot (2 \cdot b \cdot c^2 + 6 \cdot b^2 \cdot c + 2 \cdot b \cdot c_2^2 + 6 \cdot b^2 \cdot c_2 + c \cdot c_2^2 + c^2 \cdot c_2 + 6 \cdot b \cdot c \cdot c_2)^2 \cdot \varepsilon_2^2} \tag{D12}$$

其中，参数 A、B、C 和 D 的表达式已在本章附录 2 中给出。

因为 $c < c_2 < c_1$，我们首先发现对于 $j = 1, 2$，有 $\Delta \pi_j^{DE,C} > \Delta \pi_j^{DE,NC}$ 而 $\Delta \pi_j^{SE,NC} > \Delta \pi_j^{SE,C}$。从而，命题 2（1）和（2）均已得证。

并且，对于 $j = 1, 2$，$(\Delta \pi_j^{SE,NC} - \Delta \pi_j^{SE,C})$ 与 $(\Delta \pi_j^{DE,C} - \Delta \pi_j^{DE,NC})$ 之间的差可以分别被表示为：

$$\Delta^1 = (\Delta \pi_1^{SE,NC} - \Delta \pi_1^{SE,C}) - (\Delta \pi_1^{DE,C} - \Delta \pi_1^{DE,NC})$$

$$= \frac{(c_1 - c) \cdot \left[\sum_{i=1}^{11} b^{12-i} \cdot \sum_{j=1}^{6-i} c^j \cdot c_1^{j-1} \cdot \varepsilon_1^2 + a \cdot \sum_{i=1}^{11} b^{11-i} \cdot \sum_{j=4}^{5-i} c^j \cdot c_2^{j-1} \cdot \varepsilon_2^2 + \sum_{i=1}^{10} b^{11-i} \cdot \sum_{j=2}^{5-i} c^j \cdot c_2^{j-1} \cdot \varepsilon_1 \cdot \varepsilon_2 \right]}{2 \cdot A^2 \cdot B^2 \cdot C^2 \cdot D^2 \cdot \varepsilon_1^2} \quad (D13)$$

$$\Delta^2 = (\Delta \pi_2^{SE,NC} - \Delta \pi_2^{SE,C}) - (\Delta \pi_2^{DE,C} - \Delta \pi_2^{DE,NC})$$

$$= \frac{(c_2 - c) \cdot b \cdot \left[\sum_{i=1}^{8} b^{9-i} \cdot \sum_{j=1}^{5-i} c^j \cdot c_2^{j-1} \cdot \varepsilon_2^2 + a \cdot \sum_{i=1}^{7} b^{8-i} \cdot \sum_{j=1}^{4-i} c^j \cdot c_2^{j-1} \cdot \varepsilon_1^2 + \sum_{i=1}^{7} b^{7-i} \cdot \sum_{j=1}^{4-i} c^j \cdot c_2^{j-1} \cdot \varepsilon_1 \cdot \varepsilon_2 \right]}{8 \cdot c \cdot (2 \cdot b + c)^2 \cdot (3 \cdot b + c) \cdot (3 \cdot b \cdot c + 3 \cdot b \cdot c_2 + 2 \cdot c \cdot c_2)^2 \cdot (2 \cdot b \cdot c^2 + 6 \cdot b^2 \cdot c + 2 \cdot b \cdot c_2^2 + 6 \cdot b^2 \cdot c_2 + c \cdot c_2^2 + c^2 \cdot c_2 + 6 \cdot b \cdot c \cdot c_2)^2 \cdot \varepsilon_2^2} \quad (D14)$$

我们由此很容易地发现 Δ^1 和 Δ^2 的值均为正，从而命题2（3）也得证。

附录5

附表 E1　第五章实例分析部分关键参数数据

参数	数值
厂商更新减排技术前线性边际减排成本函数中参数 c_k 的数值	
天津钢铁集团有限公司	576.7
宝山钢铁股份有限公司	205.185
广东省韶关钢铁集团有限公司	764.6
重庆钢铁股份有限公司	3，577.55
武汉钢铁（集团）公司	2，227.45
天津天铁冶金集团有限公司	449.57
厂商更新减排技术后线性边际减排成本函数中参数 c 的数值	35.481
产品线性逆需求函数参数的数值	
a	906.62
b	0.0956
技术扩散率 θ_i	0.038；0.0384；0.0387；0.0389；0.039；0.03905
跨期贴现率 δ	0.2
样本厂商 2010 年粗钢产量（单位：百万吨）[a]	
天津钢铁集团有限公司	5.0512

续表

参数	数值
宝山钢铁股份有限公司	44.4951
广东省韶关钢铁集团有限公司	5.0355
重庆钢铁股份有限公司	4.5597
武汉钢铁（集团）公司	36.546
天津天铁冶金集团有限公司	5.5456
电炉炼钢技术投资成本估算结果（单位：百万元）[b]	
起重设备	0.45
上料设备	0.5
电炉工艺设备（成套）	0.6
电器传动设备及配线	0.35
工艺管道	0.05
除尘系统	0.65
采暖通风及空调	0.05
水处理设施	0.2
废钢堆场及仓库	0.2
总降变电所	0.35
检验设备	0.5
机修间	0.05
空压站	0.15
氧气站	0.9
主厂房及辅房	13
各种设备基础及耐材砌筑	0.2

注：a 各钢铁厂商粗钢产量数据源自“2010 年 12 月重点大中型钢铁厂商粗钢产量统计”（http：//info.glinfo.com/11/0124/11/2C1F2C63563A7B37.html）；b 电炉炼钢技术投资成本估算数据来自“某钢铁厂商新建年产 22 万吨短流程绿色电炉炼钢厂建设方案”（http：//max.book118.com/html/2013/1113/4960252.shtm）。

附表 E2　本章实例分析部分有关钢铁行业减排技术成本及其减排潜力的关键参数数据

技术选择	工序	节能量（GJ/吨钢）	年度投资额（元/吨钢）	年度 O&M 成本变化（元/吨钢）	二氧化碳减排量（千克/吨钢）
烧结厂预热	烧结	0.12	22.06	0	12.85
提高过程控制	烧结	0.01	1	0	1.07

续表

技术选择	工序	节能量（GJ/吨钢）	年度投资额（元/吨钢）	年度 O&M 成本变化（元/吨钢）	二氧化碳减排量（千克/吨钢）
使用废料	烧结	0.11	1.34	0	11.78
烧结余热发电	烧结	0.04	12.16	0	4.28
煤调湿	炼焦	0.06	140	4.4	6.42
干熄焦	炼焦	0.36	180	1.87	38.55
干式 TRT	高炉炼铁	0.26	60	0	19.6
粉煤喷射（200 千克/吨）	高炉炼铁	0.62	155.06	-29.74	66.39
高炉煤气回收	高炉炼铁	0.06	9.02	0	6.42
热风炉还原	高炉炼铁	0.3	15.58	0	32.12
高炉控制系统	高炉炼铁	0.36	10.69	0	38.55
CCPP	高炉炼铁	0.51	96	0	54.61
高炉喷吹塑料	高炉炼铁	0.11	10.01	0	11.78
转炉全余热回收	转炉炼钢	0.5	166.67	0	53.54
LT 干法除尘	转炉炼钢	0.05	26.65	3.47	4.36
过程控制	电炉炼钢	0.33	31.75	-33.42	23.96
烟气监测和控制	电炉炼钢	0.17	66.84	0	10.89
超高功率转换器	电炉炼钢	0.63	34.28	0	45.73
泡沫渣技术	电炉炼钢	0.22	334.18	-60.15	15.24
偏心底出钢（EBT）	电炉炼钢	0.28	182.7	0	19.6
DC 电弧炉（80 吨）	电炉炼钢	1	167.09	-58	69.69
废钢预热（CONSTEEL）	电炉炼钢	0.66	200.51	-63.49	47.91
双壳 DC 炉废钢预热	电炉炼钢	0.38	0.28	-36.76	27.44
氧燃烧嘴	电炉炼钢	0.45	20	0	32.67
烟气回收余热利用	电炉炼钢	0.72	37.5	0	77.1
连铸	热轧和铸造	0.42	399.34	-178.79	39.84
高效钢包预热	热轧和铸造	0.02	1.67	0	0.58
薄板压铸	热轧和铸造	1.44	600	-125.32	145.95
热轧热送	热轧和铸造	0.19	100	-7.25	20.34
热轧带钢轧机的过程控制	热轧和铸造	0.26	20.38	0	27.84
Recuperative Burners 蓄热式烧嘴	热轧和铸造	0.46	15	0	49.26

续表

技术选择	工序	节能量（GJ/吨钢）	年度投资额（元/吨钢）	年度 O&M 成本变化（元/吨钢）	二氧化碳减排量（千克/吨钢）
保温炉	热轧和铸造	0.14	291.73	0	14.99
热轧加热炉系统化节能	热轧和铸造	0.49	66.67	0	52.47
余热回收	热轧和铸造	0.03	23.39	2.01	3.21
连续退火	冷轧和精炼	0.38	111.1	0	40.69
热回收退火生产线	冷轧和精炼	0.14	51.79	0	13.96
减少蒸汽使用（酸洗线）	冷轧和精炼	0.11	53.8	0	11.78
自动检测和定位系统	冷轧和精炼	0.38	21.05	0	26.13
预防性控制	总体	0.49	4.09	8.18	50.4
能源监测和管理系统	总体	0.35	4.96	0	36.44
热电联产	总体	0.93	57.6	0	68.55
烧结厂预热	烧结	0.12	22.06	0	12.85

数据来源：Li 和 Zhu（2014）。

第六章　考虑厂商策略性行为的交易成本对碳市场机制有效覆盖范围的影响分析

第一节　问题的提出

我们在本书第三至第五章一直关注配额交易者的策略性行为对碳排放权交易机制有效性的影响，并在理论建模的基础上从厂商微观视角开展有关中国碳排放权交易试点地区的实例分析。而正如本书第一章所指出的，除了不完全竞争的市场结构，交易成本也是影响碳排放权交易机制成本有效性的重要因素。我们特别需要强调的是，交易成本已成为政策制定者确定碳排放权交易机制有效覆盖范围的重要因素。因此，本章将在考虑排放权交易机制不完全竞争市场结构的基础上从厂商微观层面讨论交易成本对碳市场机制的厂商准入门槛和覆盖范围的影响。

我们已经指出，包括中国在内的多个国家和地区在尝试采用排放权交易机制控制温室气体排放的过程中十分注重政策成本与收益的权衡。为了保证排放总量控排目标的实现，政策制定者正尝试在不影响行业经济发展的前提下适度扩大覆盖范围以提升碳排放权交易机制的有效性（Qi and Weng，2016；Zhang et al.，2017；Crowley，2017）。但是在这一过程中，政策制定者所需额外支出的管理成本及相关部门为保证碳市场机制有效运行而需承担的其他费用也会随之上升（Fan and Wang，2014；Wang et al.，2015；Mu et al.，2017）。并且，排放权交易机制本身相比于环境税等其他减排政策工具就具有管理费用高、实施步骤复杂的特点。同时，以上各方面因素所带来的交易成本与参与排放权交易的厂商规模不成比例，从而可能会成为某些规模较小厂商的额外成本负担（Betz et al.，2010；Jaraitė－Kažukauskė and Kažukauskas，2015；Sovacool，2015）。因此，这些成本已成为制约排放权交易机制成本有效性的一大关键因素。

“交易成本”在现实的市场经济体制中是始终存在的（Coase，1937）。相对较高的交易成本会影响市场主体间商品交易的效率并有可能阻碍商品交易的实现。而在排放权交易机制中，这一成本可能会成为参与配额交易的履约厂商不可忽视的成本负担（Schleich and Betz，2004）：过高的交易成本会削弱厂商通过排放权交易实现的成本节约，甚至可能会使配额交易在一定条件下难以实现。因此，政策制定者需要对交易成本影响碳市场机制成本节约效应的内在机理与相关因素有一定的认识，并且尝试确定交易成本的合理收取标准以在维持碳市场正常运行的前提下保证机制的成本有效性。而这些议题正是本章尝试探讨的主要内容。

我们还需要指出的是，尽管碳市场机制的政策制定者已将交易成本和市场机制有效覆盖范围的设定作为碳排放权交易机制设计中所需关注的一大焦点，但是量化分析交易成本对排放权交易机制覆盖范围影响的相关研究并不多见。我们通过前几章的分析可以发现，现实中的排放权交易机制存在典型的非竞争性市场结构特征。参与排放权交易的厂商在产量与排放规模上具有明显的异质性，并且多数是来自电力、钢铁等市场集中度较高的行业。这些异质性厂商在参与配额交易的过程中受交易成本的影响可能也存在显著差异。但是，市场结构与交易者异质性的特征在有关交易成本的讨论中并没有得到一定的关注。因此，我们需要在考虑交易者策略性行为的前提下分析碳市场机制中交易成本的影响，从而探讨有关不完全竞争的排放权交易机制的有效覆盖范围和交易成本的合理收取标准问题。

正如本书第一章所指出的，我们在本章的理论建模和实例分析中主要关注履约厂商在参与配额交易过程中产生的交易成本。排放权交易机制中的交易成本主要包括初期运行与决策成本、监测、报告与核查（MRV）费用和交易佣金（Frasch，2010；Jaraite et al.，2010）。而我们需要指出的是，包括中国在内的多数国家和地区的政策制定者在初期会设立免费的培训项目来帮助厂商对市场化减排机制有更为深入的理解，从而鼓励履约厂商参与配额交易以提高机制的运行效率。并且，以中国部分碳排放权交易试点地区为代表的一些国家和地区的政策制定者还会免除履约厂商的开户费、年费等与配额交易相关的费用。因此，我们在本章主要考虑 MRV 费用和交易佣金的影响。

而 MRV 费用和交易佣金在碳排放权交易有效运行的过程中发挥着十分重要的作用：MRV 费用是第三方核证机构收取的有关温室气体排放监测、核查等方面的费用；政策制定者需要构建一个高质量的 MRV 系统以准确计算被纳入厂商的排放量以保证碳市场机制的公正性，而这必然会带来 MRV 费用的提升。交易佣金主要是指交易所为履约厂商提供配额交易平台所收取的费用；政策制定者需要构建排放权交易所等相关场所以为市场参与者进行配额交易提供便利的条件，从而也需要向配额买卖双方收取一定的佣金。我们发现，这两类成本支出均与履约厂商（产量或排放量）的规模不成比例（Schleich and Betz，2004；Betz et al.，

2010)。因此，这些被称为“直接交易成本（Direct Cost）”的支出与其他隐性成本不同，它们可能会导致规模较小的配额交易厂商所支付的交易成本超过其可获得的成本节约，从而不再适合被纳入碳排放权交易机制。

综上所述，本章将尝试依据“成本—收益”比较分析的方法研究排放权交易机制的合理覆盖范围问题。并且，我们所构建的局部均衡模型考虑了排放权交易机制的市场结构特征和 MRV 费用、交易佣金这两类典型的交易成本。我们特别需要指出的是，我们将在用于刻画厂商策略性配额交易行为的完全市场模型的基础上构建分析交易成本影响排放权交易机制有效覆盖范围的理论框架。

并且，我们在本章开展的有关中国碳市场机制合理覆盖范围的实例分析将继续沿用中国碳排放权交易试点地区高耗能厂商减排成本数据库所提供的相关数据信息。我们从前文的分析中已发现，中国各试点地区碳排放权交易机制的市场结构存在明显差异，并且这些地区碳市场机制的履约厂商准入标准以及交易佣金和 MRV 费用的收取标准也有不同。我们将比较和分析各试点地区具有不同市场结构特征的碳市场机制的各类交易成本对履约厂商总履约成本的影响。本章实例分析的结论主要体现在以下几个方面：MRV 成本是削弱排放权交易机制成本有效性的主要因素，而排放权交易机制的市场结构特征与其有效覆盖范围之间似乎没有必然的联系；同时，我们通过分析异质性厂商参与配额交易的成本节约受交易成本影响的差异并结合 EU ETS 等国际排放权交易机制的实践经验，提出政府与履约厂商间交易成本的合理分摊机制。我们的研究结论将为中国统一碳市场中履约厂商准入门槛和交易成本收费标准的设定等方面提供一定的决策依据，也为其他国家或地区碳排放权交易市场的相关机制设计提供参考。

第二节　交易成本与排放权交易机制的有效覆盖范围：文献综述

一、交易成本的相关理论研究

传统经济理论认为，各类主体均无需在市场经济体制中实现任何商品交易时支付额外成本。作为“看不见的手”的市场机制会通过资源的优化配置以保证各类主体依据自然禀赋完成商品交易，并达到实现社会福利最大化的帕累托最优状态。但在现实的市场环境中，任何参与商品交易的主体必须要承担一定的额外成本，而使商品交易以及市场机制的运行效率受到一定影响。上述由交易主体所需承担的在商品交易时产生的额外成本被称为“交易费用”或“交易成本”。Coase（1937）在研究厂商与市场关系时提出这一概念并指出这一成本导致厂商与市场分别承担不同的经济活动从而构成了市场与厂商之间的边界，从而回答了“厂商为何要存在，市场与厂商之间的边界何在”的议题。

但是，目前经济学家对“交易成本”尚未给出公认统一的概念界定。Coase（1937）最早将交易成本定义为“通过价格机制组织生产的最明显的成本即所有发现相对价格的成本”，“市场上发生的每笔交易的谈判和签约的费用”和“利用价格机制存在的其他方面的成本”。Arrow（1969）将这一概念扩展到“经济制度运行的费用”从而认为交易成本可能会妨碍或阻止市场的形成。Stigler（1972）则着重关注在市场中买卖双方寻找各自最优商品交易价格所支付的“搜寻成本”。Williamson（1981）延续Arrow（1969）的观点从而拓展交易成本概念的外延将其定义为“经济系统运行所要支付的代价或费用”，进而从契约的角度把交易成本看作是运用不同组织或者制度所需要的成本。

Coase（1937）在最早提出“交易成本”概念时已将其分为“发现相对价格的成本”“谈判和签约的费用”和“其他方面所产生的成本”。而针对“交易成本”的组成与分类方法，Williamson（2007）依据外延拓展后的概念而将交易成本划分为契约签订前后分别产生的“事前”交易成本和“事后”交易成本。前者是为降低未来不确定性而需完善契约而造成的成本，而后者则是契约达成后双方交易所产生的费用。因此，Williamson（2007）也认为，“交易成本”是由人的因素、与特定交易有关的因素和交易的市场环境因素这三种要素所决定的（袁庆明和刘洋，2004）。人的因素主要源自个人在决策过程中出现的有限理性和机会主义行为所带来的交易活动的复杂性，而与特定交易有关的因素则主要与交易的资产专用性、不确定性和交易频率有关。

但是，“交易成本”依据其概念加以测算的可操作性和可度量性均受到一定的限制（安超，2014）。例如，Williamson（2007）所提出的资产专用性、不确定性与可操作性均很难作为衡量交易成本的可行标准。因此，相关学者在实证研究中会依据具体问题对“交易成本”的概念和外延加以重新定义从而给出相应的测算方法（Shelanski and Klein，1995）：McCann和Easter（2000）运用美国国家资源保护服务数据库（NRCS）中的数据测算公共部门的交易成本，郭俊艳（2013）对厂商规制中的进入成本、产权成本、契约成本用其他可度量指标加以量化以研究规制成本对市场效率的影响。

与“交易成本”这一概念紧密相关的重要理论则是本书在前文一直阐述并提出的“科斯定理”（Coase，1960）。这一定理指出，在交易成本存在的前提下，经济活动最终的效率与产权的初始分配有关。因此，交易成本这一概念为政策制定者与经济学者提供了认识经济规律、完善机制设计、提高市场运行效果的新视角。目前，交易成本经济学的应用已完全超越经济、金融、组织行为学的范畴而

广泛应用于政治科学、公共政策等领域（Macher and Richman，2008）。政策制定者在制定和完善公共政策时需要有意识地关注机制运行过程中可能产生的交易成本及其对机制有效性的影响。这也是本章分析交易成本对碳市场机制成本有效性影响的重要原因。

二、交易成本与能源环境管制政策设计

如前文所述，政策制定者在为应对能源与环境问题而制定相关政策机制时不能忽视无处不在的“交易成本”以避免其对政策机制运行带来过高的负担。能源环境管制政策在实施过程中的交易成本主要包括低碳融资的交易成本、低碳投资者与政策制定者之间的交易成本、低碳技术合作的交易成本，以及由路径依赖引致的转型成本等。这些交易成本在中国等市场经济机制不够完善的新兴经济体中可能会更加显著地阻碍国家绿色低碳经济转型的进程（汤吉军，2012）。

McCann 等（2005）将与环境经济政策相关的交易成本划分为研究与信息费用、规则制定与立法费用、政策设计与执行费用、支持与管理费用、设计与签订契约费用、监管费用与法律诉讼费用等。为此，相关学者首先给出有关环境政策设计与评估中交易成本的计算方法。Fang 等（2005）指出在考虑交易成本的前提下，水权交易机制的运行成本提高了至少 35%；Mundaca（2007）估算了在白色证书机制下包括信息搜索成本、与消费者的沟通费用、与商业伙伴的协调费用及测量、核证活动的费用在内的交易成本，并指出这些成本不足以抵消白色证书交易的收益。

而更多学者关注能源资源政策的优化设计以有效应对上述交易成本带来的不利影响。Carlsson 等（2005）指出公共资源的共同管理（Co - management）机制会增加交易成本，Adhikari 等（2006）发现尼泊尔基于社区的自然资源管理机制也会引起较高的交易成本。而 Abdullah 等（1998）较早地指出，在公共水域共同开发渔业资源、加强信息共享将有助于降低交易成本。Kuperan（2008）亦指出，共同管理机制可有效降低渔业开发的交易成本；Crase 等（2001）则提出，在考虑交易成本的条件下政策设计者需要关注水权交易机制中初始产权的有效分配。

而针对控制温室气体排放的市场化减排机制，相关学者亦关注有关交易成本的估计及其对机制成本有效性的影响。Michaelowa 等（2003）与 Michaelowa 和 Jotzo（2005）指出，过于复杂而时间漫长的审批过程与过于严苛的审批流程会造成过高的交易成本，从而使京都机制下 CDM 机制的参与度明显降低。Schakenbach 等（2006）与 Nortje（2013）则分别发现，美国和南非减排机制的监管成本会抵消相关的市场收益。而 MRV 费用是市场化减排机制中交易成本的一个重要组成部分：Vine 等（2000，2001）指出 MRV 成本的大小与减排项目的规模与类

型、相关信息的内容与可获得性、监管的方法及其频率等多种因素有关。本章即分析交易成本对中国碳排放权交易机制成本有效性的影响，特别关注 MRV 费用对各地区碳市场机制有效覆盖范围影响的差异。

有学者讨论在考虑交易成本条件下最优减排政策工具的选择问题以规避这一成本支出对环境经济政策有效性的不利影响。Thompson（1999）较早地在考虑交易成本的前提下运用成本—收益分析法比较非交易的许可证制度与排污费制度在水资源管理中的优劣时需要考虑交易成本。Crals 和 Vereeck（2005）在比较数量型政策工具与价格型政策工具时考量交易成本，并发现总量控制与交易机制相对于税收机制更加有效且交易成本较低，而税收机制在信息、执行成本等方面有一定优势。樊胜岳等（2013）比较中国不同地区在生态建设中退耕还林政策与天然林保护政策中的交易成本。朱德米等（2013）讨论了水污染防治中命令控制、经济工具、自愿途径三种治理结构下的交易成本，指出政策工具的权衡要考虑交易成本、交易主体的特征及交易制度环境。

三、交易成本与排放权交易机制的有效性

“交易成本”在现实环境中无处不在，因而排放权交易机制的设计也需要考量交易成本的影响。此时，作为理论基础的“科斯定理”（Coase，1960）已失效，而排放权交易机制的成本有效性也难以实现。Netusil 等（2001）与 Tietenberg（2010）均指出，交易成本是排放权交易机制有效运行的阻力。Stavins（1995）在 Crocker（1966）、Dales（1968）和 Montgomery（1972）的研究框架下最早将交易成本引入排放权交易机制成本有效性的分析中，并指出非递减的交易成本会降低市场交易量进而弱化排放权交易机制的成本节约效应。Montero（1998）则指出，边际成本固定的交易成本依然会影响排放权交易机制的效率。Cason 和 Gangadharan（2003）运用实验经济学的方法验证了 Stavins（1995）的结论，并指出如果初始配额“分配错位”（Misallocation）的程度越大，配额市场价格会随着边际交易成本的下降而逐渐接近成本有效的水平；而当边际交易成本固定时，配额市场价格的偏离程度不会随初始配额的变化而变化。张劲松和曹伟萍（2012）构建排污权交易成本控制模型并发现，交易成本随交易量的上升而增加，同时排放权交易也存在融资成本。

四、交易成本与排放权交易机制的有效覆盖范围

政策制定者要通过考虑参与配额交易的行业/厂商排放规模、厂商排放数据的可获得性与估计的无偏性、厂商履约成本的有效性等多方面因素来确定排放权交易机制的覆盖范围。Qi 和 Wen（2016）、Zhang 等（2017）及 Crowley（2017）认为，排放权交易机制覆盖范围的扩大会提高被覆盖部门的减排效率。但是 Fan 和 Wang（2014）、Wang 等（2015）及 Mu 等（2017）提出，排放权交易机制覆

盖范围的扩大也会增加政府的管理成本和厂商的合规成本。Betz 等（2010）、Jaraitė - Kažukauskė 等（2015）和 Sovacool（2015）则发现，排放权交易机制自身具有管理费用高、实施步骤复杂的特点，由此带来的交易成本与履约厂商规模并不成比例。

影响排放权交易机制有效覆盖范围的因素众多，因此多位学者针对排放权交易机制合理覆盖范围的确定给出了不同的分析框架。Heinrichs 等（2014）与 Lin 和 Jia（2017）的相关研究并未考虑到交易成本的作用。但是，履约厂商所承担的交易成本将直接影响其参与配额交易的市场收益从而与排放权交易机制的有效覆盖范围直接相关（Wettestad，2005；Kallbekken，2005；Graus and Voogt，2007；Kerr and Sweet，2008）。因此，有学者运用成本—收益分析方法讨论“交易成本”并指出，交易成本对排放权交易机制的成本有效性确实存在影响；但是，它们并未深入探讨交易成本与该机制有效覆盖范围的关系（Stavins，1995；Zhou et al.，2016；Singh and Weninger，2017）。而实际上，政府与厂商因构建、管理或者参与排放权交易所产生的额外“支出”正是衡量排放权交易成本与收益的关键因素（Kerr and Duscha，2014；Koesler et al.，2015；DeBoe and Stepenson，2016；Grojean et al.，2018）。此时，交易成本的存在会使更多的排放源不能通过配额交易而增进该机制的有效性。

因此，Betz 等（2010）设计了用于探讨这一问题的理论框架，他们在考虑交易成本的条件下对排放权交易机制的“全部覆盖”（Blanket System）和“部分覆盖”（Partial System）两种情形进行了对比。他们运用基于上述收益—成本分析的“部分覆盖”（Partial Coverage）方法发现，某一经济部门只有在参与配额交易的边际收益大于边际成本时才应将其纳入到排放权交易机制中。我们将在本章继续沿用上述研究思路讨论交易成本对排放权交易机制有效覆盖范围的影响。

相关研究在考虑国家层面市场势力的条件下讨论国际排放权交易机制行业或者区域覆盖范围确定的议题（Dijkstra et al.，2011；Böhringer et al.，2014）。Fan 和 Wang（2014）还讨论了在考虑交易成本的条件下中国碳市场机制合理的行业覆盖范围。而这一研究仍采用传统的 Hahn - Westskog 模型描述参与者的市场势力。我们同时需要注意的是，被纳入排放权交易机制的大多数厂商来自发电等市场集中度高的行业。因此，我们分析在寡头垄断的配额市场中的交易成本也很重要。而有关交易成本的讨论鲜有涉及对市场结构的讨论。因此，本章将前文所采用的完全市场模型引入到 Betz 等（2010）的分析框架中探讨不完全竞争的排放权交易机制的有效覆盖范围，并比较不完全竞争市场结构与交易成本对碳排放权交易机制成本有效性影响的差异。

五、交易成本对排放权交易机制成本有效性影响的实证分析

为研究交易成本对排放权交易机制成本有效性的影响，相关研究人员首先要给出“交易成本”的外延以便于收集与核算相关数据。在宏观层面，与排放权交易机制有关的立法、机制设计、配额核定分配的外部成本和由排放厂商机会主义行为引起的内部成本均属于“交易成本”的范畴（侯文哲等，2014）。而本书则更为关注与碳市场机制设计和厂商减排行为相关的微观交易成本构成。

依据上述针对“交易成本”的概念界定，早期学者大多采用一定的估算方法来评估交易成本对排放权交易机制成本有效性的影响：Kerr 和 Maré（1998）发现交易成本会影响美国排污权交易机制的配额交易量；Montero 和 Sanchez（2002）发现交易成本的存在会使智利排放权交易机制的成本节约效应大打折扣；Werdoman（2001）则发现在“京都机制”下，国际排放权交易机制（IET）可能比联合履约机制（JI）和清洁发展机制（CDM）带来更高的交易成本。

为开展微观层面的分析，相关研究者从以下两个方面获取交易成本的相关数据：一是通过调查和采访收集交易成本的数据（Betz et al.，2010；Jaraitė et al.，2010）；二是运用计量经济学模型来估计排放权交易机制的交易成本（Jaraite - Kažukauske and Kažukauskas，2015；Heindl，2017）。Betz（2003）采用个人面谈的方式估计履约厂商的决策与风险管理及排放核算成本；Betz（2006）运用有关德国的数据分析发现，排放权交易机制的交易成本低于 CDM 机制。上述研究的主要关注对象是 EU ETS，而针对其他排放权交易机制开展的相关数据分析鲜有发现。陈海鸥和葛兴安（2013）对比分析主要碳排放权交易所相关交易成本的构成及其在厂商履约成本的比重并指出：政策设计者的关注点应放在降低厂商相关管理成本和机会成本而非交易平台的相关成本上，从而保证碳市场机制的成本有效性。

多位学者分析交易成本影响的最终目的在于讨论排放权交易机制的有效覆盖范围。而本书表 1 - 4 所给出的有关 EU ETS 第一、第二阶段针对覆盖厂商（设备）“热额定输入不低于 20 兆瓦”的纳入门槛则备受相关学者的关注。Schleich 和 Betz（2004）认为交易成本使得大部分中小型排放厂商不适合纳入 EU ETS。Betz 等（2006）、Jaraite 等（2010）运用问卷调查等方法分别得到有关爱尔兰厂商和德国设备的数据，并指出交易成本对于排放规模较小的厂商是很重的支出负担。Betz 等（2010）提出基于收益—成本分析的“部分覆盖”(Partial Coverage)方法并运用相关统计数据开展分析后发现，某一排放行业只有在参与配额交易的边际收益大于边际成本时才适合被纳入碳市场机制，而相对适度的减排目标会减弱交易成本带来的不利影响。Heindl（2012）运用计量经济学模型开展的实证分析验证了“交易成本带来总履约成本明显上升”的推断，但也认为交易成本不会影响 EU ETS 的环境有效性。

我们可以看出，尽管政策制定者已将交易成本和碳排放权交易机制的有效覆盖范围设定作为碳市场建设过程中需要关注的一大焦点，但是有关交易成本影响排放权交易机制覆盖范围的量化分析较为鲜见。本书在第一章第四节讨论了中国目前碳排放权交易机制试点地区针对 MRV 费用和交易佣金的收取标准。而本章将运用上述数据分析交易成本对中国试点地区碳市场机制成本有效性的影响，进而从微观视角讨论中国试点地区碳排放权交易机制的合理覆盖范围问题。同时，张劲松和曹伟萍（2012）以及张劲松和代东力（2014）曾指出，排放总量控制目标的确定、初始配额分配方式的选择、排放厂商所处行业的特点，以及厂商针对交易成本控制与减排技术革新的相关支出均是与交易成本及其对排放权交易机制有效性影响有关的关键因素。本章则会在讨论相关问题时比较不同试点地区碳市场机制有效覆盖范围的特点并在此基础上分析地区间交易成本影响差异的原因。

第三节　理论模型

一、“收益—成本”分析框架

我们首先介绍用于分析交易成本对排放权交易机制成本有效性影响的“收益—成本”分析框架。我们在本章提出的模型与 Betz 等（2010）的原始模型有以下三点差异：第一，我们将排放权交易机制的市场结构特征引入到这一分析框架中；第二，我们在这一分析框架下对单个厂商在统一排放标准（Uniform Emissions Standard）和排放权交易机制下的履约成本进行了比较，而并没有考虑 Betz 等（2010）给出的“全部覆盖”和“部分覆盖”的概念；第三，我们仅考虑厂商在参与配额交易过程中产生的 MRV 费用和交易佣金，而监管者的管理成本等其他间接交易成本均不在我们的研究范围之内。

我们在这里继续沿用本书附录三有关碳排放权交易机制排放总量控制目标、初始配额方式，以及履约厂商减排行为的基本假设与相关变量设置。

如果厂商 i 没有被纳入某一排放权交易机制，它只能通过采用更为先进的减排技术或降低其产量来完成其排放控制目标。我们将厂商在统一排放标准政策下所实现的最小化总减排成本定义为：

$$\min_{e_i} \quad TAC_i^{NETS} = \int_{\bar{e}_i}^{e_i^{NR}} MC_i(e_i)\,de_i \tag{6-1}$$

其中，e_i^{NR} 表示厂商 i 在没有排放约束下的排放量，MC_i（e_i）给出了当厂商决定排放 e_i 时的边际减排成本（MAC）。

而当厂商 i 被纳入到某一排放权交易机制中，它除了自行减少排放量或降低产量以外还可以通过与其他厂商的配额交易来实现减排成本的节约；但是该厂商在这一过程中必须支付一定的交易成本。此时，我们将厂商在排放权交易机制中通过决策排放量与交易量所实现的最小化总履约成本（TAC_i^{ETS}）定义为：

$$\min_{e_i^{ETS}} \quad TAC_i^{ETS} = \int_{e_i^{ETS}}^{e_i^{NR}} MC_i(e_i)de_i + p \cdot (e_i^{ETS} - \bar{e}_i) + p \cdot |e_i^{ETS} - \bar{e}_i| \cdot tc + MRVC \tag{6-2}$$

其中，e_i^{ETS} 表示该厂商参与排放权交易时的排放量，$|e_i^{ETS} - \bar{e}_i|$为其配额购买（出售）量，p 是配额的市场均衡价格，tc 是交易佣金比例即每笔配额交易所需支付的交易佣金在配额总交易金额中的占比①，MRVC 是 MRV 费用。

我们在本章的实例分析部分即通过比较承担一定减排任务的厂商在上述两种减排政策约束下的减排成本 TAC_i^{NETS} 和 TAC_i^{ETS} 来识别出在排放权交易机制中即使支付一定交易成本仍可实现减排成本节约的厂商数量。因此，满足上述条件的厂商具有以下特点：第一，该厂商参与碳排放权交易机制所需支付的总履约成本 TAC_i^{ETS} 小于其在统一排放标准政策下的减排成本 TAC_i^{NETS}；第二，该厂商所支付的交易成本 $p \cdot |e_i^{ETS} - \bar{e}_i| \cdot tc + MRVC$ 不会抵消其参与配额交易所获得的市场收益，即 $TAC_i^{NETS} - TAC_i^{ETS}$。

二、完全竞争市场结构下考虑交易成本的排放权交易模型

我们首先分析在完全竞争的排放权交易机制中交易成本的作用。此时，所有的配额交易者均是配额市场价格 p 的接受者；而 p 的大小与排放总量控制目标 $\bar{e}$ 有关而不受单一厂商排放量决策 e_i 的影响。根据上述有关交易成本的定义，各履约厂商所承担的交易佣金直接与其配额交易额的绝对值大小有关。因此，配额购买方（$e_i > \bar{e}$）或配额出售方（$e_i < \bar{e}$）通过决策其最优的排放量 e_i 以实现各自总履约成本的最小化，而相应的一阶条件分别满足：

$$MC_i(e_i) + p \cdot (1 + tc) = 0, \quad \text{if} \quad e_i > \bar{e}$$
$$MC_i(e_i) + p \cdot (1 - tc) = 0, \quad \text{if} \quad e_i < \bar{e} \tag{6-3}$$

由此，我们可以发现：当交易成本存在时，厂商的边际减排成本已不等于均衡条件下的配额市场价格，而是将根据交易佣金比例加以调整（Stavins，1995）。因此，配额购买者的边际减排成本将高于配额市场均衡价格，而配额出售者的边际减排成本将低于配额市场均衡价格。

三、不完全竞争市场结构下考虑交易成本的排放权交易模型

我们将进一步分析在不完全竞争的排放权交易机制中交易成本的影响，从而

---

① 我们在本章针对厂商参与排放权交易机制所支付交易佣金的计算方法与 Betz 等（2010）有所不同，这与我们目前碳排放权交易试点地区主要排放权交易所的规定有关（具体内容见本书第一章表 1-3）。

有助于我们比较市场结构与交易成本对碳市场机制有效覆盖范围影响的差异。为此，我们将本书第四章用以刻画厂商策略性配额交易行为的完全市场模型纳入到上述“收益—成本”分析框架中。同时，我们沿用本书第五章的假设而认为所有参与配额交易的厂商在碳市场中均为策略性交易者。因此，我们依然以一个完全信息下两阶段非合作—合作博弈模型的形式来刻画在考虑交易成本的条件下厂商的排放与配额交易决策。我们在此简要阐述这一动态博弈模型的基本结构：

第一阶段：在排放总量控制目标给定的条件下，所有厂商均以非合作的形式对这一排放上限 $\bar{e}$ 进行再一次的策略性分配。

厂商此时在决策其新的排放控制目标 z_i 时除了考虑其减排潜力以外，还会考量 MRV 费用 MRVC 和所需支付的交易佣金比例 tc 对其减排量决策和总履约成本的影响。作为参与古诺竞争的寡头垄断者，各厂商依然能够预见到各自的决策对配额市场均衡价格的影响。

第二阶段：所有参与排放权交易的厂商以构建一个联盟 I 的形式进行总履约成本的合理分摊。

我们依然按照本书前两章的思路而将厂商的配额交易行为描述为一个以联盟博弈为主要形式的合作博弈行为。而各厂商有关减排成本的分摊也仍以核解的形式给出：各厂商分别以其在第一阶段所决策的 z_i 作为新的排放控制目标，并通过在第二阶段决策排放量 y_i 以实现所构建联盟中各厂商总履约成本的最小化。我们需要强调的是，所有厂商在该阶段的决策需要考虑 MRV 费用和交易佣金的影响。因此，各厂商决策排放量 y_i 以实现其履约成本最小化的优化模型表示为：

$$\min_{y_j} \quad \sum_{i=1}^{i} \int_{e_i^{ETS}}^{e_i^{NR}} MC_i(e_i)\,de_i + \sum_{i=1}^{i} \lambda \cdot \left| e_i^{ETS} - \bar{e}_i \right| \cdot tc + n \cdot MRVC \tag{6-4}$$

其中，λ 为不完全竞争市场下的配额市场均衡价格。有关这一博弈模型的求解步骤以及当该联盟实现稳定时相应最优解所需满足的条件均与本书第四章的讨论类似。

我们仍然假设本章所提出的两阶段模型是一个完全信息下的动态博弈模型。所有厂商均意识到各自有关策略性初始配额的选择 z_i 会对第二阶段总履约成本的最小化产生影响，并且它们也通常在第一阶段知晓其在第二阶段的成本分摊。因此，厂商在不完全竞争的碳排放权交易市场下的决策目标为：

$$\begin{aligned} &\min_{z_i, y_i} \quad TC_i(\bar{e}_i - z_i + y_i) + \lambda \cdot (y_i - z_i) + \lambda \cdot |y_i - z_i| \cdot tc + MRVC \\ &s.t. \quad z_N = \bar{e} \end{aligned} \tag{6-5}$$

其中，$|y_i - z_i|$ 为此时厂商依据其新的排放控制目标 z_i 所决策的配额购买（出售）量。而此时，配额购买方（$y_i > z_i$）和配额出售方（$y_i < z_i$）有关 z_i 和 y_i 的最优决策分别由（y_i，z_i）的一阶条件给出：

$$-MC_i(\overline{e_i}-z_i+y_i)\cdot(1-y'_i\cdot\lambda')-(\lambda\cdot(1-e'_i\cdot\lambda')+\lambda'\cdot(y_i-z_i))\cdot(1+tc)=0,\quad \text{if}\quad y_i>z_i$$

$$-MC_i(\overline{e_i}-z_i+y_i)\cdot(1-y'_i\cdot\lambda')-(\lambda\cdot(1-e'_i\cdot\lambda')+\lambda'\cdot(y_i-z_i))\cdot(1+tc)=0,\quad \text{if}\quad y_i<z_i \tag{6-6}$$

$$MC_i(y_i)+\lambda\cdot(1+tc)=0,\quad \text{if}\quad y_i>z_i$$

$$MC_i(y_i)+\lambda\cdot(1-tc)=0,\quad \text{if}\quad y_i<z_i \tag{6-7}$$

其中：

$$y'_i=\frac{dy_i}{d\lambda}$$

$$\lambda'=\frac{\partial\lambda}{\partial z_i}=-\frac{1}{\sum_{i\in I}\frac{1}{MC''_i(y_i)}} \tag{6-8}$$

我们可以看出，每个厂商在这一博弈模型第二阶段所支付的边际减排成本 $-MC_i$（y_i）已与在均衡条件下的配额市场价格不再相等，而是将根据所需支付的交易佣金比例加以调整（见式（6－7））。配额购买者与配额出售者的边际减排成本将分别高于或低于配额市场均衡价格。但我们需要强调的是，厂商此时已将其有关排放目标的策略性选择 z_i 而不是$\overline{e_i}$作为其排放控制目标。

而厂商有关 z_i 的策略性选择可以使其最终边际减排成本 $-MC_i$（$\overline{e_i}-z_i+y_i$）更加偏离配额市场均衡价格（见式（6－6））（Godal，2005）。此时，厂商的边际减排成本也可能高于或低于配额市场均衡价格，而这同样取决于其在排放权交易机制中的配额交易角色（配额购买者或者配额出售者）。

第四节　交易成本对中国试点地区碳市场机制覆盖范围影响的实例分析

一、数据与实例分析设计

我们在本书第二章第三节已经讨论了中国各排放权交易试点地区有关碳市场机制交易成本的相关设计（见表2－9）。我们发现，中国7个试点地区有关交易佣金和MRV费用收取标准的设置存在明显差异。我们认为，这一差异可能与这些地区的经济发展水平和碳市场机制的成熟程度有关。例如，交易佣金在各试点地区的差异应与交易所等相关金融机构的发展程度有关：负责上海地区构建排放权交易平台的上海环境能源交易所收取的交易佣金标准最低。

我们在这里着重对各试点地区MRV费用收取标准的差异加以讨论。MRV费用一般与排放源（厂商）的规模与类型、核算所需信息的内容及其可获得性、

监管的方法及其频率有关（Vine et al.，2000，2001）；并且，当地第三方核证机构的实践经验等因素也是我们需要考虑的。因此，中国目前碳排放权交易机制出现了市场化限度较高、交易成本较低的“深圳模式”和交易成本相对较高、厂商负担相对较重的“北京模式”。深圳市是中国首个制定核证相关规则的地区，并在这一领域积累了大量实践经验（Jiang et al.，2014）。从事核证业务的实体在该地区可以相对较低的标准向履约厂商收取 MRV 费用；与深圳地区形成鲜明对比的是，北京碳排放权交易机制涵盖了更多来自电力、水泥、化工和金属冶炼等高能耗行业的厂商。第三方机构针对这些行业开展核证工作的难度相对较大，从而在该地区向履约厂商收取的 MRV 费用也相对较高。

为比较分析各类型交易成本对中国各试点地区碳市场机制有效覆盖范围的影响，本书仍然选取中国碳排放权交易试点地区高耗能厂商减排成本数据库中的样本厂商信息。同时，我们针对 MRV 费用和交易佣金比例分别设置了“10 万元、8 万元、5 万元、3 万元、2 万元”和“9‰、8‰、7.5‰、7‰、5‰、2‰、0.8‰”的收取标准以分析交易成本变化所带来的影响。同时，我们也考虑了 7 个试点地区碳市场连接构建区域性排放权交易机制的情形以推测中国未来统一碳市场机制下交易成本的作用。并且，考虑到中国在“十二五”规划期间设定相对不高的碳排放强度下降目标，我们还研究减排目标的提高在缓解交易成本不利影响上所发挥的作用。最后，我们依据实例分析的结果并结合 EU ETS 等国际碳排放权交易机制的经验探讨交易成本在政府与履约厂商之间的合理分摊机制设计。

二、交易成本与市场结构对碳市场机制有效覆盖范围的影响比较

本章首先在考虑排放权交易机制市场结构的前提下观察交易成本与排放权交易机制的有效覆盖范围之间的关系。表 6－1 给出了各碳排放权交易试点地区分别在完全竞争和不完全竞争的排放权交易机制下对应于各类交易成本收取标准的成本有效厂商数量。

表 6－1　中国试点地区碳排放权交易市场实现成本有效减排的厂商数量

		北京	天津	上海	重庆	湖北	广东	深圳	试点地区碳市场连接
完全竞争市场									
MRV 费用（万元）	10	28	72	103	68	92	262	28	670
	8	31	76	117	75	112	285	31	737
	5	36	92	128	95	147	328	39	877
	3	39	103	141	112	202	394	41	1018
	2	44	110	147	126	240	438	44	1149

续表

		北京	天津	上海	重庆	湖北	广东	深圳	试点地区碳市场连接
交易佣金收取标准	9‰	106	149	183	171	530	673	50	1862
	8‰	106	149	183	171	530	673	50	1862
	7.5‰	106	149	183	171	529	673	50	1862
	7‰	106	149	184	171	529	673	50	1863
	5‰	106	149	184	171	529	673	50	1863
	2‰	106	149	184	171	529	673	50	1863
	0.8‰	106	149	184	171	530	673	50	1863
不完全竞争市场									
MRV 费用（万元）	10	28	72	103	68	92	262	28	670
	8	31	76	117	75	112	285	31	737
	5	39	103	141	112	202	394	41	877
	3	44	110	147	126	240	438	44	1018
	2	44	110	147	126	240	438	44	1149
交易佣金收取标准	9‰	106	149	184	171	530	673	50	1862
	8‰	106	149	183	171	530	673	50	1862
	7.5‰	106	149	183	170	529	670	50	1862
	7‰	106	149	183	170	529	670	50	1863
	5‰	106	149	184	171	529	673	50	1863
	2‰	106	149	184	171	529	673	50	1863
	0.8‰	106	149	184	171	530	673	50	1863
样本厂商数量		106	150	184	171	530	676	50	1867

注：当厂商需缴交易佣金的费用不足 10 元时，厂商的交易佣金按 10 元收取；当交易佣金比例为 0 时，厂商仍需向交易所支付 10 元的交易佣金。

我们发现，固定的 MRV 费用在不同垄断竞争程度的排放权交易机制中始终对其有效覆盖范围带来相对更为显著的影响。当履约厂商承担 MRV 费用最高可达 10 万元时，超过2/3的履约厂商在 7 个试点地区碳市场连接构建的区域性碳市场中仍然不能实现成本有效。而与 MRV 费用不同的是，交易佣金对排放权交易机制有效覆盖范围的影响则可以忽略不计。即使交易佣金在厂商每笔配额交易金额中的占比发生变化，各试点地区碳市场所能有效覆盖的厂商数量也几乎相同。

因此我们认为，MRV 费用而非交易佣金已成为目前参与排放权交易的厂商所需承受的主要成本负担。

我们还发现，实现成本有效减排的厂商数量在各试点地区碳市场间存在显著差异。我们认为，这种现象的出现可能与各试点地区碳市场所覆盖厂商的相关特征相关：

（1）履约厂商间排放分布的差异性越不显著，交易成本带来的不利影响越微弱。深圳地区碳市场覆盖厂商间排放量的分布相对较为均匀，而交易成本对这些厂商影响的差异亦不大。这些厂商即使按照最高收费标准承担 MRV 费用，它们中有近 60% 的厂商依然可以实现成本有效减排。

（2）排放权交易机制所覆盖的厂商数量越多，交易成本带来的不利影响越显著。在我们构建的中国碳排放权交易试点地区高耗能厂商减排成本数据库中，来自广东地区的厂商数量最多，而在该地区实现成本有效减排的厂商数量占比仅高于重庆和湖北两个地区。

（3）更严格的减排目标可以抵消交易成本带来的负面影响。与其他试点地区相比，上海地区碳市场覆盖的厂商需要承担相对较重的减排负担（在 BAU 排放量的基础上下降 6.88%）。而交易成本的收取标准目前不会因减排目标的调整而发生变化。因此，随着减排目标的提高，所有履约厂商通过配额交易获得的成本节约效应会更明显，从而可以在一定限度上抵消固定的交易成本带来的不利影响（Betz et al.，2010）。

我们还可以推断的是，排放权交易机制的市场结构与其有效覆盖范围之间似乎没有本质上的联系：

第一，排放权交易机制的有效覆盖范围不会受到履约厂商在配额市场中策略性行为的显著影响。厂商在配额市场中的市场势力会带来交易量的下降。但是正如表 6－1 所示，交易佣金几乎不会对实现成本有效减排的厂商数量带来影响。所以，厂商因交易量减少而带来的交易佣金支出的节约对排放权交易机制成本有效性的影响是可以忽略不计的。因此，不同于 Joas 和 Flachsland（2016）等研究所预计的，履约厂商的市场势力对排放权交易机制的有效覆盖范围并没有带来显著的影响。

第二，排放权交易机制的有效覆盖范围与其市场集中度也没有一定的联系。我们通过本书第四、第五章的分析已发现，广东和深圳地区碳市场相对于其他地区更趋向于完全竞争（见表 3－4）；而在这两个地区通过配额交易实现成本有效减排的厂商数量却相对较多。与此形成鲜明对比的是，上海地区碳市场配额买卖双方的市场集中度均较高，但超过 50% 的厂商可在该地区实现成本有效减排。因此，市场集中度与排放权交易机制有效覆盖范围之间的关系是模糊的。

总的来说，固定的 MRV 成本已被识别为影响排放权交易机制有效覆盖范围的主要障碍。这一固定的成本支出独立于厂商的配额交易水平而存在，从而在具有任意不完全竞争程度的排放权交易机制中始终会带来非常显著的福利损失。

三、交易成本在履约厂商的总履约成本中的占比

我们从表 6－1 可以发现，固定的 MRV 费用对厂商履约成本的影响比交易佣金这一可变成本要明显得多；交易佣金在厂商总履约成本中的占比太低而不能带来明显的影响。并且，交易佣金收取标准的改变并不会对碳市场机制的成本有效性带来很大变化，而 MRV 费用的降低却能使更多的厂商实现成本有效减排。而我们将交易成本对各试点地区碳市场机制成本有效性的影响加以对比后发现，原本受交易成本影响不太显著的地区对 MRV 费用收取标准的变化反而更不敏感。当 MRV 费用的收取标准由较高的“北京模式”转为较低的“深圳模式”时，深圳、上海地区实现成本有效减排的厂商数量仅增加 20%，而湖北地区实现成本有效减排的厂商在所有样本厂商中的占比则由 17% 增加到 38%。因此，当前影响参与碳配额交易厂商成本有效性的主要因素是与厂商排放规模无关的固定 MRV 费用。

而为探讨交易成本对异质性厂商影响的差异，我们还计算了交易成本在各试点地区每个参与碳配额交易的厂商所支付的总履约成本中的占比。我们可以根据相应的计算结果尝试进一步阐明交易成本与厂商总履约成本之间的关系。我们首先将各试点地区参与配额交易的厂商根据其历史排放量从大到小加以排序。图 6－1 给出了各地区履约厂商的总履约成本中交易成本的占比的分布情况。在这里仅考虑向履约厂商按照最高和最低标准收取 MRV 费用和交易佣金的两种情形。因为我们已发现市场结构对排放权交易机制有效覆盖范围的影响是微乎其微的，因此在这里仅考虑不完全竞争市场的模拟结果。

我们发现，在所有试点地区参与配额交易的厂商所能实现的成本节约主要被固定的 MRV 费用所抵消却并未受到交易佣金的影响。在深圳地区，MRV 费用仅在不足 1/4 的履约厂商总履约成本中的占比略高于 10%；相比之下，MRV 费用在其他试点地区履约厂商总履约成本中的占比均很高。我们需要特别指出的是，这一固定费用在湖北地区碳市场覆盖厂商总履约成本的占比超过 16%。因此，这一固定的 MRV 费用通常对每个试点地区履约厂商的成本有效性带来非线性的影响；并且，当各履约厂商按照最高标准支付这一固定费用时，这一现象会更为明显。

我们发现，上述有关 MRV 费用对履约厂商成本有效性影响的一些分析结果与 Heindl（2017）等针对 EU ETS 的相关结论略有不同。当各履约厂商按照相同的标准支付 MRV 费用时，各厂商单位排放量所支付的交易成本在这些厂商间存

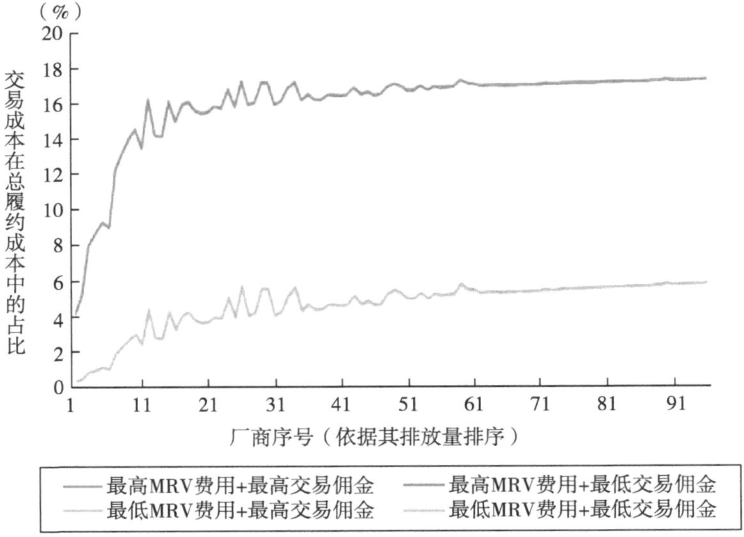

（a）北京

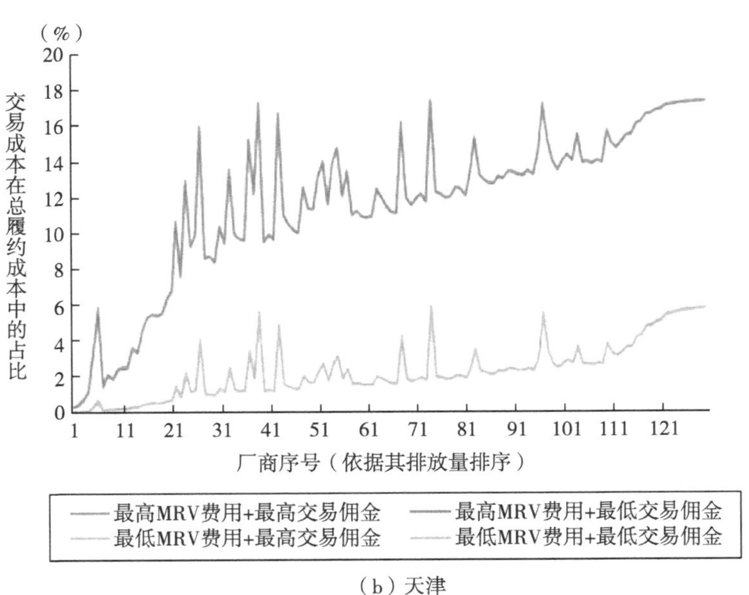

（b）天津

图6-1 各试点地区碳市场覆盖厂商总履约成本中交易成本占比的分布

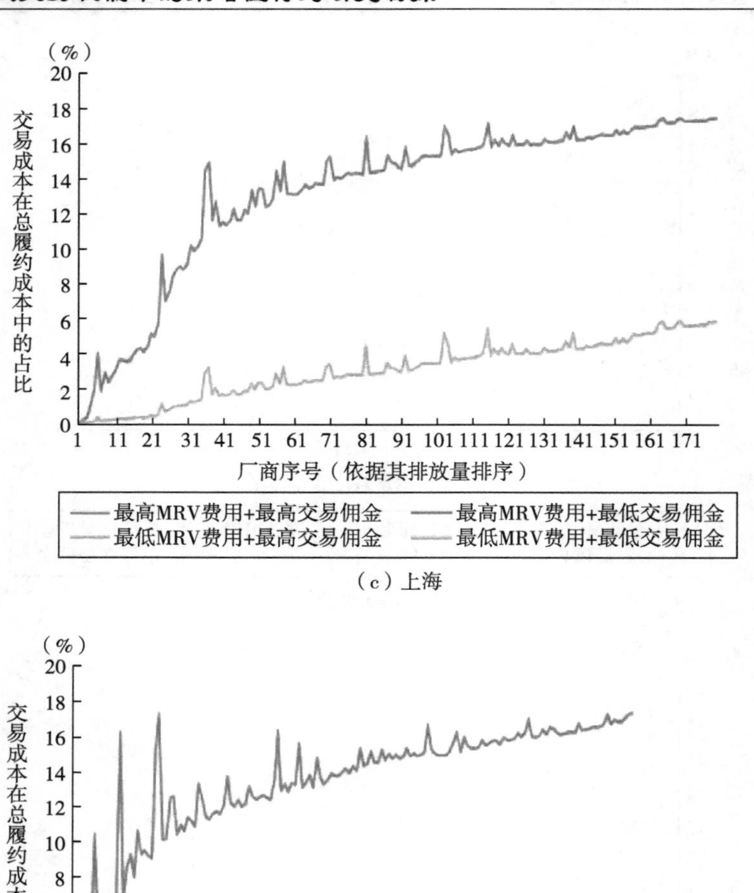

（c）上海

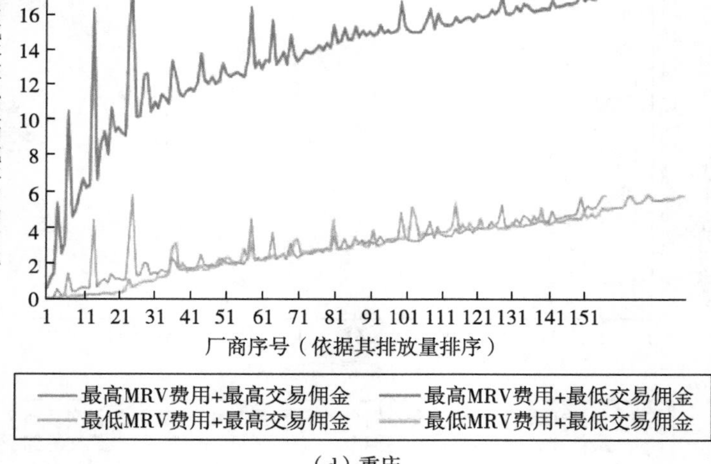

（d）重庆

图6－1　各试点地区碳市场覆盖厂商总履约成本中交易成本占比的分布（续）

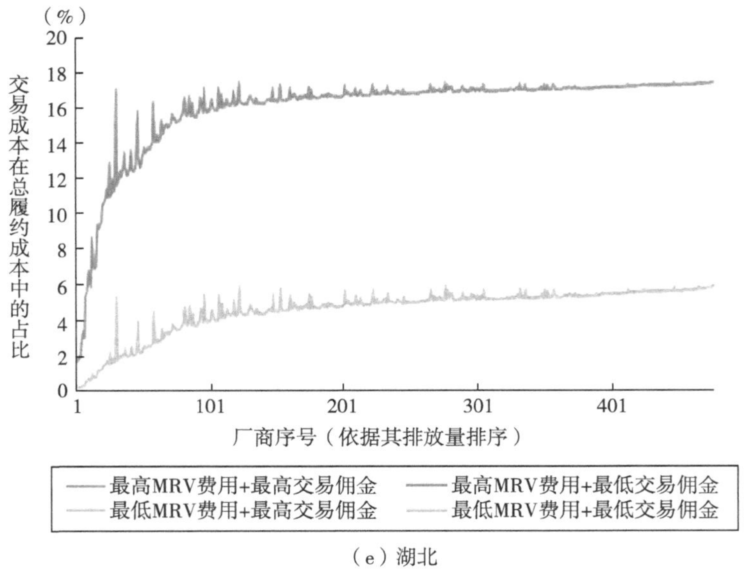

（e）湖北

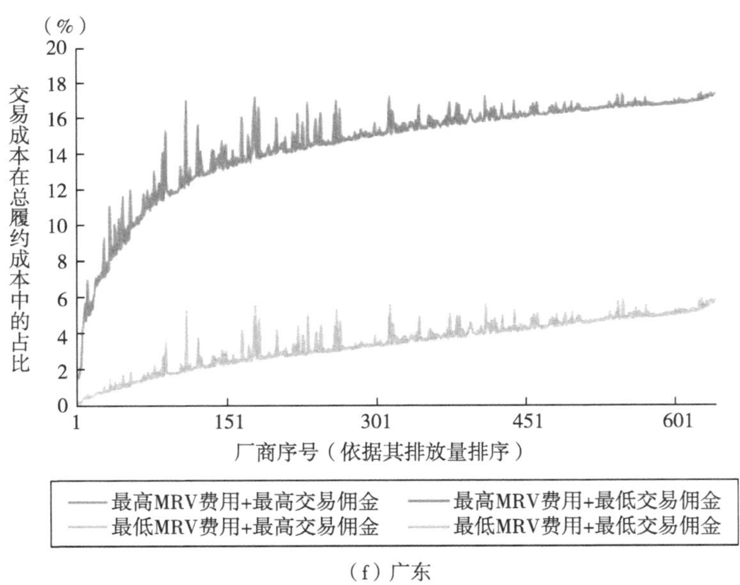

（f）广东

图6－1　各试点地区碳市场覆盖厂商总履约成本中交易成本占比的分布（续）

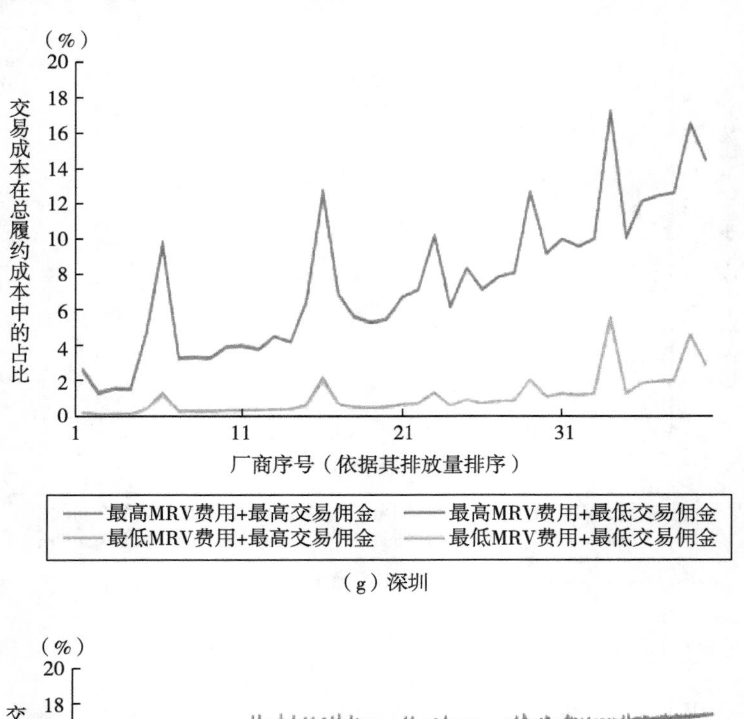

（g）深圳

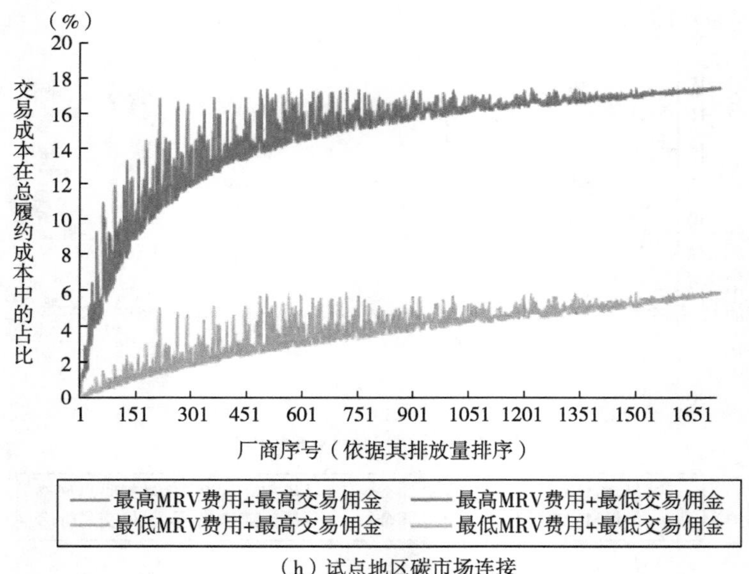

（h）试点地区碳市场连接

图 6-1　各试点地区碳市场覆盖厂商总履约成本中交易成本占比的分布（续）

在显著差异，其中规模较小的厂商单位排放量所承担的交易成本相对较高：这一现象似乎与规模经济（Economies of Scale）效应有关。我们将厂商所支付的交易成本占比按照其排放量大小排序后发现，MRV 费用在厂商总履约成本中的占比并未因排放量的下降而出现迅速降低的趋势（见图6－1）。而相对于小排放厂商而言，排放规模较大的厂商确实在单位排放量所承担的MRV费用上有明显的优势。因此，大型排放厂商通过配额交易获得的成本节约效应受交易成本的影响相对较小。

并且我们可以作如下推断：交易成本在各试点地区碳市场覆盖厂商的总履约成本中的占比分布所呈现的显著差异可能与各地区碳排放权交易机制的市场集中度有关。我们发现，厂商总履约成本中交易成本的占比在上海和天津地区碳市场覆盖厂商间的差异最为明显。而这两个地区碳排放权交易机制的市场集中度也相对较高（见表3－4）。并且，即使履约厂商按照最低支付标准承担MRV费用，有关交易成本占比在各试点地区间分布的差异依然存在。因此，固定的MRV费用对总履约成本的影响在厂商间存在的差异确实与这些厂商所在排放权交易机制的市场集中度有关。但是，小型排放厂商承担的固定而相对较高的MRV费用始终是交易成本对排放权交易机制有效覆盖范围影响最为显著的一种表现。

因此，我们通过评估MRV费用的影响而建议暂时不要将小型排放厂商纳入到碳排放权交易机制中，或者让这些厂商承担比当前收费标准更低的MRV费用。

四、交易成本对规模异质性厂商成本有效性影响的差异

因为小规模厂商受MRV费用的影响相对更为显著，我们尝试依据厂商规模（即排放量）来设定MRV费用收取标准以减轻这些厂商的成本负担。为此，我们首先将各试点地区碳市场所覆盖的厂商依据其排放量从大到小分成五类。然后，假定各类厂商分别按照10万元、8万元、6万元、4万元和2万元的标准支付MRV费用。表6－2给出了各试点地区在差异化MRV费用收取标准下能够通过参与配额交易实现成本有效减排的厂商数量。并且，我们还在该表中给出当所有履约厂商均按照平均费用收取标准（6万元人民币）支付MRV费用时的结果。图6－2则给出了在上述两种MRV费用收取标准下交易成本在各履约厂商总履约成本中占比的分布。我们在这里也仅考虑不存在交易佣金时不完全竞争市场下的模拟结果。

我们从表6－2可以发现，即使履约厂商按照差异化MRV费用收取标准来承担相应成本，依然仅有少数厂商能够在当地碳市场中实现成本有效减排。我们需要特别强调的是，在天津和湖北两地的碳市场中，固定成本的减轻对机制成本有效性的提升作用仅体现在一些小型排放厂商上。因此，只有少量的履约厂商通过参与碳排放权交易能够实现一定程度的成本节约；同时，相对较高的MRV费用对大型排放厂商的总履约成本的影响则并不显著。但是，在其他试点地区的碳市场中，这一差异化的MRV费用可能依然会在某种限度上影响大型排放厂商的成本节约效应。

表 6－2　差异化 MRV 费用收取标准下各试点地区碳市场中实现成本有效减排的厂商数量

组别		1	2	3	4	5	成本有效厂商数量	样本厂商总数
北京	平均化 MRV 费用	14	6	4	6	5	35	106
	差异化 MRV 费用	12	4	4	7	8	35	
天津	平均化 MRV 费用	26	13	14	13	18	84	150
	差异化 MRV 费用	24	12	14	20	24	94	
上海	平均化 MRV 费用	31	24	28	21	20	124	184
	差异化 MRV 费用	27	23	28	24	31	133	
重庆	平均化 MRV 费用	22	22	16	16	17	93	171
	差异化 MRV 费用	19	16	16	18	23	92	
湖北	平均化 MRV 费用	52	26	18	12	30	138	530
	差异化 MRV 费用	42	23	18	16	56	155	
广东	平均化 MRV 费用	99	73	64	42	32	310	676
	差异化 MRV 费用	92	63	64	51	61	331	
深圳	平均化 MRV 费用	9	7	7	5	7	35	50
	差异化 MRV 费用	8	7	7	6	9	37	
试点地区碳市场连接	平均化 MRV 费用	255	190	125	106	160	836	1867
	差异化 MRV 费用	226	163	125	126	237	877	

此外，我们通过引入差异化 MRV 费用的支付标准而从图 6－2 中得到一些有趣的新发现：

首先，政策制定者在引入差异化 MRV 费用的收取标准后，MRV 费用在碳市场覆盖厂商总履约成本中的占比仍保持在一定的水平而无明显变化。仅有一些排放量较大的厂商因承担的 MRV 费用在总履约成本中占比相对较低而能实现成本有效减排。而这一差异化的 MRV 费用对其他大多数厂商而言仍然是一个沉重的负担。

其次，差异化的 MRV 费用对各试点地区碳市场机制成本有效性的影响存在差异，并似乎仍然与各地区碳市场的市场集中度有关。如前文所述，规模经济效应所带来的影响在这方面仍会发挥重要的作用。上海和湖北的碳市场均具有相对较高的市场集中度；而差异化的 MRV 费用在总履约成本中的占比在这两个碳市场所覆盖的履约厂商的分布存在十分显著的差异。

我们由此认为，差异化的 MRV 费用总体上对大多数排放厂商而言仍然是一个

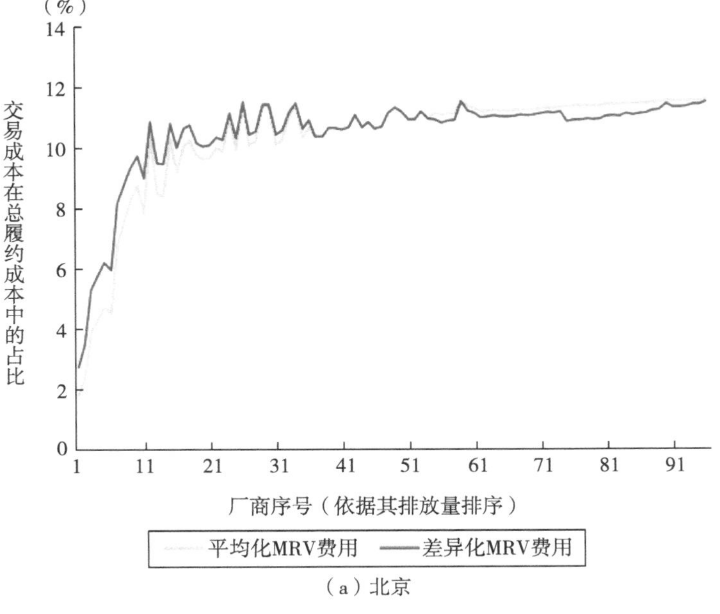

（a）北京

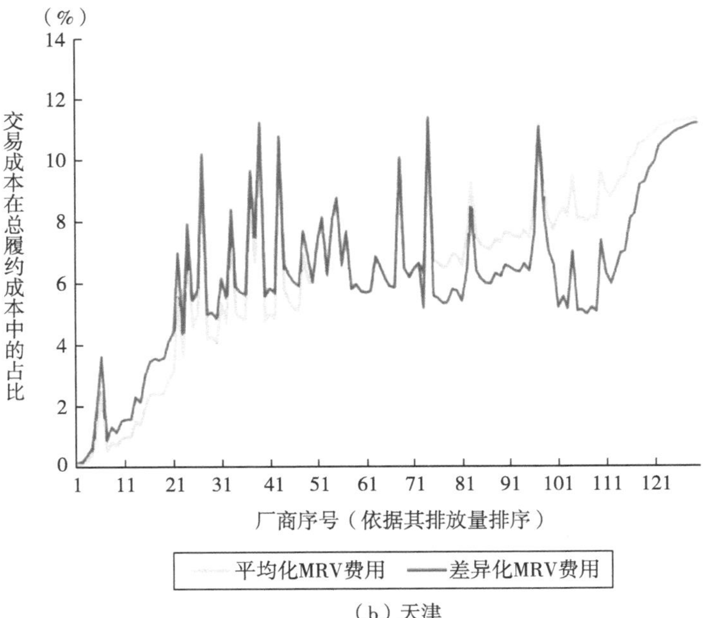

（b）天津

图6-2　在平均化MRV费用和差异化MRV费用收取标准各试点地区碳市场覆盖厂商总履约成本中交易成本占比的分布

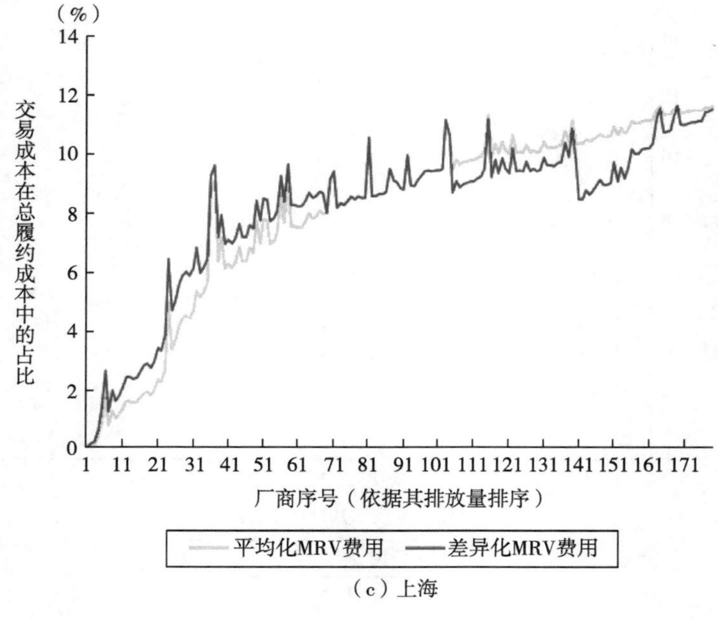

（c）上海

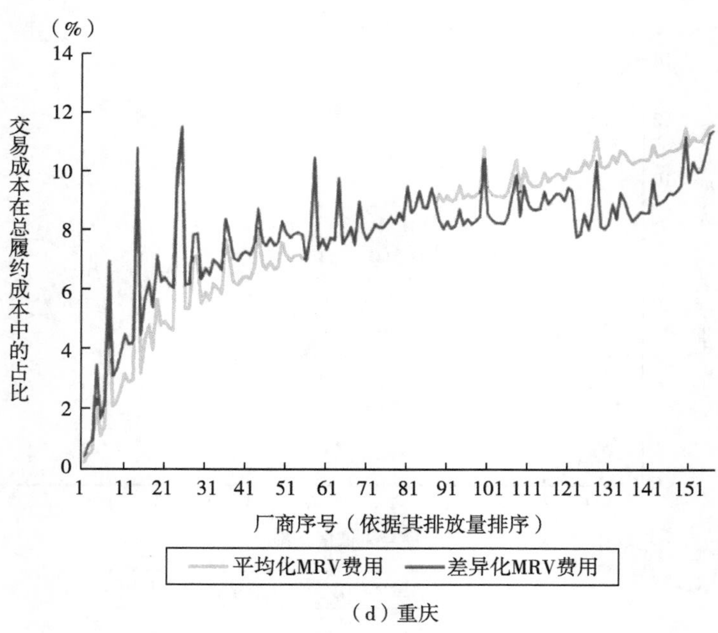

（d）重庆

图 6－2　在平均化 MRV 费用和差异化 MRV 费用收取标准各试点地区碳市场覆盖厂商总履约成本中交易成本占比的分布（续）

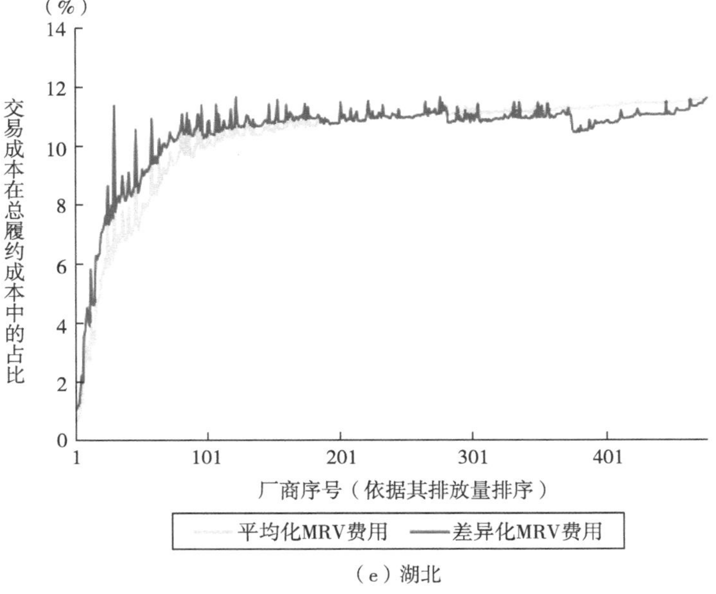

（e）湖北

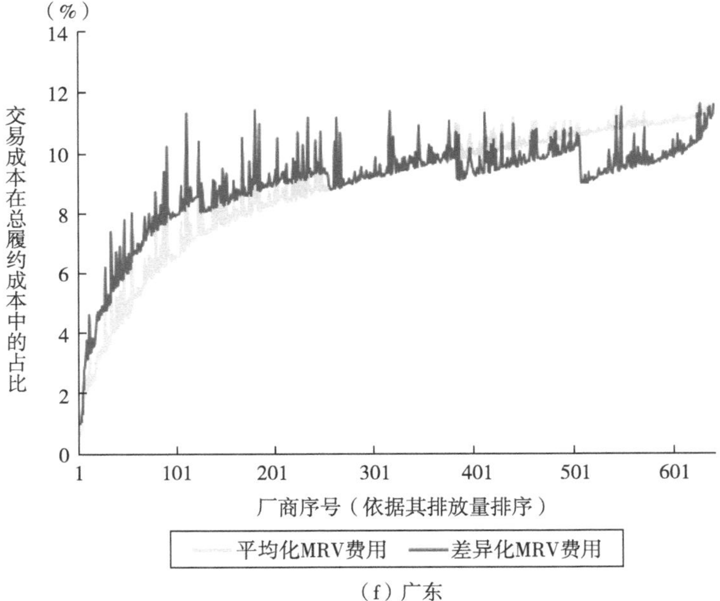

（f）广东

图 6－2 在平均化 MRV 费用和差异化 MRV 费用收取标准各试点地区碳市场覆盖厂商总履约成本中交易成本占比的分布（续）

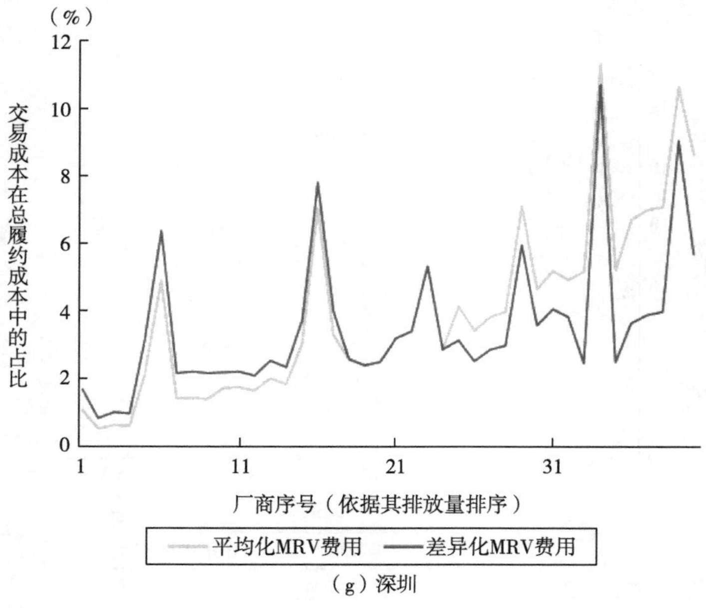

（g）深圳

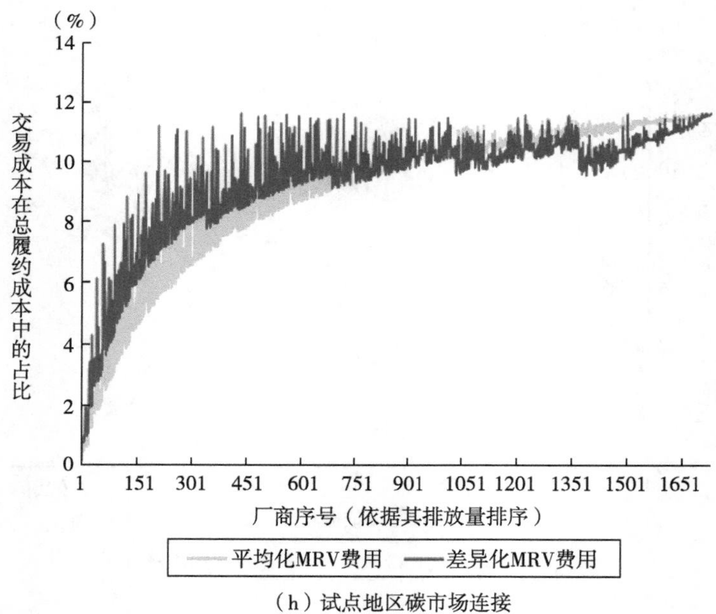

（h）试点地区碳市场连接

图6-2　在平均化 MRV 费用和差异化 MRV 费用收取标准各试点地区碳市场覆盖厂商总履约成本中交易成本占比的分布（续）

沉重的负担，并且对小型排放厂商的影响尤为突出。因此，政策制定者如果想要确保各试点地区碳市场机制拥有相对有效的覆盖范围，就需要降低 MRV 费用而不是将这一费用差异化分摊。

五、不同减排目标下交易成本对碳市场机制有效覆盖范围的影响

我们在本章已做出如下推断：更严格的减排目标可以抵消交易成本带来的负面影响。因此，我们在本部分分析各试点地区减排目标的提升所带来的交易成本对履约厂商总履约成本影响的变化。本书考虑了在10% ~20%的减排目标下各试点地区碳市场成本有效厂商数量的变化，并假设履约厂商按照平均费用收取标准（6 万元人民币）支付 MRV 费用而无须支付交易佣金。图 6 -3 给出了相应的实例分析结果。

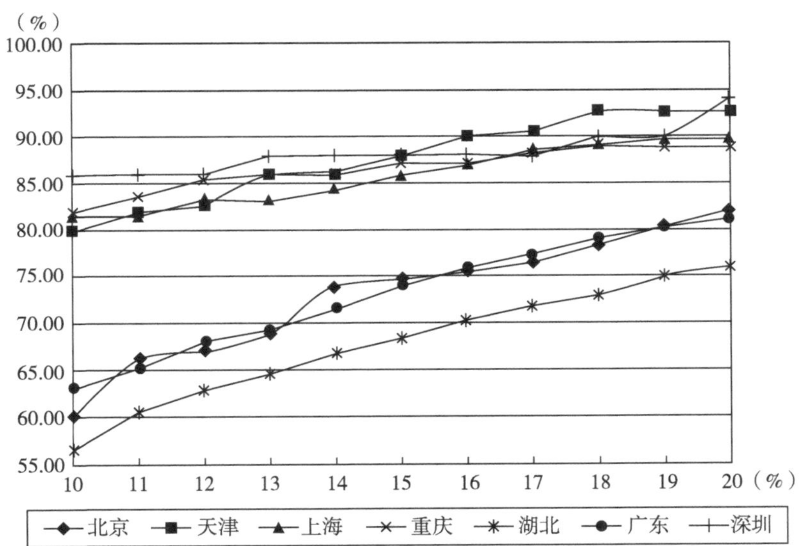

图 6 -3　在不同减排目标情景下各试点地区碳市场中成本有效厂商数量占比的变化

我们从图 6 -3 可以发现，适度提高减排目标在一定程度上会增加各试点地区碳市场成本有效厂商的数量；但是，这一变化趋势在各地区存在一定的差异。类似于 MRV 收取标准降低带来的政策效果，原本受交易成本影响显著的地区对减排目标的变化相对更为敏感：北京、湖北、广东三个地区碳市场的成本有效厂商数量的占比随减排目标提高而出现较大幅度的增加。而在深圳等其他地区的碳市场中，减排目标的提升在缓解交易成本不利影响上的作用则较为微弱。

但是，交易成本对碳市场机制成本有效性的不利影响在各试点地区间表现的差异并未因减排目标的提高而发生改变：在北京、湖北、广东三个地区的碳市场中，成本有效厂商的数量始终较少；当减排目标提升至20%时，这些地区碳市场中成本有效厂商数量的占比仅在75%左右，而在其他地区的碳市场中这一比例已提升至90%左右。因此，政策制定者在考虑适度提高减排目标的同时实施差异化的MRV费用收取标准等政策以考虑地区间交易成本影响的差异。

六、交易成本在政府和履约厂商之间的分摊机制设计

我们在本章讨论交易成本对履约厂商成本有效性影响的最终目的在于，优化相关的机制设计以保证碳市场机制在一定的覆盖范围内实现其成本有效性。我们通过上述实例分析已发现，交易成本特别是高昂的MRV费用已成为影响排放权交易机制有效覆盖范围的重要因素。但是，为了更为准确地测量履约厂商的排放量，MRV费用及相关成本的支出是不可避免的。因此，一些研究者和政策制定者提出在技术上降低MRV费用的相关措施（Jia et al.，2018）；尽管如此，我们认为适当降低这一固定支出对于减轻履约厂商的沉重成本负担更为关键。

因此，我们需要提出一个在政府和履约厂商之间合理分摊MRV费用的机制设计。包括中国碳排放权交易试点地区在内的多个国家和地区在排放权交易机制的初始阶段已经采取了类似的做法。例如，本书在第二章第三节已指出，上海和广东地区的碳市场机制主管部门免除了所有履约厂商在试点期间所需要支付的相关费用。但是，MRV费用长期由政府财政完全负担的做法实际上不可取也难以实行；如果中国统一碳排放权交易机制实施类似的政策，相应的费用支出将会成为政府一项沉重的财政负担。

由此看来，我们需要在实现履约厂商成本有效减排与碳市场机制资金充分使用之间寻求平衡。为此，我们将确定一系列的参考基准来探讨在政府和履约厂商之间的合理分摊方案。鉴于欧盟在排放权交易机制方面的丰富经验，我们将EU ETS所覆盖的实现成本有效厂商的数量占比和交易成本在厂商总履约成本中的占比这两个指标作为政策调整的基准点（a Point of Reference），从而开展相关的实例分析与机制设计。

目前针对EU ETS中交易成本影响的量化研究不多：Betz等（2010）提出，有近50%的厂商可在EU ETS第二阶段能够以成本有效方式完成8%的减排目标；Jaraite等（2010）经调查后发现，爱尔兰纳入EU ETS的85家厂商所承担交易成本的平均水平可达到146040欧元；Betz（2006）运用数据统计方法所估计的德国纳入EU ETS的1850个设备所需承担交易成本的平均水平达到35000欧元。而我们运用GTAP－E模型经过政策模拟后发现，两个国家为完成相应减排目标而在EU ETS中付出的总履约成本分别为8.27亿欧元和38.08亿欧元。我们由此估算得到，交易成本在EU ETS所覆盖厂商总履约成本中的占比约为1.50%～1.70%。

表6-3给出了中国各试点地区成本有效厂商数量占比和交易成本占比符合上述要求时履约厂商所需承担的MRV费用。我们仅考虑不完全竞争市场条件下没有交易佣金的情形并发现：如果EU ETS中交易成本在厂商总履约成本中的占比作为基准点，所有试点地区碳市场所覆盖的履约厂商在交易成本方面仅需承担较少的费用：深圳、广东地区碳市场MRV费用的收取标准不能高于2万元，北京、天津和上海地区的第三方机构则需将费用降至1万元，重庆地区在由政府承担一定费用后厂商仅需承担0.5万元的支出，而湖北地区的地方财政则最好能够帮助厂商承担所有费用。并且，即使7个试点地区实现碳市场的连接，MRV费用的收取标准也需降至1万元。

表6-3　依据EU ETS相关指标调整后的中国各试点地区碳市场履约厂商承担的MRV费用

	MRV费用（万元）	实现成本有效厂商的数量占比（%）	MRV费用（万元）	交易成本在厂商总履约成本中的占比（%）
北京	2	40.57	1	1.98
天津	10	48.67	1	1.18
上海	10	64.67	1	1.31
重庆	10	40.35	0.5	1.30
湖北	2	44.91	低于0.5	低于2
广东	8	40.98	2	1.85
深圳	10	64.00	2	1.58
试点地区碳市场连接	2	61.22	1	1.44

七、为保证碳市场机制有效覆盖范围的减排目标适度调整机制

我们从前文的分析中还发现，交易成本对减排目标较低的排放权交易机制成本有效性的影响更为显著；而如果政策制定者适度提高减排目标，收取标准不变的MRV费用所带来的不利影响将有所缓解。因此，我们依然按照“覆盖厂商的排放量达成行业总排放量的83.33%、成本有效厂商数量占比达到50%且交易成本在覆盖厂商总履约成本中的占比控制在1.70%以内”的要求来调整中国各碳排放权交易试点地区的减排任务。在当前有关MRV费用的“北京模式”（10万元）和“深圳模式”（2万元）下中国各试点地区减排目标的调整结果如表6-4所示。

我们从表6-4可以看出，在任意的MRV费用的收取标准下，当各试点地区虽设定不同的减排目标但均需高于10%时，更多的履约厂商才能够通过参与配

额交易实现成本有效减排。而我们将相应结果与本书附录二中附表3加以对比后发现，目前依据“十二五”规划确立的碳排放强度下降目标核算的排放总量控制目标均未达到表6－4给出的相应要求。

表6－4 中国各试点地区为保证碳市场机制有效覆盖范围而调整的减排目标

MRV费用（万元）	北京	天津	上海	重庆	湖北	广东	深圳	试点地区碳市场连接
10	16%	19%	17%	20%	20%	19%	19%	19%
2	7%	10%	10%	12%	16%	11%	11%	12%

我们借鉴EU ETS的实践经验从交易成本在政府和履约厂商间的合理分摊机制和减排目标适度调整机制来保证碳市场机制的有效覆盖范围。但是我们仍需强调的是，交易成本目前也被认为是EU ETS的大多数履约厂商所需承受的沉重负担（Betz et al.，2010）。因此，面对当前较低的减排目标，中国各试点地区特别是北京和湖北两个地区的政策制定者应该让履约厂商承担比表6－4所示水平更低的MRV费用。而这些地区如果按照当前有关MRV费用收取标准实施的话，履约厂商所受的影响则更为显著。因此，监管者应尝试在考虑厂商MRV费用可承受能力的前提下实施厂商间MRV费用差异化的策略。同时，政策制定者在适度分摊交易成本的同时也应适当提高厂商的减排目标，从而促进厂商加大减排技术研发投资并充分参与碳排放权交易机制，使它们能够通过配额交易获取一定的减排成本节约从而弥补交易成本带来的效率损失。

第五节 结论与讨论

我们在本章依据“收益—成本”分析框架量化分析了交易成本与排放权交易机制有效覆盖范围之间的关系，同时以中国碳排放权交易机制为背景给出相关的实例研究。我们认为，尝试运用市场化减排机制的国家和地区特别是发展中国家在初期需要对交易成本及其对机制成本有效性的影响开展全方位的分析与评估。

我们在本章尝试分析MRV费用和交易佣金这两类典型交易成本对排放权交易机制有效覆盖范围的影响机理。此外，我们还在模型构建和实例分析中均考虑了排放权交易机制不完全竞争的市场结构。本书选取中国碳排放权交易试点地区高耗能厂商减排成本数据库的相关数据开展相关的实例研究，这将有助于理清交

易成本和市场结构对碳市场机制合理覆盖范围的潜在影响。

我们必须承认的是，结合真实的交易成本数据和运用集成估计方法得到的厂商微观层面减排成本曲线所得到的实证分析结果与现实情况肯定存在一定的偏差。但是正如我们在第三章中所指出的，这一估计误差并不会对实例分析的结论造成实质性的影响。而我们可以从相应的实例分析结果中得到以下结论：

第一，排放权交易机制的市场结构与其有效覆盖范围之间似乎没有内在的联系。厂商市场势力的存在会带来配额交易量的减少。但是，交易佣金对实现成本有效厂商的数量几乎没有影响。配额交易量下降所导致的交易成本的减少并不会带来成本有效厂商的增加。此外，排放权交易机制的有效覆盖范围与其市场集中度也似乎毫无关联。规模经济的作用可以使交易成本对大型排放厂商的影响相对较小。但是，对大部分履约厂商来说，参与配额交易所获得的成本节约仍然主要被固定的 MRV 费用所抵消。

第二，相对较高的 MRV 费用被识别为影响排放权交易机制成本有效性的主要障碍。当前中国各试点地区设定的减排目标偏低，从而固定的交易成本会影响碳市场机制的有效性并成为确定碳市场机制覆盖范围所需考虑的重要因素。交易成本所带来的负面影响主要源于小型排放者所承担的相对较高的 MRV 费用。我们即使引入差异化 MRV 费用的收费标准，大多数排放厂商仍然不能实现成本有效减排。我们同时推断，与履约厂商有关的一些关键特征（厂商数量、排放分布差异和减排目标设置等）会导致各地区有效覆盖的厂商数量存在很大差异。并且，这一差异在各试点地区碳市场连接和减排目标调整的情形下依然显著。因此，政府不仅可以降低 MRV 费用的收取标准，还应该在各地区实施 MRV 费用差异化的策略。

目前，包括中国在内的多个国家和地区都在筹划或者建设全国统一的碳排放权交易市场；并且，一些国家和地区有意倡导构建区域型或全球性统一碳市场以共同应对气候变化。而我们从本章的实例分析可以发现，政策制定者在构建未来较大覆盖范围的碳排放权交易机制时依然不能忽视交易成本对其覆盖范围的影响。本章实例分析的结论将对各国排放权交易机制的实践探索有以下借鉴意义：

首先，我们从微观层面给出了一种分析交易成本对碳排放权交易市场有效覆盖范围影响的方法。表 6 - 1 清晰地展示了中国试点地区碳排放权交易机制中实现成本有效的厂商数量随交易成本收取标准调整而发生的变化。这一结果对参与碳排放权交易机制的厂商、监管机构和政策制定者都具有重要的参考价值和实践意义。政策制定者可以利用这一方法对中国统一碳市场所覆盖的排放厂商进行更全面的成本—收益分析。他们还可以在此基础上探讨有关排放权交易机制覆盖厂商纳入标准的选择依据。EU ETS 依据其针对第三阶段的审查所给出的机制设计经验也为中国排放权交易机制的完善与优化提供了很好的经验借鉴与参考。

其次，我们从实例分析中得出的政策建议可为全国统一碳排放权交易市场提供相应的政策建议。中国政府已经要求最先被计划纳入全国统一碳排放权交易市场的八个行业所属的排放厂商自2018年起提交往年二氧化碳排放的核证数据。虽然全国碳市场已正式启动，但是有关MRV费用收取标准的规定却尚未公布。

我们结合本章实例分析的结论提出以下政策建议：

第一，政策制定者可以尝试根据不同国家或地区履约厂商的实际特点来采用地区间差别化的交易成本策略。中国政府针对MRV费用可以为各地区设定如表6－4所示的差异化收取标准。我们需要特别说明的是，政府应该更为关注履约厂商较多且排放分布差异较大的地区，并通过减轻其履约厂商交易成本的支出负担以使更多厂商实现成本有效减排。

第二，政策制定者应该从多方面探索有关降低交易成本的技术与方法。政策制定者可以更换政策设计思路，即分别向排放厂商和核查机构提供一定的补贴，从而可以减轻主要来自中西部落后地区履约厂商的费用负担。而各地区政府除运用财政支出分摊一部分MRV费用外，也需要在技术上为降低MRV费用提供支持，如规范排放数据统计与核证方法以降低核证成本并保证信息通畅以降低信息成本。

第三，政策制定者要特别重视经济落后地区履约厂商对交易成本的承受能力。以中国中西部地区为代表的经济落后地区虽然可以凭借其较低的减排成本而通过出售多余排放配额获取市场收益，但这些成本节约可能会部分甚至全部被相对沉重的交易成本所抵消。在区域性碳市场中，湖北、重庆两地区实现成本有效减排的厂商数量占比仅有70%，而交易成本在其总履约成本中的占比均在10%左右。我们由此推断，交易成本对中国中西部其他经济更为落后地区的影响可能更为显著。因此，构建区域性碳市场的政策制定者需要在考虑落后地区经济发展现状的前提下协调不同地区的交易成本收取标准，从而保证碳市场机制成本有效性的实现。

第四，政策制定者可以考虑适度提高减排目标以使碳排放权交易机制真正成为成本有效的减排手段。尝试运用市场化减排机制的国家和地区在初期可以由政府分摊部分的交易成本以鼓励厂商参与配额交易并积累实践经验。但是，交易成本势必最终应由市场参与者承担并随着减排机制的成熟而逐渐降低。而我们在本书的探讨中发现，中国自2010年以来三个“五年规划”设计的碳排放强度下降目标均较低，从而不能有效克服交易成本造成的不利影响。因此，政策制定者在探索从技术上降低MRV费用的同时可以考虑适度提高减排目标来发挥碳市场机制的作用。

评估交易成本对碳排放交易机制有效覆盖范围的影响将帮助中国政策制定者进一步总结实践经验，并且对其他发展中国家在碳市场方面的探索也具有重要的指导意义。越来越多的发展中国家已表达对采用排放权交易机制控制温室气体排放的决心。哈萨克斯坦和越南政府在设计碳排放交易机制时也已关注到交易成本所带来的影响（Upston - Hooper and Swartz，2013；Usapein and Chavalparit，2017）。从研究方法的角度来看，我们所提出的模型可用于解决这些国家的类似问题。此外，我们为解决中国问题所提出的实践方案可以帮助其他发展中国家进一步优化其排放权交易市场的机制设计。

第七章 结论与展望

第一节 结论

在当前《巴黎协定》引领的全球气候治理新格局下，各国的政策制定者和学术研究人员均关注市场化减排机制在控制温室气体排放上的实践探索。作为一项数量型减排政策工具，排放权交易机制将在减少各国温室气体排放、兑现国家自主贡献方面发挥重要作用。作为目前全球最大的温室气体排放国，中国在“十二五”规划期间先后在 7 个省市开展碳排放权交易机制的试点工作，并在 2016 年初将福建省也纳入试点地区；更为重要的是，2021 年 7 月 16 日，中国以发电行业为突破口正式启动这一全球最大的碳排放权交易市场。

备受多国政策制定者所青睐的排放权交易机制可以在明确量化减排目标的前提下，通过赋予排放厂商一定的初始排放配额并允许厂商进行配额买卖而形成有效的资源交易市场。从理论上说，配额的自由交易能够实现排放厂商边际减排成本的均等化从而达到总履约成本的最小化；并且，厂商配额交易所形成的配额市场价格将为其减排技术的更新投资决策提供明确的市场信号，从而能够激励排放厂商加快减排技术扩散。但现实的排放权交易机制中存在诸多“市场失灵”的现象，从而使这一机制不再是兼具成本与环境有效的市场化减排政策工具。因此，学术界需要围绕“市场失灵”现象的一系列科学问题在理论和实证上加以研究，通过开展相关的社会经济影响评估并提出有效解决“市场失灵”现象的优化设计方案以为各国目前的碳市场建设提供有效的政策支持。

而本书着重关注不完全竞争的市场结构和厂商策略性配额交易行为对碳市场机制成本与环境有效性的影响，并在此基础上考量另一类因素——交易成本对碳排放权交易机制有效覆盖范围的影响。因此，本书首先总结了全球主要经济体特别是中国在碳市场建设方面的主要经验，着重分析应对厂商市场势力和交易成本不利影响的相关机制设计。其次，我们提出刻画排放权交易机制中厂商策略性交易行为的经济学模型，并在此基础上给出分析厂商市场势力对碳市场机制成本节

约效应、减排技术的更新扩散模式以及机制有效覆盖范围影响的理论框架。最后，我们提出了有关厂商微观层面边际减排成本曲线的集成估计方法，并构建中国碳排放权交易试点地区高耗能厂商减排成本数据库，从而为我们开展有关碳排放权交易机制有效性的实例分析提供了数据支持。本书依据理论建模和实例分析的主要发现将为中国统一碳排放权交易机制的优化设计提出科学的政策建议与决策参考。

本书的主要研究结论如下：

（1）政策制定者十分重视市场化减排机制的优化设计，但在应对“市场失灵”方面的政策举措还存在不足。

复杂的全球气候变化治理格局使碳市场的未来兼具机遇与挑战。因此，各国通过充分的前期准备与交流合作为其实践探索打下坚实基础：发达国家利用完善的市场经济体制并运用多样化的政策组合工具和灵活的要素设计取得良好的实践效果；而中国等发展中国家由于相关实践经验不足又缺乏成熟的市场经济环境和完善的法律保障体系，在设定总量控排目标、发挥市场价格发现功能、构建市场监管体系等方面均存在明显不足。我们需要特别强调的是，以不完全竞争市场结构和交易成本为主要表现的各类“市场失灵”现象会削弱现实中碳市场机制的有效性。而目前各国在碳市场建设过程中对交易主体策略性行为的认识存在不足，不能有效识别策略性交易者并加强对其行为的监管；同时，过高的交易成本会直接弱化碳市场机制的成本节约效应，而政策制定者虽已认识到碳排放权交易机制覆盖范围设定的重要性却没有对交易成本的影响机理做出更为深入的探讨。

（2）参与中国各试点地区碳排放权交易的厂商大多来自具有寡头垄断特征的高耗能行业，它们所具备的操纵配额市场价格的能力将影响碳市场机制的成本有效性。

我们依据传统的 Hahn - Westskog 模型给出有关配额交易者市场势力影响碳市场机制成本有效性的分析框架，并运用中国试点地区高耗能厂商减排成本数据库对中国碳排放权交易机制的市场结构特征加以识别。我们由此发现，各地区因碳市场覆盖厂商的排放规模和减排潜力存在显著差异，从而呈现出不同但均有别于完全竞争的市场结构特征。因此，厂商市场势力对各试点地区碳市场机制成本有效性的影响也有所不同。其中，完全垄断与双寡头垄断市场结构以及在垄断竞争市场结构下多主体的共谋行为最值得政策设计者所关注。并且，厂商对配额市场价格的操纵能力与其减排潜力、所处市场结构特征等多方面因素有关，而碳市场规模的扩大或者减排目标的提高在一定限度上不会改变市场结构从而不能用以规避厂商市场势力的不利影响。

（3）识别出排放权交易机制中的策略性交易者将帮助政策制定者在规避不

完全竞争市场结构的不利影响上提出更有针对性的举措。

在 Godal（2005）提出的完全市场模型的基础上给出有关碳市场策略性交易者的识别方法，并运用中国碳排放权交易试点地区高耗能厂商减排成本数据库开展了相关的实例分析。我们认为，“单一厂商对配额市场价格的影响程度”是作为评判其在碳市场中市场势力大小的合理指标。同时，我们为各试点地区碳市场策略性配额交易者的存在提供了确凿的证据。在具有不同市场结构特征的试点地区所识别出的策略交易者在数量和分布特征上也有明显差异：策略性配额购买者主要集中在钢铁和电力供应部门，而策略性配额出售者则主要来自非金属矿物制品业和机械设备（交通设备及其他）制造业。并且，天津和上海地区碳市场中的配额购买者拥有较强的市场势力，而其他地区的策略性配额出售者会使配额市场均衡价格出现明显上升；这些为数不多的市场操纵者会造成市场主体总履约成本的上升和配额总交易量的下降，而配额市场价格的扭曲程度则取决于策略性配额买卖双方市场势力的强弱对比。

（4）政策制定者在运用排放权交易机制促进高耗能行业减排技术更新升级时要重视异质性配额交易者策略性排他行为的影响。

高耗能厂商的异质性主要体现在产能规模和减排潜力的差异。因此，我们构建考虑厂商产能规模异质性的技术更新时序模型，并结合多寡头古诺模型和完全市场模型刻画厂商因减排潜力异质性带来的策略性排他行为。并且，我们依据基于技术减排潜力评估的中国钢铁行业减排成本曲线和中国碳排放权交易试点地区高耗能厂商减排成本数据库中若干钢铁厂商的数据开展实例分析。我们发现，厂商在产能规模上的异质性会直接引起它们更新技术的先后顺序的改变；而厂商的策略性排他行为虽造成产品市场更为严重的扭曲，但它们由“策略性效应”而从减排技术更新的过程中获得更高的市场收益，而这正是厂商均会较早对减排技术加以升级改造的重要原因。同时，当某一厂商在技术更新前具有较大的减排潜力时，它更会选择提前进行减排技术的更新改造以获得更高的市场收益；并且，如果这些厂商所生产商品的市场需求相对缺乏弹性，它们便会更为容易地操纵产品与配额的市场价格从而更愿意提前更新减排技术。

（5）交易成本的存在使得政策制定者更为关注碳排放权交易机制有效覆盖范围的确定和履约厂商“成本—收益”的权衡。

我们在考虑排放权交易机制不完全竞争市场结构的前提下给出量化分析交易成本对排放权交易机制有效覆盖范围影响的理论模型；并且，我们运用中国碳排放权交易试点地区高耗能厂商减排成本数据库和典型交易成本（交易佣金和 MRV 费用）的现实数据开展实例分析。我们发现，排放权交易机制的市场结构与其有效覆盖范围之间似乎没有内在的联系，厂商的市场势力会引起配额交易量的下降而交易佣金的变化不会造成成本有效厂商数量的明显改变。在市场集中度较高的排放权交易机制中，规模经济的作用会使大型排放厂商受交易成本的影响较小；但是，高昂而固定的 MRV 费用是造成大部分厂商无法实现成本有效减排的主要因素。并且，各试点地区在履约厂商数量、排放分布特征和减排目标设置上的不同造成了各自受交易成本影响存在显著差异。因此，标准较低且考虑地区差异性的 MRV 费用是政策制定者在保证碳市场机制成本有效性时所需要考虑的。

第二节 研究的特色与创新点

中国近年来在多个地区开展试点工作的基础上开始建设全国统一的碳排放权交易市场（Liu and Fan，2018；Zhang et al.，2016；Xiong et al.，2017；Munnings et al.，2016）。本书在此政策背景下立足于现实中排放权交易机制不完全竞争的市场结构特征，并从厂商微观视角针对碳排放权交易机制开展经济社会影响评估。我们在考虑厂商策略性行为的前提下对碳排放权交易机制成本节约效应、减排技术更新扩散模式、机制有效覆盖范围确定等相关科学问题加以探讨，并在理论建模的基础上构建中国碳排放权交易试点地区高耗能厂商减排成本数据库从而开展有关中国碳市场建设的实例分析。本书的特色与创新点主要体现在以下几个方面：

（1）运用规范的经济学分析工具，立足厂商微观视角并在考虑其市场势力的前提下提出刻画排放权交易者行为的理论模型。

厂商在排放权交易机制中的市场势力与策略性行为是本书主要关注的对象。围绕“配额”这一在排放权交易市场中的流通商品，配额购买方和出售者均有意并可能具有操纵其市场价格的能力。因此，传统应用于商品市场的多寡头古诺模型或伯特兰德模型已不适用于配额交易者策略性行为的建模。本书先后采用经典的 Hahn - Westskog 模型和 Godal（2005）提出的完全市场模型刻画配额交易者的策略性行为，而相关的实例分析则证实了完全市场模型在识别策略性配额交易者并分析其行为影响上的优势。因此，我们首先运用完全市场模型提出排放权交易机制策略性交易者的识别方法，并且将这一模型与刻画厂商在不完全竞争的产品市场中决策产量的多寡头古诺模型相结合以刻画厂商的策略性排他行为，从而尝试在刻画微观经济主体行为的经济学模型方面做出一定的探索与拓展。

（2）从厂商微观视角运用刻画其配额交易行为的经济学模型开展排放权交易机制的有效性评估。

厂商以成本有效的方式完成减排任务，而减排技术得以更新与扩散是政策制定者实施碳排放权交易机制的主要目的。但是，现实中交易成本等诸多因素导致排放权交易机制不可能覆盖所有的经济部门。并且，高耗能行业不完全竞争的市场结构也已成为影响现实中排放权交易机制有效性的重要因素。而准确刻画排放权交易者的市场决策行为是开展排放权交易机制有效性评估的前提。本书首先运用完全市场模型对排放权交易机制中的策略性交易者加以识别，从而评估这些厂商的市场势力对碳市场机制成本有效性的影响；其次，我们运用刻画厂商策略性排他行为的两阶段博弈模型并结合厂商间技术更新时序模型来分析排放权交易者的市场势力对减排技术更新扩散模式的影响；最后，我们将交易成本引入刻画厂商排放权交易行为的模型中以探讨排放权交易机制合理覆盖范围的设定问题。

（3）构建中国碳排放权交易试点地区高耗能厂商减排成本数据库，为开展有关碳排放权交易机制有效性评估的实例分析提供数据基础。

开展厂商微观层面的实例分析将帮助政策制定者和学术研究者更为直观地评估碳排放权交易机制的有效性。而厂商微观层面的减排成本曲线则成为相关实例分析最为重要的数据基础。依据减排技术成本与减排潜力评估开展的自下而上建模方法是估计微观主体减排成本曲线的理想方法，但样本厂商数量众多而现实数据获取难度过大使这一方法很难被广泛采用。我们提出了有关厂商边际减排成本曲线的集成估计方法，即首先运用 CGE 模型得到国家层面分行业减排成本曲线，并在此基础上运用坐标轴平移技术依次得到地区层面的行业减排成本曲线和厂商层面减排成本曲线。我们还依据中国在“十二五”规划期间实施的“万家企业节能低碳行动”方案等数据给出厂商排放量的估计方法，并由此构建了中国碳排放权交易试点地区高耗能厂商减排成本数据库。因此，我们在构建排放权交易机制有效性评估理论模型的同时运用这一数据库中的信息开展相关实例分析，从而为中国统一碳排放权交易机制的优化设计提供更有力的决策依据。

第三节　对中国统一碳排放权交易机制优化设计的政策建议

本书的研究团队自 2012 年起就开始从事排放权交易机制方面的学术研究，见证了中国政府在碳排放权交易机制方面不断深化探索的历程。从 8 个地区碳排放权交易试点的先后启动到以发电行业为突破口的全国统一碳市场建设，中国政府已充分展现其在应对气候变化、控制温室气体排放上的坚定决心。我们即在此时代背景下从厂商微观视角出发并考虑其在不完全竞争市场环境下的策略性配额交易行为以探讨碳排放权交易机制的成本节约效应、减排技术更新扩散模式、机制有效覆盖范围等科学问题。我们结合本书的相关研究结论，对未来中国统一碳排放权交易机制的优化设计提出以下建议：

（1）政策制定者、市场监管者和排放权交易所等部门要有针对性地关注具有潜在市场势力厂商的市场交易行为，尽可能规避配额市场价格操纵行为的出现。

市场监管者可以通过前期信息收集和市场信息跟踪等方式尝试在钢铁、电力、非金属矿物制品等行业中识别潜在策略性交易者，并在日常市场监管中关注它们的配额交易行为；针对厂商可能存在的诸如囤积配额等异常行为，市场监管部门可通过约谈、现场调查等形式及时加以提醒和警告，也可以设立有关厂商配额拥有量限制条款等举措并进一步优化初始配额分配方案；而健全排放权交易市场的信息公开机制，及时公布碳配额市场价格、配额交易量等排放权交易相关信息则可以降低市场交易者的信息成本，进而有效避免个别交易者暗箱操作等扰乱市场秩序的行为。

（2）政策制定者要有效引导规模以上排放厂商运用其在排放权交易机制中的市场势力推动减排技术的更新改造。

高耗能行业内适度的垄断竞争环境在一定程度上可以促进减排技术的更新与扩散。因此，市场监管者要对经济发达地区拥有一定资金与技术实力的规模性厂商在策略性行为上有一定的容忍度，并通过实施灵活的监管机制来激励它们带动整个行业的技术升级。同时，市场监管部门应加强对技术市场的监管与对知识产权的保护从而正向调节市场势力与技术创新之间的关系。并且，政策制定者要鼓励与引导经济落后地区大型高耗能厂商将通过配额交易获得的减排收益用于新技术的 R&D 投资，同时要通过财政、税收等手段在减排技术投资方面对这些厂商给予更多的支持；另外，市场监管者要重视在行业技术升级改造过程中信息公开的重要性，及时制定、公布并实时更新高耗能行业节能减排技术的清单目录，鼓励具有一定规模的高耗能厂商尽快完成减排技术的更新改造。

（3）政策制定者要从多方面降低履约厂商在固定交易成本上的负担并设置合理的区域性减排目标，以保证碳市场机制在有效覆盖范围内发挥其应有的作用。

政策制定者可以根据各地区履约厂商的实际特点采用地区间差异化的交易成本收取标准，并通过政府财政直接支持或者给予履约厂商和第三方核证机构补贴的形式使履约厂商的成本负担相对于目前水平至少降低 1/3；同时，政策制定者可以从技术上对 MRV 费用的降低提供支持，如规范排放数据统计与核证方法以降低核证成本并保证信息通畅以降低信息成本等；国家层面的政策制定者要特别重视中西部经济落后地区履约厂商对交易成本的承受能力，适度调低交易成本收取标准，并鼓励这些厂商充分运用其出售配额获得的市场收益加快减排技术的更新改造；并且，政策制定者可以考虑适度提高减排目标以使碳排放权交易机制真正发挥其在成本与环境有效性上的优势。从长远来看，政策制定者应在降低MRV费用上给予一定的技术投资并考虑适度提高减排目标，从而有利于发挥碳市场机制在激励厂商减排上的成本优势。

第四节　未来研究方向

在当前应对气候变化、实现经济社会绿色低碳转型的时代背景下，以排放权交易机制为典型代表的市场化减排机制设计成为环境经济学领域的一大研究热点。本书尝试从厂商微观视角出发并立足于排放权交易机制不完全竞争的市场结构特征，通过理论建模和实例分析来评估碳排放权交易机制的有效性，以为中国统一碳排放权交易机制的优化设计提供一定的政策建议与决策参考。我们已充分认识到，这一方向的学术研究在理论建模、数据模似等方面充满诸多挑战，而我们目前的研究也因此存在一定的缺陷与不足。在今后的一段时期内，我们将继续关注中国碳排放权交易市场的建设与相关科学问题的探讨，并从以下几个方面将我们的研究推向深入：

（1）排放权交易者的市场势力测度及其行为的经济学模型构建。

本书提出以“单一厂商对配额市场价格的影响程度”来度量配额交易者在排放权交易机制中的市场势力，并依据完全市场模型给出策略性交易者的识别方法。但是，影响微观层面配额交易者市场势力的因素很多，目前还没有比较公允的方法或指标用以衡量配额交易者的市场势力。并且，鉴于排放权交易机制配额买卖双方均可能具有市场势力的现实情况，“双边市场（Two - sided Maket）模型”或者“供需双方博弈模型”等经济学模型在刻画这一类市场主体行为上可能更为合适。同时，我们要摆脱传统经济学模型给出的“策略性市场参与者 + 价格接受者”的市场主体分类框架，在以资源使用总量不变为均衡条件下刻画所有市场参与者均具有市场势力的情形。

（2）排放权交易机制各层面参与主体基础数据的构建与完善。

本书尝试构建了中国碳排放权交易试点地区高耗能厂商减排成本数据库，以为开展有关排放权交易机制有效性评估的实例分析提供数据支持。一方面，相关数据都源自二次加工处理而使计算结果的准确度受到一定影响；另一方面，基于政策模拟而不是统计分析的实证研究难以对计算结果给出统计上的推断与检验。因此，构建与完善厂商微观层面的基础数据库并结合当前有关政策评估的计量统计技术可以帮助我们更加全面地评估市场化减排机制的有效性。并且，除厂商微观样本外的其他关键参数的选取与校准也会影响到相关政策评估研究结果的公允性。

（3）厂商微观层面异质性特征多角度的刻画与度量。

厂商微观层面基础数据库的完善将帮助我们从更多的视角看待微观经济主体的异质性特征。本书从厂商微观视角出发开展科学研究，而从产能规模和减排潜力上刻画其异质性特征。而现实市场环境下引起微观经济主体异质性的因素众多，而这些因素带来厂商有异于价格接受者的策略性行为，也带来不同于传统理论模型的市场均衡结果。因此，我们要从微观厂商及市场环境要素等多方面考量能够造成市场扭曲现象的关键要素，从而为完善环境治理机制给出更为有效的政策建议。

（4）影响排放权交易机制有效性因素的度量与分析。

本书的研究详细阐明不完全竞争的市场环境和高昂繁杂的交易成本是造成现实中排放权交易机制效率低下的两大重要原因。但除二者以外，排放权交易机制设计本身的诸多因素也会影响机制的有效性。例如，初始配额分配方式的选取在现实市场环境下会直接影响配额市场均衡价格的水平，而排放泄漏（Emissions Leakage）等问题都会影响到排放权交易机制的环境有效性。而厂商可能出现的未按时履约等其他非理性行为也是造成环境治理效率低下的因素之一。将上述因素纳入本书构建的理论模型中并开展相关的实例分析将帮助政策制定者更加全面地认识现实中排放权交易机制的有效性。

参考文献

［1］安超．交易成本：从概念到范式［J］．经济研究导刊，2014（19）：87－89.

［2］白卫国，庄贵阳，朱守先，刘德润．关于中国城市温室气体清单编制四个关键问题的探讨［J］．气候变化研究进展，2013，9（5）：335－340.

［3］陈海鸥，葛兴安．论碳交易平台对碳交易成本的影响——以深圳碳排放权交易体系为例［J］．开放导报，2013（3）：99－104.

［4］陈洁民．新西兰碳排放交易体系的特点及启示［J］．经济纵横，2013（1）：22.

［5］陈立芸，刘金兰，王仙雅，张臻．基于DDF动态分析模型的边际碳减排成本估算——以天津市为例［J］．系统工程，2014（9）：74－80.

［6］陈甬军，周末．市场势力与规模效应的直接测度——运用新产业组织实证方法对中国钢铁产业的研究［J］．中国工业经济，2009（11）：45－55.

［7］陈征澳，李琦，张贤．欧洲能源复兴计划CCS示范项目实施进展与启示［J］．中国人口·资源与环境，2013，23（10）：81－86.

［8］崔连标，范英，朱磊，毕清华，张毅．碳排放交易对实现我国“十二五”减排目标的成本节约效应研究［J］．中国管理科学，2013（1）：37－46.

［9］崔晓莹，李慧明．后京都时代我国碳市场发展的制约因素与对策思考［J］．未来与思考，2011（6）：16－20.

［10］董锋．合作博弈策略性行为的产业组织分析［J］．黑龙江对外经贸，2006（7）：81－82.

［11］董亮，张海滨．IPCC如何影响国际气候谈判——一种基于认知共同体理论的分析［J］．世界经济与政治，2014（8）：64－83.

［12］樊华．水污染治理中地方政府策略性行为分析——以滇池为例［J］．现代商贸工业，2014，26（7）：38－40.

［13］樊胜岳，兰健，徐均，陈玉玲．生态建设政策交易成本及其结构的比较［J］．冰川冻土，2013，35（5）：1283－1291.

［14］范英，莫建雷，朱磊等．中国碳市场：政策设计与社会经济影响

[M]. 北京：科学出版社，2016.

[15] 范英，滕飞，张九天. 中国碳市场：从试点经验到战略考量 [M]. 北京：科学出版社，2016.

[16] 范英，朱磊，张晓兵. 碳捕获和封存技术认知、政策现状与减排潜力分析 [J]. 气候变化研究进展，2010，6 (5)：362-369.

[17] 范英. 温室气体减排的成本、路径与政策研究 [M]. 北京：科学出版社，2011.

[18] 范英. 中国碳市场顶层设计：政策目标与经济影响 [J]. 环境经济研究，2018，3 (1)：1-7.

[19] 方建春. 资源性商品国际市场竞争策略研究 [D]. 杭州：浙江大学博士学位论文，2007.

[20] 傅京燕，代玉婷. 碳交易市场链接的成本与福利分析——基于 MAC 曲线的实证研究 [J]. 中国工业经济，2015 (9)：84-98.

[21] 干春晖，姚瑜琳. 策略性行为理论研究 [J]. 中国工业经济，2005 (11)：15-22.

[22] 高帅，李梦宇，段茂盛，王灿.《巴黎协定》下的国际碳市场机制：基本形式和前景展望 [J]. 气候变化研究进展，2019，15 (3)：222-231.

[23] 郭俊艳，金玉国. 规制成本对市场交易效率的制度效应——一个基于潜变量模型的实证分析 [J]. 福建江夏学院学报，2013，3 (6)：1-9.

[24] 郭庆. 信息不对称条件下的环境规制 [J]. 山东经济，2007 (4)：10-13.

[25] 郭树龙. 中国工业市场势力研究 [D]. 天津：南开大学博士学位论文，2013.

[26] 国家发展和改革委员会. 万家企业节能低碳行动实施方案 [EB/OL]. http：//www. sdpc. gov. cn/，2011.

[27] 国家发展和改革委员会. 能源发展"十二五"规划 [EB/OL]. http：//www. nea. gov. cn/2013-01/28/c132132808. htm，2013.

[28] 国家发展和改革委员会. 能源发展"十三五"规划 [EB/OL]. http：//www. nea. gov. cn/2017-01/17/c135989417. htm，2016.

[29] 国家统计局. 中国工业企业数据库 2010 [EB/OL]. http：//www. allmyinfo. com/data/，2011.

[30] 国家统计局能源统计司. 中国能源统计年鉴 2011 [M]. 北京：中国统计出版社，2011.

[31] 国家统计局能源统计司. 中国能源统计年鉴 2016 [M]. 北京：中国

统计出版社，2016.

［32］国家统计局能源统计司．中国能源统计年鉴 2021［M］．北京：中国统计出版社，2021.

［33］国家统计局．中国统计年鉴 2006［M］．北京：中国统计出版社，2006.

［34］国家统计局．中国统计年鉴 2007［M］．北京：中国统计出版社，2007.

［35］国家统计局．中国统计年鉴 2008［M］．北京：中国统计出版社，2008.

［36］国家统计局．中国统计年鉴 2009［M］．北京：中国统计出版社，2009.

［37］国家统计局．中国统计年鉴 2010［M］．北京：中国统计出版社，2010.

［38］国家统计局．中国统计年鉴 2011［M］．北京：中国统计出版社，2011.

［39］国家统计局．中国统计年鉴 2016［M］．北京：中国统计出版社，2016.

［40］何晶晶．构建中国碳排放权交易法初探［J］．中国软科学，2013（9）：10－22.

［41］侯文哲，韩丽娜．试论企业排污权交易成本的控制［J］．商业会计，2014（15）：10－11.

［42］胡志刚．市场结构理论分析范式演进研究［J］．中南财经政法大学学报，2011（2）：68－74.

［43］贾君君，许金华，范英．欧盟碳排放权市场重大公告事件对碳价格的影响［J］．中国科学院院刊，2018，32（12）：1347－1355.

［44］金达，颜泽新．环境规制下寡头垄断行业企业博弈分析［J］．商业时代，2013（10）：80－81.

［45］阚大学．中国钢铁产业国际市场势力实证研究［J］．国际商务研究，2014，35（6）：26－33.

［46］李昂，高瑞泽．论电网公司市场势力的削弱——基于大用户直购电政策视角［J］．中国工业经济，2014（6）：147－159.

［47］李太勇．产业组织与公共政策：策略性行为理论［J］．外国经济与管理，1999（12）：3－7.

［48］李陶，陈林菊，范英．基于非线性规划的我国省区碳强度减排配额研

究［J］．管理评论，2010，22（6）：54－60.

［49］李停．不完全竞争行业市场势力的估计——对 Lerner 指数的拓展研究［J］．经济经纬，2015（1）：78－83.

［50］林清泉，夏睿瞳．我国碳交易市场运行情况、问题及对策［J］．现代管理科学，2018（8）：3－5.

［51］刘华涛．激励性管制下企业的策略性行为及其治理［J］．经济体制改革，2013（1）：103－106.

［52］刘明明．碳排放交易与碳税的比较分析——兼论中国气候变化立法的制度选择［J］．江西财经大学学报，2013（1）：105－112.

［53］刘倩，王琼，王遥．《巴黎协议》时代的气候融资：全球进展、治理挑战与中国对策［J］．中国人口·资源与环境，2016，26（12）：14－21.

［54］刘志彪，石奇．现代产业经济学系列讲座：产业经济学的研究方法和流派［J］．产业经济研究，2003（3）：77－84.

［55］骆华，赵永刚，费方域．国际碳排放权交易机制比较研究与启示［J］．经济体制改革，2012（2）：153－157.

［56］马歆，蒋传文．电力设计中的市场势力［J］．水电能源科学，2002，20（3）：68－71.

［57］莫建雷，段宏波，范英，汪寿阳．《巴黎协定》中我国能源和气候政策目标：综合评估与政策选择［J］．经济研究，2018（9）：168－181.

［58］莫建雷，朱磊，范英．碳市场价格稳定机制探索及对中国碳市场建设的建议［J］．气候变化研究进展，2013（5）：368－375.

［59］庞明川．技术追随、策略互动与市场势力：发展中国家的对外直接投资［J］．财贸经济，2009（12）：99－104.

［60］上海环境能源交易所．碳市场快讯［EB/OL］．http：//www.cneeex.com/.

［61］宋文娟．环境成本内部化对我国出口贸易国际市场势力的影响——基于中国制造业的实证分析［D］．杭州：浙江工商大学硕士学位论文，2010.

［62］汤吉军．科斯定理与低碳经济可持续发展［J］．社会科学研究，2012（6）：6－10.

［63］田慧芳．中国参与全球气候治理的三重困境［J］．东北师大学报（哲学社会科学版），2014（6）：91－96.

［64］王华．基于新产业组织实证方法对中国水泥产业市场势力和规模效应的测度［D］．上海：东华大学硕士学位论文，2013.

［65］王许，姚星，朱磊．基于低碳融资机制的 CCS 技术融资研究［J］．中

国人口·资源与环境，2018（4）：17－25.

［66］王许，朱磊，范英．国际经验对我国市场化减排机制设计的启示［J］．中国矿业大学学报（社会科学版），2015，17（5）：11.

［67］王许．市场势力、交易费用与碳市场有效性的实证研究［D］．天津：天津大学博士学位论文，2015.

［68］魏如山．中国传统产业市场势力研究——基于水泥产业的实证分析［J］．北京师范大学学报（社会科学版），2013（6）：132－138.

［69］温岩，刘长松，罗勇．美国碳排放权交易体系评析［J］．气候变化研究进展，2013，9（2）：144－149.

［70］吴茗．排污权交易机制有效性的实验经济学研究［D］．上海：上海交通大学硕士学位论文，2008.

［71］夏羿，徐振宇．移动平台竞争：开放策略与市场结构——引入可竞争市场的双边市场竞争模型［J］．经济与管理，2019（6）：34－43.

［72］邢伟，汪寿阳，冯耕中．B2B电子市场环境下供需双方博弈分析［J］．系统工程理论与实践，2008，28（7）：56－60.

［73］徐鸣哲．基于弹性模型的市场势力研究——以锰矿石为研究对象［J］．国际商务研究，2011（2）：3－8.

［74］许寅硕，董子源，王遥．《巴黎协定》后的气候资金测量、报告和核证体系构建研究［J］．中国人口·资源与环境，2017，26（12）：22－30.

［75］杨建君，刘华芳，聂菁．市场势力对企业自主创新绩效的影响研究——来自中国电信产业的经验证据［J］．科学学与科学技术管理，2011，32（9）：65－72.

［76］杨锦琦．我国碳交易市场发展现状、问题及其对策［J］．企业经济，2018（10）：5.

［77］叶毅力．基于买卖双方的市场势力研究——以国际铁矿石市场为例［D］．杭州：浙江大学硕士学位论文，2009.

［78］袁庆明，郭艳平．科斯定理的三种表述和证明［J］．湖南大学学报（社会科学版），2005，19（3）：50－54.

［79］袁庆明，刘洋．威廉姆森交易成本理论述评［J］．财经理论与实践（双月刊），2004，25（131）：16－20.

［80］曾次玲，张步涵．电力市场中的市场势力问题初探［J］．电力建设，2010，23（5）：62－66.

［81］曾刚，万志宏．碳排放权交易理论及应用研究综述［J］．金融评论，2010（4）：54－67.

［82］曾世宏，向国成．技术型服务业高获利能力：市场势力还是创新红利——兼论结构性减税和协同创新对技术型服务业创新的作用［J］．财贸经济，2013（10）：118－126.

［83］曾文革，党庶枫．《巴黎协定》国家自主贡献下的新市场机制探析［J］．中国人口·资源与环境，2017，27（9）：112－119.

［84］张劲松，曹伟萍．排污权交易成本动因分析［J］．哈尔滨商业大学学报（自然科学版），2012，28（1）：106－109.

［85］张劲松，代东力．影响排污权交易成本控制的因素分析［J］．哈尔滨商业大学学报（自然科学版），2014（2）：234－237.

［86］张景玲．我国排污权交易实施和研究进展［J］．兰州大学学报（社会科学版），2007，35（7）：120－124.

［87］张鲁秀，李光红，亓晓庆．企业低碳技术创新资金支持模型与策略研究［J］．山东社会科学，2014（6）：168－172.

［88］张嫚．环境规制与企业行为间的关联机制研究［J］．财经问题研究，2005（4）：34－39.

［89］张文．构建节能减排的长效机制——基于税收视角的分析［J］．山东大学学报（哲学社会科学版），2009（5）：104－110.

［90］张小蒂，朱勤．论全球价值链中我国企业创新与市场势力构建的良性互动［J］．中国工业经济，2007，5（30）：30－38.

［91］张玉浩，吕宁．合作策略性行为的影响因素及其在企业中的应用［J］．商业经济，2009（20）：55－56.

［92］赵奔奔，裴潇．我国环境保护税的演变历程［J］．现代管理，2019，9（3）：389－392.

［93］赵勋．市场势力对大国效应的影响研究［D］．北京：北方工业大学硕士学位论文，2014.

［94］《中国钢铁工业年鉴》编辑委员会．中国钢铁工业年鉴2006［M］．北京：中国钢铁工业出版社，2006.

［95］《中国钢铁工业年鉴》编辑委员会．中国钢铁工业年鉴2007［M］．北京：中国钢铁工业出版社，2007.

［96］《中国钢铁工业年鉴》编辑委员会．中国钢铁工业年鉴2008［M］．北京：中国钢铁工业出版社，2008.

［97］《中国钢铁工业年鉴》编辑委员会．中国钢铁工业年鉴2009［M］．北京：中国钢铁工业出版社，2009.

［98］《中国钢铁工业年鉴》编辑委员会．中国钢铁工业年鉴2010［M］．北

京：中国钢铁工业出版社，2010.

［99］《中国钢铁工业年鉴》编辑委员会．中国钢铁工业年鉴2011［M］．北京：中国钢铁工业出版社，2011.

［100］朱德米，李明．基于交易成本视角的水污染防治政策分析［J］．中国行政管理，2013（8）：41－44.

［101］朱磊，范英，莫建雷．碳捕获与封存技术经济性综合评价方法［M］. 北京：科学出版社，2016.

［102］Abdullah N M R，Kuperan K，Pomeroy R S. Transaction costs and fisheries co－management［J］. Marine Resource Economics，1998，13（2）：103－114.

［103］Adhikari B，Lovett J C. Transaction costs and community－based natural resource management in Nepal［J］. Journal of Environmental Management，2006，78（1）：5－15.

［104］Almendra F，West L，Zheng L，Forbes S. CCS demonstration in developing countries：Priorities for a financing mechanism for carbon dioxide capture and storage［Z］. World Resources Institute Working Paper，Washington，D. C.，USA，2011.

［105］Ambec S，Coria J. Prices vs quantities with multiple pollutants［J］. Journal of Environmental Economics and Management，2013，66（1）：123－140.

［106］Amundsen E S，Bergman L. Green certificates and market power on the Nordic power market［J］. The Energy Journal，2012，33（2）：101－117.

［107］André F，de Castro L M. Scarcity rents and incentives for price manipulation in emissions allowance markets with Stackelberg competition［Z］. University Library of Munich，Germany，2015.

［108］Appelbaum E. The estimation of the degree of oligopoly power［J］. Journal of Econometrics，1982，19（2）：287－299.

［109］Arrow K J. The organization of economic activity：Issues pertinent to the choice of market versus nonmarket allocation［J］. The Analysis and Evaluation of Public Expenditure：The PPB System，1969（1）：59－73.

［110］Atkinson S E，Lewis D H. A cost－effectiveness analysis of alternative air quality control strategies［J］. Journal of Environmental Economics and Management，1974，1（3）：237－250.

［111］Baker J B，Bresnahan T F. Estimating the residual demand curve facing a single firm［J］. International Journal of Industrial Organization，1988，6（3）：283－300.

［112］Barrieu P，Chesney M. Optimal timing to adopt an environmental policy in a strategic framework［J］. Environmental Modeling & Assessment，2003，8（3）：

149 – 163.

[113] Baumol W J, Baumol W J, Oates W E, Baumol W J, Bawa V S, Bawa W S, Bradford D F. The theory of environmental policy [M] . Cambridge Uuniversity Press, 1988.

[114] Baumol W, Oates W E. The use of standards and prices for protection of the environment [J] . Swedish Journal of Economics, 1971 (73): 42 – 54.

[115] Bergek A, Berggren C, KITE Research Group. The impact of environmental policy instruments on innovation: A review of energy and automotive industry studies [J] . Ecological Economics, 2014 (106): 112 – 123.

[116] Bernard A, Paltsev S, Reilly J L, Vielle M, Viguier L. Russia's role in the Kyoto Protocol [J] . Institut d'Économie Industrielle (IDEI), Toulouse, 2003.

[117] Betz R A, Schmidt T S. Transfer patterns in Phase I of the EU Emissions Trading System: A first reality check based on cluster analysis [J] . Climate Policy, 2016, 16 (4): 474 – 495.

[118] Betz R, Sanderson T, Ancev T. In or out: Efficient inclusion of installations in an emissions trading scheme? [J] . Journal of Regulatory Economics, 2010, 37 (2): 162 – 179.

[119] Betz R. Emissions trading to combat climate change: The impact of scheme design on transaction costs (No. 417 – 2016 – 26413) [J]. Australian Agricultural and Resource Economics Society, 2006.

[120] Blackman A, Lahiri B, Pizer W, Planter M R, Piña C M. Voluntary environmental regulation in developing countries: Mexico's clean industry program [J]. Journal of Environmental Economics and Management, 2010, 60 (3): 182 – 192.

[121] Boemare C, Quirion P. Implementing greenhouse gas trading in Europe: Lessons from economic literature and international experiences [J] . Ecological Economics, 2002, 43 (2 – 3): 213 – 230.

[122] Bohm P, Carlén B. Emission quota trade among the few: Laboratory evidence of joint implementation among committed countries [J] . Resource and Energy Economics, 1999, 21 (1): 43 – 66.

[123] Bohm P, Larsen B. Fairness in a tradeable – permit treaty for carbon emissions reductions in Europe and the former Soviet Union [J] . Environmental and Resource Economics, 1994, 4 (3): 219 – 239.

[124] Böhringer C, Hoffmann T, Lange A, Loschel A, Moslener U. Assessing emission regulation in Europe: An interactive simulation approach [J] . The Energy

Journal, 2005, 26 (4): 1 -22.

[125] Böhringer C. Climate politics from Kyoto to Bonn: From little to nothing? [J] . The Energy Journal, 2002, 23 (2): 51 -71.

[126] Bonnisseau J M, Florig M. Existence and optimality of oligopoly equilibria in linear exchange economies [J] . Economic Theory, 2003, 22 (4): 727 -741.

[127] Borenstein S, Bushnell J, Kahn E, Stoft S. Market power in California electricity markets [J] . Utilities Policy, 1995, 5 (3 -4): 219 -236.

[128] Borenstein S, Bushnell J, Wolak F. Diagnosing market power in California's deregulated wholesale electricity market [Z] . Competition Policy Center, Institute for Business and Economic Research, UC Berkeley, 1999.

[129] Borenstein S, Bushnell J. An empirical analysis of the potential for market power in California's electricity industry [J] . The Journal of Industrial Economics, 1999, 47 (3): 285 -323.

[130] Borenstein S. Understanding competitive pricing and market power in wholesale electricity markets [J] . The Electricity Journal, 2000, 13 (6): 49 -57.

[131] Brandow G E. Market power and its sources in the food industry [J]. American Journal of Agricultural Economics, 1969, 51 (1): 1 -12.

[132] Bresnahan T F. The oligopoly solution concept is identified [J]. Economics Letters, 1982, 10 (1 -2): 87 -92.

[133] Bruneau J F. A note on permits, standards, and technological innovation [J] . Journal of Environmental Economics and Management, 2004, 48 (3): 1192 -1199.

[134] Bruvoll A, Larsen B M. Greenhouse gas emissions in Norway: Do carbon taxes work? [J] . Energy Policy, 2004, 32 (4): 493 -505.

[135] Buchanan J M. External diseconomies, corrective taxes, and market structure [J] . The American Economic Review, 1969, 59 (1): 174 -177.

[136] Bueb J, Schwartz S. Strategic manipulation of a pollution permit market and international trade [J]. Journal of Regulatory Economics, 2011, 39 (3): 313 -331.

[137] Bunn D W, Oliveira F S. Evaluating individual market power in electricity markets via agent -based simulation [J] . Annals of Operations Research, 2003, 121 (1 -4): 57 -77.

[138] Burniaux J M. How important is market power in achieving Kyoto? An assessment based on the GREEN model [Z] . Economic Modelling of Climate Change, OECD Workshop Report, OECD, Paris, 1998.

[139] Bushnell J. Transmission rights and market power [J]. The Electricity Journal, 1999, 12 (8): 77-85.

[140] Böhringer C, Dijkstra B, Rosendahl K E. Sectoral and regional expansion of emissions trading [J]. Resource and Energy Economics, 2014 (37): 201-225.

[141] Böhringer C, Hoffmann T, Manrique-de-Lara-Peñate C. The efficiency costs of separating carbon markets under the EU emissions trading scheme: A quantitative assessment for Germany [J]. Energy Economics, 2006, 28 (1): 44-61.

[142] Böhringer C, Löschel A. Market power and hot air in international emissions trading: The impacts of US withdrawal from the Kyoto Protocol [J]. Applied Economics, 2003, 35 (6): 651-663.

[143] Böhringer C, Moslener U, Sturm B. Hot air for sale: A quantitative assessment of Russia's near-term climate policy options [J]. Environmental and Resource Economics, 2007, 38 (4): 545-572.

[144] Böhringer C, Rosendahl K E. Strategic partitioning of emission allowances under the EU emission trading scheme [J]. Resource and Eenergy Eeconomics, 2009, 31 (3): 182-197.

[145] Calford E M, Heinzel C, Betz R. Initial allocation effects in permit markets with bertrand output oligopoly [J]. Environmental Economics Research Hub, 2010, 59.

[146] Cardell J B, Hitt C C, Hogan W W. Market power and strategic interaction in electricity networks [J]. Resource and Eenergy Economics, 1997, 19 (1-2): 109-137.

[147] Carlen B. Market power in international carbon emissions trading: A laboratory test [J]. The Energy Journal, 2003, 24 (3): 1-27.

[148] Carlsson F. Environmental taxation and strategic commitment in duopoly models [J]. Environmental and Resource Economics, 2000, 15 (3): 243-256.

[149] Carlsson L, Berkes F. Co-management: Concepts and methodological implications [J]. Journal of Environmental Management, 2005, 75 (1): 65-76.

[150] Cason T N, Gangadharan L, Duke C. A laboratory study of auctions for reducing non-point source pollution [J]. Journal of Environmental Economics and Management, 2003, 46 (3): 446-471.

[151] Chang K, Chang H. Cutting CO_2 intensity targets of interprovincial emissions trading in China [J]. Applied Energy, 2016 (163): 211-221.

[152] Chen Y, Tanaka M. Allowance banking in emission trading: Competition,

arbitrage and linkage [J] . Energy Economics, 2018 (71): 70 - 82.

[153] Chesney M, Gheyssens J, Taschini L. Environmental finance and investments [M] . Heidelberg: Springer, 2016.

[154] Cho W J. Impossibility results for parametrized notions of efficiency and strategy - proofness in exchange economies [J] . Games and Economic Behavior, 2014 (86): 26 - 39.

[155] Coase R H. The nature of the firm [J] . Economica, 1937, 4 (16): 386 - 405.

[156] Coase R H. The problem of social cost [J] . Journal of Law and Economics, 1960 (3): 1 - 44.

[157] Cong R, Lo A Y. Emission trading and carbon market performance in Shenzhen, China [J] . Applied Energy, 2017 (193): 414 - 425.

[158] Coria J, Mohlin K. On refunding of emission taxes and technology diffusion [J] . Strategic Behavior and the Environment, 2017, 6 (3): 205 - 248.

[159] Coria J. Taxes, permits, and the diffusion of a new technology [J]. Resource and Energy Economics, 2009, 31 (4): 249 - 271.

[160] Corts K S. Conduct parameters and the measurement of market power [J]. Journal of Econometrics, 1999, 88 (2): 227 - 250.

[161] Crals E, Vereeck L. Taxes, tradable rights and transaction costs [J]. European Journal of Law and Economics, 2005, 20 (2): 199 - 223.

[162] Cramton P, Kerr S. Tradeable carbon permit auctions: How and why to auction not grandfather [J] . Energy Policy, 2002, 30 (4): 333 - 345.

[163] Crase L, Dollery B, Lockwood M. Towards an understanding of static transaction costs in the NSW permanent water market: An application of choice modelling (No. 412 - 2016 - 25808) [J] . Australian Agricultural and Resource Economics Society, 2001.

[164] Crocker T D. The structuring of atmospheric pollution control systems [J]. The Economics of Air Pollution, 1966 (61): 81 - 84.

[165] Crowley K. Up and down with climate politics 2013 - 2016: The repeal of carbon pricing in Australia [J] . Wiley Interdisciplinary Reviews: Climate Change, 2017, 8 (3): 458.

[166] Cui L B, Fan Y, Zhu L, Bi Q H. How will the emissions trading scheme save cost for achieving China's 2020 carbon intensity reduction target? [J] . Applied Energy, 2014 (136): 1043 - 1052.

[167] Dales J H. Land, water, and ownership [J]. The Canadian Journal of Economics/Revue Canadienne d'Economique, 1968, 1 (4): 791 - 804.

[168] De Feo G, Resende J, Sanin M E. Emission permits trading and downstream strategic market interaction [J]. The Manchester School, 2013, 81 (5): 780 - 802.

[169] De Feo G, Resende J, Sanin M E. Optimal allocation of tradable emission permits under upstream - downstream strategic interaction [J]. International Game Theory Review, 2012, 14 (4): 1 - 23.

[170] DeBoe G, Stephenson K. Transactions costs of expanding nutrient trading to agricultural working lands: A virginia case study [J]. Ecological Economics, 2016 (130): 176 - 185.

[171] Department of Climate Change. Carbon pollution reduction scheme: Australia's low pollution future [Z]. Environment, 2008.

[172] Dickson A, MacKenzie I A. Strategic trade in pollution permits [J]. Journal of Environmental Economics and Management, 2018 (87): 94 - 113.

[173] Dijkstra B R, Manderson E, Lee T Y. Extending the sectoral coverage of an international emission trading scheme [J]. Environmental and Resource Economics, 2011, 50 (2): 243 - 266.

[174] Du K, Lu H, Yu K. Sources of the potential CO_2 emission reduction in China: A nonparametric metafrontier approach [J]. Applied Energy, 2014 (115): 491 - 501.

[175] Duscha V, Ehrhart K M. Incentives and effects of no - lose targets to include non - Annex I countries in global emission reductions [J]. Environmental and Resource Economics, 2016, 65 (1): 81 - 107.

[176] Egging R G, Gabriel S A. Examining market power in the European natural gas market [J]. Energy Policy, 2006, 34 (17): 2762 - 2778.

[177] Ehrhart K M, Hoppe C, Löschel R. Abuse of EU emissions trading for tacit collusion [J]. Environmental and Resource Economics, 2008, 41 (3): 347 - 361.

[178] Ellerman A D, Convery F J, De Perthuis C. Pricing carbon: The European Union emissions trading scheme [M]. Cambridge University Press, 2010.

[179] Ellerman A D, Decaux A. Analysis of Post - Kyoto CO_2 emissions trading using marginal abatement curves [R]. MIT Working Paper, 1998.

[180] Ellerman A D, Montero J P. The efficiency and robustness of allowance banking in the US Acid Rain Program [J]. The Energy Journal, 2007, 28 (4): 47 - 71.

[181] Eshel D M D. Optimal allocation of tradable pollution rights and market structures [J]. Journal of Regulatory Economics, 2005, 28 (2): 205-223.

[182] EU Commission. Directive 2003/87/EC of the European Parliament and of the Council of 13 October 2003 establishing a scheme for greenhouse gas emission allowance trading within the community and amending Council Directive 96/61/EC [J]. Official Journal of the European Union, 2003 (46): 32-46.

[183] Evstigneev I V, Flåm S D. Sharing nonconvex costs [J]. Journal of Global Optimization, 2001, 20 (3-4): 257-271.

[184] Eyckmans J, Hagem C. The European Union's potential for strategic emissions trading through permit sales contracts [J]. Resource and Energy Economics, 2011, 33 (1): 247-267.

[185] Fadaee M, Lambertini L. Non-tradeable pollution permits as green R&D incentives [J]. Environmental Economics and Policy Studies, 2005, 17 (1): 27-42.

[186] Fan J H, Todorova N. Dynamics of China's carbon prices in the pilot trading phase [J]. Applied Energy, 2017 (208): 1452-1467.

[187] Fan R, Dong L. The dynamic analysis and simulation of government subsidy strategies in low-carbon diffusion considering the behavior of heterogeneous agents [J]. Energy Policy, 2018 (117): 252-262.

[188] Fan Y, Jia J J, Wang X, Xu J H. What policy adjustments in the EU ETS truly affected the carbon prices? [J]. Energy Policy, 2017 (103): 145-164.

[189] Fan Y, Wang X. Which sectors should be included in the ETS in the context of a unified carbon market in China? [J]. Energy & Environment, 2014, 25 (3-4): 613-634.

[190] Fang F, Easter K W, Brezonik P L. Point-nonpoint source water quality trading: A case study in the minnesota river basin [J]. Jawra Journal of the American Water Resources Association, 2005, 41 (3): 645-657.

[191] Fang G, Tian L, Liu M, Fu M, Sun M. How to optimize the development of carbon trading in China-Enlightenment from evolution rules of the EU carbon price [J]. Applied Energy, 2018 (211): 1039-1049.

[192] Fischer C, Parry I W, Pizer W A. Instrument choice for environmental protection when technological innovation is endogenous [J]. Journal of Environmental Economics and Management, 2003, 45 (3): 523-545.

[193] Fischer C. Market power and output-based refunding of environmental policy revenues [J]. Resource and Energy Economics, 2011, 33 (1): 212-230.

[194] Flåm S D, Godal O. Greenhouse gases, quota exchange and oligopolistic competition [M] //C. Carraro and V. Fragnelli (Eds.) . Game Practice and the Environment. Edward Elgar, Cheltenham, 2004: 212 -223.

[195] Flåm S D, Gramstad K. Reaching Cournot - Walras equilibrium [J]. ESAIM: Proceedings and Surveys, 2017 (57): 12 -22.

[196] Flåm S D, Jourani A. Strategic behavior and partial cost sharing [J]. Games and Economic Behavior, 2003, 43 (1): 44 -56.

[197] Flåm S D. Noncooperative games, coupling constraints, and partial efficiency [J] . Economic Theory Bulletin, 2016, 4 (2): 213 -229.

[198] Forges F. Feasible mechanisms in economies with type - dependent endowments [J] . Social Choice and Welfare, 2006, 26 (2): 403 -419.

[199] Frasch F. Transaction costs of the EU Emissions Trading Scheme in German companies [J] . Sustainable Development Law & Policy, 2010, 7 (3): 18.

[200] Frey E F. Technology diffusion and environmental regulation: The adoption of scrubbers by coal - fired power plants [J] . The Energy Journal, 2013, 34 (1): 177 -205.

[201] Fudenberg D, Tirole J. Preemption and rent equalization in the adoption of new technology [J] . Review of Economic Studies, 1985, 52 (3): 383 -401.

[202] Gabszewicz J J, Vial J P. Oligopoly "à la Cournot" in a general equilibrium analysis [J] . Journal of Economic Theory, 1972, 4 (3): 381 -400.

[203] Ge J, Sutherland L A, Polhill J G, Matthews K, Miller D, Wardell - Johnson D. Exploring factors affecting on - farm renewable energy adoption in Scotland using large - scale microdata [J] . Energy Policy, 2017 (107): 548 -560.

[204] Gersbach H, Requate T. Emission taxes and optimal refunding schemes [J] . Journal of Public Economics, 2004, 88 (3): 713 -725.

[205] Godal O, Klaassen G. Carbon trading across sources and periods constrained by the marrakesh accords [J] . Journal of Environmental Economics and Management, 2006 (51): 308 -322.

[206] Godal O, Meland F. Permit markets, seller cartels and the impact of strategic buyers [J] . The BE Journal of Economic Analysis & Policy, 2010, 10 (1): 1 -33.

[207] Godal O. Noncooperative models of permit markets. Institute for Research in Economics and Business Administration [R] . Working Paper 18/11, 2011.

[208] Godal O. Strategic markets in property rights without price - takers [A]. University of Bergen, Norway, 2005.

[209] Godby R, Mestelman S, Muller R A. Experimental tests of market power in emission trading markets [Z]. Environmental Regulation and Market Structure, 1998.

[210] Godby R. Market power in emission permit double auctions [J]. Research in Experimental Economics, 1999 (7): 121 -162.

[211] Godby R. Market power in laboratory emission permit markets [J]. Environmental and Resource Economics, 2002, 23 (3): 279 -318.

[212] Goldberg P K, Knetter M M. Measuring the intensity of competition in export markets [J]. Journal of International Economics, 1999, 47 (1): 27 -60.

[213] Gong P Q, Li X Y. Study on the investment value and investment opportunity of renewable energies under the carbon trading system [J]. Chinese Journal of Population, Resources and Environment, 2016, 14 (4): 271 -281.

[214] Goulder L H, Morgenstern R D, Munnings C, Schereifels J. China's national carbon dioxide emission trading system: An introduction [J]. Economics of Energy & Environmental Policy, 2017, 6 (2): 1 -18.

[215] Goyal R, Gray S, Kallhauge A C, Nierop S, Berg T, Leuschner P. State and trends of carbon pricing [M]. Washington: The World Bank, D. C., USA, 2018.

[216] Graus W, Voogt M. Small installations within the EU Emissions Trading Scheme. Report under the project "Review of EU Emissions Trading Scheme" [C]. European Commission Directorate General for Environment, Brussels, 2007.

[217] Grosjean G, Fuss S, Koch N, Bodirsky B L, De Cara S, Acworth W. Options to overcome the barriers to pricing European agricultural emissions [J]. Climate Policy, 2018 (2): 151 -169.

[218] Guan D, Meng J, Reiner D M, Zhang N, Shan Y, Mi Z, Shao S, Liu Z, Zhang Q, Davis S J. Structural decline in China's CO_2 emissions through transitions in industry and energy systems [J]. Nature Geoscience, 2018, 11 (8): 551 -555.

[219] Guo H. China's experiment of emission permits trading [J]. Environmental Development, 2018 (26): 112 -122.

[220] Guo J F, Gu F, Liu Y P, Liang X, Mo J L, Fan Y. Assessing the impact of ETS trading profit on emission abatements based on firm - level transactions [J]. Nature Communications, 2020, 11 (1): 1 -8.

[221] Guo J X., Fan Y. Should low - carbon capital investment be allocated earlier to achieve carbon emission reduction? [J]. Science of the Total Environment, 2020 (711): 134 -148.

[222] Hagem C, Maestad O, Russian exports of emission permits under the Kyoto Protocol: The interplay with non – competitive fuel markets [J]. Resource and Energy Economics, 2006, 28 (1): 54 – 73.

[223] Hagem C, Westskog H. Allocating tradable permits on the basis of market price to achieve cost effectiveness [J]. Environmental and Resource Economics, 2009, 42 (2): 139 – 149.

[224] Hagem C, Westskog H. The design of a dynamic tradeable quota system under market imperfections [J]. Journal of Environmental Economics and Management, 1998, 36 (1): 89 – 107.

[225] Hahn R W. Market power and transferable property rights [J]. The Quarterly Journal of Economics, 1984, 99 (4): 753 – 765.

[226] Hahn R W, Stavins R N. The effect of allowance allocations on cap – and – trade system performance [J]. The Journal of Law and Economics, 2011, 54 (S4): S267 – S294.

[227] Hahn R W. Designing markets in transferable property rights: A practitioner's guide. Buying a Better Environment [J]. Cost – Effective Regulation Through Permit Trading, 1983: 83 – 97.

[228] Haita C. Endogenous market power in an emissions trading scheme with auctioning [J]. Resource and Energy Economics, 2014 (37): 253 – 278.

[229] Hall R E, Blanchard O J, Hubbard R G. Market structure and macroeconomic fluctuations [J]. Brookings Papers on Economic Activity, 1986 (2): 285 – 338.

[230] Hammond P J. Designing a strategyproof spot market mechanism with many traders: Twenty – two steps to Walrasian equilibrium [J]. Economic Theory, 2017, 63 (1): 1 – 50.

[231] Hargrave T. An upstream/downstream hybrid approach to greenhouse gas emissions trading [Z]. Published for the Center for Clean Air Policy, 2020.

[232] Hastings E. The Theory of monopolistic competition: A re – orientation of the theory of value [M]. Harvard University Press, 1960.

[233] Heindl P. The impact of administrative transaction costs in the EU emissions trading system [J]. Climate Policy, 2017, 17 (3): 1 – 16.

[234] Heindl P. Transaction costs and tradable permits: Empirical evidence from the EU emissions trading scheme (No. 12 – 021) [C]. ZEW – Leibniz Centre for European Economic Research, 2012.

[235] Heinrichs H, Jochem P, Fichtner W. Including road transport in the EU ETS (European Emissions Trading System): A model – based analysis of the German electricity and transport sector [J]. Energy, 2014 (69): 708 – 720.

[236] Heldstab J, Guyer M. Switzerland's Fifth National Communication under the UNFCCC [C]. Second National Communication under the Kyoto Protocol to the UNFCCC, 2009.

[237] Helm C. International emissions trading with endogenous allowance choices [J]. Journal of Public Economics, 2003, 87 (12): 2737 – 2747.

[238] Hintermann B. Market power in emission allowance markets: Theory and evidence from the EU ETS [J]. Environmental and Resource Economics, 2017, 66 (1): 89 – 112.

[239] Hintermann B. Market power, permit allocation and efficiency in emission permit markets [J]. Environmental and Resource Economics, 2011, 49 (3): 327 – 349.

[240] Hoel M, Karp L. Taxes and quotas for a stock pollutant with multiplicative uncertainty [J]. Journal of Public Economics, 2001, 82 (1): 91 – 114.

[241] Hoel M, Karp L. Taxes versus quotas for a stock pollutant [J]. Resource and Energy Economics, 2002, 24 (4): 367 – 384.

[242] Hoffmann V H. EU ETS and investment decisions: The case of the German electricity industry [J]. European Management Journal, 2007, 25 (6): 464 – 474.

[243] Holland S P, Hughes J E, Knittel C R, Parker N C. Unintended consequences of carbon policies: Transportation fuels, land – use, emissions, and innovation [J]. The Energy Journal, 2015, 36 (3): 35 – 74.

[244] Holland S P. Taxes and trading versus intensity standards: Second – best environmental policies with incomplete regulation (leakage) or market power [R]. National Bureau of Economic Research Working Paper, 2009.

[245] Hood C. Reviewing existing and proposed emissions trading systems (No. 2010/13) [C]. OECD Publishing, 2010.

[246] Hu Y J, Li X Y, Tang B J. Assessing the operational performance and maturity of the carbon trading pilot program: The case study of Beijing's carbon market [J]. Journal of Cleaner Production, 2017 (161): 1263 – 1274.

[247] Hubbard R G, Weiner R J. Efficient contracting and market power: Evidence from the US natural gas industry [J]. The Journal of Law and Economics, 1991, 34 (1): 25 – 67.

[248] Huisman K J, Kort P M. Strategic investment in technological innovations [J] . European Journal of Operational Research, 2003, 144 (1): 209 - 223.

[249] Hyde C E, Perloff J M. Can market power be estimated? [J] . Review of Industrial Organization, 1995, 10 (4): 465 - 485.

[250] Hyman R C, Reilly J M, Babiker M H, A de Masin V, Jacoby H D. Modeling non - CO_2 greenhouse gas abatement [J] . Environmental Modeling & Assessment, 2003, 8 (3): 175 - 186.

[251] Innes R, Kling C, Rubin J. Emission permits under monopoly [J]. Natural Resource Modelling, 1991, 5 (3): 321 - 343.

[252] Intergovernmental Panel on Climate Change (IPCC) . IPCC guidelines for national greenhouse gas inventories [EB/OL] . http: //www. ipcc - nggip. iges. or. jp. /public/2006gl/iudex. html.

[253] Intergovernmental Panel on Climate Change (IPCC) . Special report on global warming of 1.5℃ [M] . UK: Cambridge Univeristy Press, 2018.

[254] International Carbon Action Partnership (ICAP) [C] . Emissions Trading Worldwide: ICAP Status Report, 2022.

[255] International Carbon Action Partnership (ICAP) . Emissions Trading Worldwide: ICAP Status Report, 2018 [M] . Berlin: ICAP, 2018.

[256] International Energy Agency. Energy efficiency market report 2015 [M]. Paris: IEA, 2015.

[257] Iwata G. Measurement of conjectural variations in oligopoly [J]. Econometrica: Journal of the Econometric Society, 1974, 42 (5): 947 - 966.

[258] Jack W. Power sharing and pollution control: Coordinating policies among levels of government [C] . World Bank Publications, 1992.

[259] Jaffe A B, Newell R G, Stavins R N. A tale of two market failures: Technology and environmental policy [J] . Ecological Economics, 2005, 54 (2): 164 - 174.

[260] Jamasb T, Nillesen P, Pollitt M. Strategic behaviour under regulatory benchmarking [J] . Energy Economics, 2004, 26 (5): 825 - 843.

[261] Jaraite J, Convery F, Di Maria C. Transaction costs for firms in the EU ETS: Lessons from Ireland [J] . Climate Policy, 2010, 10 (2): 190 - 215.

[262] Jaraite - Kažukauske J, Kažukauskas A. Do transaction costs influence firm trading behaviour in the European Emissions Trading System? [J]. Environmental and Resource Economics, 2015, 62 (3): 583 - 613.

［263］ Jia J J, Wu H, Zhu X, Li J, Fan Y. Price break points and impact process evaluation in the EU ETS ［J］. Emerging Markets Finance and Trade, 2020, 56 (8): 1691 –1714.

［264］ Jia P, Li K, Shao S. Choice of technological change for China's low – carbon development: Evidence from three urban agglomerations ［J］. Journal of Environmental Management, 2018 (206): 1308 –1319.

［265］ Jiang J J, Xie D J, Ye B, Shen B, Chen Z M. Research on China's cap – and – trade carbon emission trading scheme: Overview and outlook ［J］. Applied Energy, 2016 (178): 902 –917.

［266］ Jiang J J, Ye B, Ma X M. The construction of Shenzhen's carbon emission trading scheme ［J］. Energy Policy, 2014 (75): 17 –21.

［267］ Jiang Z J, Shao S. Distributional effects of a carbon tax on Chinese households: A case of Shanghai ［J］. Energy Policy, 2014 (73): 269 –277.

［268］ Jiao J L, Ge H Z, Wei Y M. Impact analysis of China's coal – electricity price linkage mechanism: Results from a game model ［J］. Journal of Policy Modeling, 2010, 32 (4): 574 –588.

［269］ Joas F, Flachsland C. The (ir) relevance of transaction costs in climate policy instrument choice: An analysis of the EU and the US ［J］. Climate Policy, 2016, 16 (1): 26 –49.

［270］ Jotzo F. Australia's carbon price ［J］. Nature Climate Change, 2012, 2 (7): 475 –476.

［271］ Jung C. Incentives for advanced pollution abatement technology at the industry level: An evaluation of policy alternatives ［J］. Journal of Environmental Economics and Management, 1996 (30): 95 –111.

［272］ Kallbekken S. The cost of sectoral differentiation in the EU emissions trading scheme ［J］. Climate Policy, 2005, 5 (1): 47 –60.

［273］ Karplus V J, Zhang X. Incentivizing firm compliance with Chinas national emissions trading system ［J］. Economics of Energy & Environmental Policy, 2017, 6 (2): 73 –86.

［274］ Karshenas M, Stoneman P L. Rank, stock, order, and epidemic effects in the diffusion of new process technologies: An empiricalmodel ［J］. Rand Journal of Economics, 1993, 24 (4): 503 –528.

［275］ Kennedy C, Corfee – Morlot J. Past performance and future needs for low carbon climate resilient infrastructure: An investment perspective ［J］. Energy Policy,

2013, 59: 773 -783.

[276] Kerr S, Duscha V. Going to the Source: Using an upstream point of regulation for energy in a National Chinese Emissions Trading System [J] . Energy & Environment, 2014, 25 (3): 593 -612.

[277] Kerr S, Leining C, Sefton J. Roadmap for implementing a greenhouse gas emissions trading system in chile: Core design options and policy decision - making considerations [R] . Motu Economic and Public Policy Research, 2012, No. 12 - 14.

[278] Kerr S, Mare D C. Transaction costs and tradable permit markets: The United States lead phasedown. Motu Economic and Public Policy Research draft manuscript [M] . Wellington: Motu Economic and Public Policy Research, 1998.

[279] Kerr S, Sweet A. Inclusion of agriculture in a domestic emissions trading scheme: New Zealand's experience to date [J] . Farm Policy Journal, 2008, 5 (4): 19 -29.

[280] Kirzner I M. The driving force of the market: Essays in Austrian economics [M] . London & New York: Routledge, 2002.

[281] Klemperer P D, Meyer M A. Supply function equilibria in oligopoly under uncertainty [J] . Econometrica: Journal of the Econometric Society, 1989, 57 (6): 1243 -1277.

[282] Klepper G, Peterson S. Trading hot - air. The influence of permit allocation rules, market power and the US withdrawal from the Kyoto Protocol [J]. Environmental and Resource Economics, 2005, 32 (2): 205 -228.

[283] Klok J, Larsen A, Dahl A, Hansen K. Ecological tax reform in Denmark: History and social acceptability [J] . Energy Policy, 2006, 34 (8): 905 -916.

[284] Koesler S, Achtnicht M, Köhler J. Course set for a cap? A case study among ship operators on a maritime ETS [J] . Transport Policy, 2015 (37): 20 -30.

[285] Kolstad J, Wolak F. Using environmental emission permits prices to rise electricity prices: Evidence from the California electricity market [R] . Working Paper in Harvard University, 2003.

[286] Kossoy A, Guigon P. State and trends of carbon pricing 2012 [R] . The World Bank: Washington, D. C. , USA, 2012.

[287] Kumar S, Managi S. Sulfur dioxide allowances: Trading and technological progress [J] . Ecological Economics, 2010, 69 (3): 623 -631.

[288] Kuperan K, Abdullah N M R, Genio R S P, Salamanca A M. Measuring transaction costs of fisheries co - management [J] . Coastal Management, 2008, 36

(3): 225 - 240.

[289] Laffont J J, Tirole J. Pollution permits and environmental innovation [J]. Journal of Public Economics, 1996, 62 (1): 127 - 140.

[290] Landes W M, Posner R A. Market power in antitrust cases [J] . Harvard Law Review, 1981 (27): 937 - 996.

[291] Lange A. On the endogeneity of market power in emissions markets [J]. Environmental and Resource Economics, 2012, 52 (4): 573 - 583.

[292] Laplante B, Sartzetakis E S, Xepapadeas A. Strategic behaviour of polluters during the transition from standard setting to permits trading [R] . Fondazione ENI Enrico Mattei, 1997, No. 43.

[293] Leiter A M, Parolini A, Winner H. Environmental regulation and investment: Evidence from European industry data [J] . Ecological Economics, 2011, 70 (4): 759 - 770.

[294] Lerner A P. The concept of monopoly and the measurement of monopoly [J] . Review of Economic Studies, 1934, 1 (3): 157 - 175.

[295] Li G Y, Yang J, Chen D J, Hu S Y. Impacts of the coming emission trading scheme on China's coal - to - materials industry in 2020 [J] . Applied Energy, 2017 (195): 837 - 849.

[296] Li W, Jia Z J. The impact of emission trading scheme and the ratio of free quota: A dynamic recursive CGE model in China [J] . Applied Energy, 2016 (174): 1 - 14.

[297] Li Y, Zhu L. Cost of energy saving and CO_2 emissions reductions in China's iron and steel sector [J] . Applied Energy, 2014 (130): 603 - 616.

[298] Liao X, Shi X. Public appeal, environmental regulation and green investment: Evidence from China [J] . Energy Policy, 2018 (119): 554 - 562.

[299] Limpaitoon T, Chen Y, Oren S. The impact of imperfect competition in emission permits trading on oligopolistic electricity markets [J] . The Energy Journal, 2014, 35 (3): 145 - 166.

[300] Lin B, Jia Z. The impact of Emission Trading Scheme (ETS) and the choice of coverage industry in ETS: A case study in China [J] . Applied Energy, 2017 (205): 1512 - 1527.

[301] Linn J. Technological modifications in the nitrogen oxides tradable permit program [J] . The Energy Journal, 2008, 29 (3): 153 - 176.

[302] Lise W, Hobbs B F, Hers S. Market power in the European electricity mar-

ket – the impacts of dry weather and additional transmission capacity [J]. Energy Policy, 2008, 36 (4): 1331 – 1343.

[303] Lise W, Linderhof V, Kuik O, Kemfert C, Östling R, Heinzow T. A game theoretic model of the Northwestern European electricity market – market power and the environment [J]. Energy Policy, 2006, 34 (15): 2123 – 2136.

[304] Liski M, Montero J P. A note on market power in an emission permits market with banking [J]. Environmental and Resource Economics, 2005, 31 (2): 159 – 173.

[305] Liski M, Montero J P. On pollution permit banking and market power [J]. Journal of Regulatory Economics, 2006, 29 (3): 283 – 302.

[306] Liski, M, Montero J P. Market power in an exhaustible resource market: The case of storable pollution permits [J]. Economic Journal, 2010 (121): 116 – 144.

[307] Liu L W, Chen C X, Zhao Y F, Zhao E D. China's carbon – emissions trading: Overview, challenges and future [J]. Renewable and Sustainable Energy Reviews, 2015 (49): 254 – 266.

[308] Liu L W, Sun X R, Chen C X, Zhao E D. How will auctioning impact on the carbon emission abatement cost of electric power generation sector in China? [J]. Applied Energy, 2016 (168): 594 – 609.

[309] Liu X, Fan Y. Business perspective to the national greenhouse gases emissions trading scheme: A survey of cement companies in China [J]. Energy Policy, 2018 (112): 141 – 151.

[310] Liu Y P, Guo J F, Fan Y. A big data study on emitting companies' performance in the first two phases of the European Union Emission Trading Scheme [J]. Journal of Cleaner Production, 2017 (142): 1028 – 1043.

[311] Lo A Y. Challenges to the development of carbon markets in China [J]. Climate Policy, 2016, 16 (1): 109 – 124.

[312] Liu Y, Tan X J, Yu Y, Qi S Z. Assessment of impacts of Hubei Pilot emission trading schemes in China – A CGE – analysis using Term CO_2 model [J]. Applied Energy, 2017 (189): 762 – 769.

[313] Löschel A, Zhang Z X. The economic and environmental implications of the US repudiation of the Kyoto Protocol and the subsequent deals in Bonn and Marrakech [J]. Weltwirtschaftliches Archiv, 2002, 138 (4): 711 – 746.

[314] Möst D, Genoese M. Market power in the German wholesale electricity mar-

ket [J] . The Journal of Energy Markets, 2009, 2 (2): 47 – 74.

[315] Ma C, Hailu A. The marginal abatement cost of carbon emissions in China [J] . The Energy Journal, 2016 (37): 111 – 127.

[316] Macher J T, Richman B D. Transaction cost economics: An assessment of empirical research in the social sciences [J] . Business and Politics, 2008, 10 (1): 1 – 63.

[317] Maeda A. The emergence of market power in emission rights markets: The role of initial permit distribution [J] . Journal of Regulatory Economics, 2003, 24 (3): 293 – 314.

[318] Malik A S. Further results on permit markets with market power and cheating [J] . Journal of Environmental Economics and Management, 2002, 44 (3): 371 – 390.

[319] Malueg D A, Yates A J. Bilateral oligopoly, private information, and pollution permit markets [J] . Environmental and Resource Economics, 2009, 43 (4): 553 – 572.

[320] Malueg D A, Yates A J. Strategic behavior, private information, and decentralization in the European Union emissions trading system [J] . Environmental and Resource Economics, 2009, 43 (3): 413 – 432.

[321] Malueg D A. Welfare consequences of emission credit trading programs [J] . Journal of Environmental Economics and Management, 1990, 18 (1): 66 – 77.

[322] Marshall A. Principles of economics: Unabridged eighth edition [M]. Cosimo, Inc. , 2009.

[323] Matthes F C, Poetzsch S, Grashoff K. Power Generation Market Concentration in Europe 1996 – 2005. An Empirical Analysis [R] . Working Paper: Öko – Institut, Berlin, 2007.

[324] McCann L, Colby B, Easter K W, Kasterine A, Kuperan K V. Transaction cost measurement for evaluating environmental policies [J] . Ecological Economics, 2005, 52 (4): 527 – 542.

[325] McCann L, Easter K W. Estimates of public sector transaction costs in NRCS programs [J] . Journal of Agricultural and Applied Economics, 2000, 32 (3): 555 – 564.

[326] McKibbin W J, Wilcoxen P J. A better way to slow global climate change [D] . Australian National University, Economics and Environment Network, 1997.

[327] Michaelowa A, Jotzo F. Transaction costs, institutional rigidities and the size

of the clean development mechanism [J]. Energy Policy, 2005, 33 (4): 511 -523.

[328] Michaelowa A, Stronzik M, Eckermann F, Hunt A. Transaction costs of the Kyoto Mechanisms [J] . Climate Policy, 2003, 3 (3): 261 -278.

[329] Miller R A. Herfindahl - hirschman index as a market structure variable: An exposition for antitrust practitioners [J] . Antitrust Bull, 1982 (27): 593.

[330] Misiolek W S, Elder H W. Exclusionary manipulation of markets for pollution rights [J] . Journal of Environmental Economics and Management, 1989, 16 (2): 156 -166.

[331] Mohr R D. Environmental performance standards and the adoption of technology [J] . Ecological Economics, 2006, 58 (2): 238 -248.

[332] Moner - Colonques R, Rubio S. The timing of environmental policy in a duopolistic market [J] . Economía Agrariay Recursos Naturales/Agricultural and Resource Economics, 2015, 15 (1): 11 -40.

[333] Montero J P, Sanchez J M, Katz R. A market - based environmental policy experiment in Chile [J] . Journal of Law and Economics, 2002, 45 (1): 267 -287.

[334] Montero J P. A simple auction mechanism for the optimal allocation of the commons [J] . The American Economic Review, 2008, 98 (1): 496 -518.

[335] Montero J P. Market power in pollution permit markets [J] . The Energy Journal, 2009, 30 (S12): 115 -143.

[336] Montero J P. Market structure and environmental innovation [J] . Journal of Applied Economics, 2002, 5 (2): 293 -325.

[337] Montero J P. Marketable pollution permits with uncertainty and transaction costs [J] . Resource and Energy Economics, 1998, 20 (1): 27 -50.

[338] Montero J P. Permits, standards, and technology innovation [J] . Journal of Environmental Economics and Management, 2002, 44 (1): 23 -44.

[339] Montgomery W D. Markets in licenses and efficient pollution control programs [J] . Journal of Economic Theory, 1972, 5 (3): 395 -418.

[340] Mount T. Market power and price volatility in restructured markets for electricity [J] . Decision Support Systems, 2001, 30 (3): 311 -325.

[341] Mu Y Q, Evans S, Wang C, Cai W J. How will sectoral coverage affect the efficiency of an emissions trading system? A CGE - based case study of China [J]. Applied Energy, 2017 (227): 403 -414.

[342] Muller R A, Mestelman S, Spraggon J, Godby R. Can double auctions control monopoly and monopsony power in emissions trading markets? [J] . Journal of

Environmental Economics and Management, 2002, 44 (1): 70 –92.

[343] Muller R A, Mestelman S. Emission trading with shares and coupons: A laboratory experiment [J] . The Energy Journal, 1994, 15 (2): 185 –211.

[344] Mundaca L. Transaction costs of tradable white certificate schemes: The energy efficiency commitment as case study [J] . Energy Policy, 2007, 35 (8): 4340 –4354.

[345] Munnings C, Morgenstern R D, Wang Z M, Liu X. Assessing the design of three carbon trading pilot programs in China [J] . Energy Policy, 2016 (96): 688 –699.

[346] Nannerup N. Strategic environmental policy under incomplete information [J] . Environmental and Resource Economics, 1998, 11 (1): 61 –78.

[347] Nelissen D, Requate T. Pollution – reducing and resource – saving technological progress [J] . International Journal of Agricultural Resources, Governance and Ecology, 2007, 6 (1): 5 –44.

[348] Netusil N R, Braden J B. Transaction costs and sequential bargaining in transferable discharge permit markets [J] . Journal of Environmental Management, 2001, 61 (3): 253 –262.

[349] Newell R G, Pizer W A. Regulating stock externalities under uncertainty [J] . Journal of Environmental Economics and Management, 2003, 45 (2): 416 –432.

[350] Newell R, Pizer W, Zhang J. Managing permit markets to stabilize prices [J] . Environmental and Resource Economics, 2005, 31 (2): 133 –157.

[351] Nordhaus W D. The challenge of global warming: Economic models and environmental policy [M] . New Haven: Yale University, 2007.

[352] Nordhaus W D. The cost of slowing climate change: A survey [J] . The Energy Journal, 1991, 12 (1): 37 –66.

[353] Nortje K. Measuring, reporting and verifying mitigation actions at the municipal level [D] . MPhil Thesis, University of Cape Town, South Africa, 2013.

[354] OECD Development Assistance Committee. Climate – Related Development Finance in 2013 – Improving the Statistical Picture [M] . Paris: DAC, 2015.

[355] Okada A. International negotiations on climate change: A non – cooperative game analysis of the Kyoto Protocol [A] //Rudolf Avenhaus and I. William Zartman (Eds) . Diplomacy Games: Formal Models and International Negotiations. Springer, Berlin, Germany, 2007: 231 –250.

[356] Olmstead S M, Stavins R N. Three key elements of a post – 2012 international climate policy architecture [J] . Review of Environmental Economics and Policy, 2011, 6 (1): 65 – 85.

[357] Outrata J V, Ferris M C, Červinka M, Outrata M. On Cournot – Nash – Walras equilibria and their computation [J] . Set – Valued and Variational Analysis, 2016, 24 (3): 387 – 402.

[358] Pahle M, Lessmann K, Edenhofer O, Bauer N. Investments in imperfect power markets under carbon pricing: A case study based analysis [J] . The Energy Journal, 2013, 34 (4): 199 – 227.

[359] Panzar J C, Rosse J N. Chamberlin versus Robinson: An empirical test for monopoly rents [D] . Workshop on Applied Microeconomics, Industrial Organization, and Regulation, Department of Economics, Stanford University, 1977.

[360] Peleg B. Axiomatizations of the core [J] . Handbook of Game Theory with Economic Applications, 1992 (1): 397 – 412.

[361] Petroleum B. Statistical Review of World Energy Report [M] . BP: London, UK, 2022.

[362] Pezzey J C V. Emission taxes and tradable permits a comparison of views on long – run efficiency [J] . Environmental and Resource Economics, 2003, 26 (2): 29 – 342.

[363] Pickering J, McGee J S, Stephens T, Karlsson – Vinkhuyzen S I. The impact of the US retreat from the Paris Agreement: Kyoto revisited? [J] . Climate Policy, 2018, 18 (7): 818 – 827.

[364] Pigou A C. The economics of welfare [M] . London: Macmillan, 1920.

[365] Pizer W A. Combining price and quantity controls to mitigate global climate change [J] . Journal of Public Economics, 2002, 85 (3): 409 – 434.

[366] Pizer W A. Price vs. quantities revisited: The case of climate change [M]. Washington, DC: Resources for the Future, 1997.

[367] Postlewaite A. Manipulation via endowments [J] . Review of Economic Studies, 1979, 46 (2): 255 – 262.

[368] Prasad M. Taxation as a regulatory tool: Lessons from environmental taxes in Europe [J] . Government and Markets: Toward a New Theory of Regulation, 2010: 363 – 390.

[369] Pratlong F. International competitiveness and strategic distribution of emission permits [Z] . Manuscript Presented at the 13th Annual Conference of EAERE,

Budapest, 2004.

[370] Qi T Y, Weng Y Y. Economic impacts of an international carbon market in achieving the INDC targets [J] . Energy, 2016 (109): 886 -893.

[371] Qi Y, Stern N, Wu T, Lu J, Green F. China's post - coal growth [J]. Nature Geoscience, 2016, 9 (8): 564.

[372] Rassenti S J, Smith V L, Wilson B J. Controlling market power and price spikes in electricity networks: Demand - side bidding [J] . Proceedings of the National Academy of Sciences, 2003, 100 (5): 2998 -3003.

[373] Reinganum J F. Market structure and the diffusion of new technology [J]. Bell Journal of Economics, 1981, 12 (2): 618 -624.

[374] Requate T. Dynamic incentives by environmental policy instruments - a survey [J] . Ecological Economics, 2005, 54 (2): 175 -195.

[375] Requate T. Environmental policy under imperfect competition [J] . The International Yearbook of Environmental and Resource Economics, 2006: 120 -207.

[376] Requate T. Timing and commitment of environmental policy, adoption of new technology, and repercussions on R&D [J] . Environmental and Resource Economics, 2005, 31 (2): 175 -199.

[377] Robinson J. The Economics of imperfect competition [M]. Springer, 1969.

[378] Rogge K S, Schneider M, Hoffmann V H. The innovation impact of the EU emission trading system: Findings of company case studies in the German power sector [J] . Ecological Ecomics, 2011, 70 (3): 513 -523.

[379] Rootzen J. Reducing carbon dioxide emissions from the EU power and industry sectors - An assessment of key technologies and measures [Z] . Thesis for the Degree of Licentiate of Engineering, Department of Energy and Environment, Chalmers University of Technology Gothenburg, Sweden, 2012.

[380] Rubinstein A. Perfect equilibrium in a bargaining model [J]. Econometrica: Journal of the Econometric Society, 1982, 50 (1): 97 -109.

[381] Russell C S, Vaughan W J. The choice of pollution control policy instruments in developing countries: Arguments, evidence and suggestions [J]. International Yearbook of Environmental and Resource Economics, 2003 (7): 331 -373.

[382] Salant S W, Switzer S, Reynolds R J. Losses from horizontal merger: The effects of an exogenous change in industry structure on Cournot - Nash equilibrium [J]. Quarterly Journal of Economics, 1983, 98 (2): 185 -199.

[383] Sandsmark M. Spatial oligopolies with cooperative distribution [J]. Inter-

national Game Theory Review, 2009, 11 (1): 33 -40.

[384] Sanin M E, Zanaj S. Environmental innovation under Cournot competition [R] . Working Paper in Center for Operations Research and Econometrics (CORE), Université Catholique de Louvain, 2007.

[385] Santore R, Robison H D, Klein Y. Strategic state - level environmental policy with asymmetric pollution spillovers [J] . Journal of Public Economics, 2001, 80 (2): 199 -224.

[386] Sartzetakis E S. Raising rivals'costs strategies via emission permits markets [J] . Review of Industrial Organization, 1997a, 12 (5 -6): 751 -765.

[387] Sartzetakis E S. Tradeable emission permits regulations in the presence of imperfectly competitive product markets: Welfare implications [J] . Environmental and Resource Economics, 1997, 9 (1): 65 -81.

[388] Schakenbach J, Vollaro R, Forte R. Fundamentals of successful monitoring, reporting, and verification under a cap - and - trade program [J] . Journal of the Air & Waste Management Association, 2006, 56 (11): 1576 -1583.

[389] Schelling T C. The strategy of conflict. Prospectus for a reorientation of game theory [J] . Journal of Conflict Resolution, 1958, 2 (3): 203 -264.

[390] Schleich J, Betz R. EU emissions trading and transaction costs for small and medium sized companies [J] . Intereconomics, 2004, 39 (3): 121 -123.

[391] Schleich J, Betz R. Incentives for energy efficiency and innovation in the European emission trading system [J] . Proceedings of the 2005 ECEEE Summer Study - What Works & Who Delivers, 2005 (7): 1495 -1506.

[392] Schmalensee R, Joskow P L, Ellerman A D, Montero J P, Bailey E M. An interim evaluation of sulfur dioxide emissions trading [J] . Journal of Economic Perspectives, 1998, 12 (3): 53 -68.

[393] Schneider L, Lazarus M, Lee C, Van Asselt H. Restricted linking of emissions trading systems: Options, benefits, and challenges [J] . International Environmental Agreements: Politics, Law and Economics, 2017, 17 (6): 1 -16.

[394] Schnier K, Doyle M, Rigby J R, Yates A J. Bilateral oligopoly in pollution allowance markets: Experimental evidence [J] . Economic Inquiry, 2014, 52 (3): 1060 -1079.

[395] Schumpeter J A. Capitalism, Socialism and Democracy [M] . London: George Allen & Uniwin Publishers, 1942.

[396] Sengupta A. Investment in cleaner technology and signaling distortions in a

market with green consumers [J] . Journal of Environmental Economics and Management, 2012, 64 (3): 468 -480.

[397] Shapley L S, Shubik M. On market games [J] . Journal of Economic Theory, 1969, 1 (1): 9 -25.

[398] Shelanski H A, Klein P G. Empirical research in transaction cost economics: A review and assessment [J] . Journal of Law, Economics & Organization, 1995, 11 (2): 335 -361.

[399] Shen B, Dai F, Price L, Lu H Y. California's Cap - and - Trade Programme and Insights for China's Pilot Schemes [J] . Energy & Environment, 2014, 25 (3): 551 -576.

[400] Shitovitz B. Oligopoly in markets with a continuum of traders [J]. Econometrica: Journal of the Econometric Society, 1973, 41 (3): 467 -501.

[401] Singh R, Weninger Q. Cap - and - trade under transactions costs and factor irreversibility [J] . Economic Theory, 2017, 64 (2): 357 -407.

[402] Skjærseth J B, Wettestad J. The origin, evolution and consequences of the EU emissions trading system [J] . Global Environmental Politics, 2009, 9 (2): 22 -101.

[403] Skytte K. Market imperfections on the power markets in northern Europe: A survey paper [J] . Energy Policy, 1999, 27 (1): 25 -32.

[404] Smith S, Swierzbinski J. Assessing the performance of the UK emissions trading scheme [J] . Environmental and Resource Economics, 2007, 37 (1): 131 -158.

[405] Song B, Marchant M A, Reed M R, Xu S. Competitive analysis and market power of China's soybean import market [J] . International Food and Agribusiness Management Review, 2009, 12 (1): 21 -42.

[406] Song X, Lu Y, Shen L, Shi X. Will China's building sector participate in emission trading system? Insights from modelling an owner's optimal carbon reduction strategies [J] . Energy Policy, 2018 (118): 232 -244.

[407] Sopher P. Emissions Trading around the world: Dynamics progress in developed and developing countries [J] . Carbon & Climate Law Review: CCLR, 2012, 6 (4):306 -316.

[408] Sovacool B K. The political economy of pollution markets: Historical lessons for modern energy and climate planners [J] . Renewable and Sustainable Energy Reviews, 2015 (49): 943 -953.

[409] Springer U. The market for tradable GHG permits under the Kyoto Protocol:

A survey of model studies [J] . Energy Economics, 2003, 25 (5): 527 -551.

[410] Stavins R N. Harnessing market forces to protect the environment [J]. Environment: Science and Policy for Sustainable Development, 1989, 31 (1): 5 -35.

[411] Stavins R N. Transaction costs and tradeable permits [J] . Journal of Environmental Economics and Management, 1995, 29 (2): 133 -148.

[412] Stavins, R. N. What can we learn from the grand policy experiment? Lessons from SO_2 allowance trading [J] . Journal of Economic Perspectives, 1998, 12 (3): 69 -88.

[413] Steen F, Salvanes K G. Testing for market power using a dynamic oligopoly model [J] . International Journal of Industrial Organization, 1999, 17 (2): 147 -177.

[414] Stian R, Chen K. China considering power sector - only ETS, reports say [EB/OL] . https: //carbon - pulse. com/38720, 2017 -08 -13.

[415] Stigler G J. Law and economics of public policy: A plea to the scholars [J] . Journal of Legal Studies, 1972 (1): 1 -12.

[416] Stocking A. Unintended consequences of price controls: An application to allowance markets [J] . Journal of Environmental Economics and Management, 2012, 63 (1): 120 -136.

[417] Stranlund J K. The economics of enforcing emissions markets [J] . Review of Environmental Economics and Policy, 2017, 11 (2): 227 -246.

[418] Sweeting A. Market power in the England and Wales wholesale electricity market: 1995 -2000 [J] . The Economic Journal, 2007, 117 (520): 654 -685.

[419] Tanaka M, Chen Y. Market power in emissions trading: Strategically manipulating permit price through fringe firms [J] . Applied Energy, 2012 (96): 203 -211.

[420] Tanaka M, Chen Y. Market power in renewable portfolio standards [J]. Energy Economics, 2013 (39): 187 -196.

[421] Thirtle C G, Ruttan V W. The role of demand and supply in the generation and diffusion of technical change (Vol. 21) [M] . Taylor & Francis, 1987.

[422] Thompson D B. Beyond benefit - cost analysis: Institutional transaction costs and regulation of water quality [J] . Natural Resources Journal, 1999 (39): 517 -541.

[423] Thomson W. New variable - population paradoxes for resource allocation [J] . Social Choice and Welfare, 2014, 42 (2): 255 -277.

[424] Tietenberg T H. Emissions Trading: Principles and Practice. First ed [M]. London: Routledge, 2010.

[425] Tirole J. The theory of industrial organization [M]. MIT Press, 1988.

[426] Twomey P, Green R J, Neuhoff K, Newbery D M. A review of the monitoring of market power the possible roles of TSOs in monitoring for market power issues in congested transmission systems [R]. Massachusetts Institute of Technology, Center for Energy and Environmental Policy Research, 2006.

[427] Upston – Hooper K, Swartz J. Emissions trading in kazakhastan: Challenges and issues of developing an emissions trading scheme [J]. Carbon & Climate Law Review, 2013, 7 (1): 71 – 73.

[428] Usapein P, Chavalparit O. A start – up MRV system for an emission trading scheme in Thailand: A case study in the petrochemical industry [J]. Journal of Cleaner Production, 2017 (142): 3396 – 3408.

[429] Van Egteren H, Weber M. Marketable permits, market power, and cheating [J]. Journal of Environmental Economics and Management, 1996, 30 (2): 161 – 173.

[430] Varian H R. Intermediate microeconomics with calculus: A modern approach [M]. New York: W. W. Norton & Company, 2014.

[431] Vehmas J. Energy – related taxation as an environmental policy tool – the Finnish experience 1990 – 200 [J]. Energy Policy, 2005, 33 (17): 2175 – 2182.

[432] Vickers J. Abuse of market power [J]. The Economic Journal, 2005, 115 (504): F244 – F261.

[433] Viguier L, Vielle M, Haurie A, Bernard A. A two – level computable equilibrium model to assess the strategic allocation of emission allowances within the European Union [J]. Computers & Operations Research, 2006, 33 (2): 369 – 385.

[434] Vine E L, Sathaye J A, Makundi W R. RETRACTED: An overview of guidelines and issues for the monitoring, evaluation, reporting, verification, and certification of forestry projects for climate change mitigation [J]. Global Environmental Change, 2001, 11 (3): 203 – 216.

[435] Vine E L, Sathaye J A. The monitoring, evaluation, reporting, verification, and certification of energy – efficiency projects [J]. Mitigation and Adaptation Strategies for Global Change, 2000, 5 (2): 189 – 216.

[436] Von der Fehr N H M. Tradable emission rights and strategic interaction [J]. Environmental and Resource Economics, 1993, 3 (2): 129 – 151.

[437] Vossen R W. Market power, industrial concentration and innovative activity

[J] . Review of Industrial Organization, 1999, 15 (4): 367 -378.

[438] Wang C, Yang Y, Zhang J J. China's sectoral strategies in energy conservation and carbon mitigation [J] . Climate Policy, 2015, 15 (sup. 1): S60 - S80.

[439] Wang J Q, Gu F, Liu Y P, Fan Y, Guo J F. Bidirectional interactions between trading behaviors and carbon prices in European Union emission trading scheme [J] . Journal of Cleaner Production, 2019 (224): 435 -443.

[440] Wang J Q, Gu F, LiuY P, Fan Y, Guo J F. An endowment effect study in the European union emission trading market based on trading price and price fluctuation [J] . International Journal of Environmental Research and Public Health, 2020, 17 (9): 3343.

[441] Wang X, Zhang X B, Zhu L. Imperfect market, emissions trading scheme, and technology adoption: A case study of an energy - intensive sector [J] . Energy Economics, 2019 (81): 142 -158.

[442] Wang X, Zhu L, Liu P F. Manipulation via endownments: Quantifying the influence of market power on the emission trading scheme [J] . Energy Economics, 2021, 103: 105533.

[443] Wang X, Zhu L, Fan Y. Transaction costs, market structure and efficient coverage of emissions trading scheme: A microlevel study from the pilots in China [J]. Applied Energy, 2018 (220): 657 -671.

[444] Westskog H. Market power in a system of tradeable CO_2 quotas [J]. The Energy Journal, 1996, 17 (3): 85 -103.

[445] Wettestad J. The making of the 2003 EU emissions trading directive: An ultra - quick process due to entrepreneurial proficiency? [J] . Global Environmental Politics, 2005, 5 (1): 1 -23.

[446] Williamson O E. The Economic Institutions of Capitalism: Firms, markets, relational Contracting [J] . Das Summa Summarum des Management, 2007: 61 -75.

[447] Williamson O E. The economics of organization: The transaction cost approach [J] . American Journal of Sociology, 1981, 87 (3): 548 -577.

[448] Wirl F. Oligopoly meets oligopsony: The case of permits [J] . Journal of Environmental Economics and Management, 2009, 58 (3): 329 -337.

[449] Woerdman E. Emissions trading and transaction costs: Analyzing the flaws in the discussion [J] . Ecological Economics, 2001, 38 (2): 293 -304.

[450] Wolfram C D. Measuring duopoly power in the British electricity spot market [J] . American Economic Review, 1999, 89 (4): 805 -826.

[451] World Bank. State and trends of carbon pricing 2014 [M] . Washington, D. C. : World Bank Publications, 2014.

[452] Worrell E, Martin N, Price L. Potentials for energy efficiency improvement in the US cement industry [J] . Energy, 2000, 25 (12): 1189 – 1214.

[453] Wu G, Miao Z, Shao S, Geng Y, Sheng J C, Li D J. The elasticity of the potential of emission reduction to energy saving: Definition, measurement, and evidence from China [J] . Ecological Indicators, 2017 (78): 395 – 404.

[454] Wu J, Fan Y, Timilsina G, Xia Y, Guo R. Understanding the economic impact of interacting carbon pricing and renewable energy policy in China [J]. Regional Environmental Change, 2020, 20 (3): 1 – 11.

[455] Wu L B, Qian H Q, Li J. Advancing the experiment to reality: Perspectives on Shanghai pilot carbon emissions trading scheme [J] . Energy Policy, 2014 (75): 22 – 30.

[456] Wu R, Dai H C, Geng Y, Xie Y, Masui T, Tian X. Achieving China's INDC through carbon cap – and – trade: Insights from Shanghai [J] . Applied Energy, 2016 (184): 1114 – 1122.

[457] Xiong L, Shen B, Qi S Z, Price L, Ye B. The allowance mechanism of China's carbon trading pilots: A comparative analysis with schemes in EU and California [J] . Applied Energy, 2017 (185): 1849 – 1859.

[458] Yang Z B, Fan M T, Shao S, Yang L L. Does carbon intensity constraint policy improve industrial green production performance in China? A quasi – DID analysis [J] . Energy Economics, 2017 (68): 271 – 282.

[459] Yates A J, Doyle M W, Rigby J R, Schenier K E. Market power, private information, and the optimal scale of pollution permit markets with application to North Carolina's Neuse River [J] . Resource and Energy Economics, 2013, 35 (3): 256 – 276.

[460] Yu S M, Fan Y, Zhu L, Eichhammer W. Modeling the emission trading scheme from an agent – based perspective: System dynamics emerging from firms' coordination among abatement options [J] . European Journal of Operational Research, 2020, 286 (3): 1113 – 1128.

[461] Zhang C, Wang Q W, Shi D, Li P F, Cai W H. Scenario – based potential effects of carbon trading in China: An integrated approach [J] . Applied Energy, 2016 (182): 177 – 190.

[462] Zhang D, Karplus V J, Cassisa C, Zhang X L. Emissions trading in China: Progress and prospects [J] . Energy Policy, 2014 (75): 9 – 16.

[463] Zhang J, Wang Z, Du X. Lessons learned from China's regional carbon market pilots [J]. Economics of Energy & Environmental Policy, 2017, 6 (2): 19-38.

[464] Zhang M Z, Zhang W X. Recognition and analysis of potential risks in China's carbon emission trading markets [J]. Advances in Climate Change Research, 2019, 10 (1): 30-46.

[465] Zhang X, Qi T Y, Ou X M, Zhang X L. The role of multi-region integrated emissions trading scheme: A computable general equilibrium analysis [J]. Applied Energy, 2017 (185): 1860-1868.

[466] Zhang X, Zhao X R, Jiang Z J, Shao S. How to achieve the 2030 CO_2 emission-reduction targets for China's industrial sector: Retrospective decomposition and prospective trajectories [J]. Global Environmental Change, 2017 (44): 83-97.

[467] Zhang Y J, Wang A D, Tan W. The impact of China's carbon allowance allocation rules on the product prices and emission reduction behaviors of ETS-covered enterprises [J]. Energy Policy, 2015 (86): 176-185.

[468] Zhang Z X. Carbon emissions trading in China: The evolution from pilots to a nationwide scheme [J]. Climate Policy, 2015, 15 (sup. 1): 104-126.

[469] Zhang Z X. Crossing the river by feeling the stones: The case of carbon trading in China [J]. Environmental Economics and Policy Studies, 2015, 17 (2): 263-297.

[470] Zhou X, Ye W, Zhang B. Introducing nonpoint source transferable quotas in nitrogen trading: The effects of transaction costs and uncertainty [J]. Journal of Environmental Management, 2016 (168): 252-259.

[471] Zhu L, Wang X, Zhang D. Identifying strategic traders in China's pilot carbon emissions trading scheme [J]. The Energy Journal, 2020, 41 (2): 123-142.

附　录

附录一　碳市场配额交易者减排成本曲线的集成估计

一、用于实例分析的排放权交易者减排成本曲线的估计方法研究综述

正如本书第一章所指出的，大量的研究已清晰地识别出市场势力与交易成本对碳排放权交易机制有效性带来不可忽视的影响。为了更加直观地分析不完全竞争的市场结构对碳排放权交易机制有效性的影响，开展相应的实例分析是十分必要的。而参与碳市场的各层次交易者的减排成本曲线则成为相关实例分析最为重要的数据基础。地区、行业和厂商层面的减排成本曲线能够有效地反映各自的减排潜力，而各层次交易者即依据其减排潜力与所获得初始配额的大小决策配额交易行为：初始配额分配方式的选择依赖于政策制定者的多方面考量，从而在本书的分析中将其视为外生给定而不再加以讨论；而准确描述不同交易者的减排潜力则需要给出较为公允的有关减排成本曲线的描绘方法。

当时，一方面，排放权交易机制实践时间并不算长，可以获得的数据并不丰富；另一方面，配额交易者的边际减排成本曲线目前作为评估碳市场有效性并开展实例分析的关键数据基础仍然未有较为公允的估计方法。因此，有关碳排放权交易机制有效性的实例分析目前为止并不多见。特别是厂商层面边际减排成本（MAC）曲线的估计和校准已成为制约这方面研究的主要因素。因此，本书在对国家、地区、行业，以及厂商层面边际减排成本函数及其性质给出一定假设的基础上，提出估计各层面配额交易者边际减排成本曲线的集成估计方法（Aggregated Estimation Approach）。我们所估计得到的厂商减排成本曲线将为开展厂商排放权交易行为建模的局部均衡分析提供数据基础。

国家或地区分行业的边际减排成本曲线可以由静态的 CGE 模型等自上而下建模的方法估计得到。很多学者也采用如数据包络分析（DEA）、非参数估计等

方法估计行业或者地区层面的减排成本曲线（陈芸等，2014；傅京燕和代玉婷，2015；Ma and Hailu，2016）。而在建模方法上更为成熟的可计算一般均衡（CGE）模型则被多数学者所采用以模拟得到国家、地区或行业边际减排成本曲线，从而开展相关的实例分析。例如，Böhringer 等（2007）与 Böhringer 和 Rosendahl（2009）为分析俄罗斯在“京都机制”下的国际碳排放权交易市场中可能拥有的市场势力对碳市场总履约成本的影响时，即采用基于全球贸易分析模型（GTAP）数据库构建的多国多区域 CGE 模型模拟得到的国家或地区的减排成本曲线。Böhringer 和 Rosendahl（2009）与 Fan 和 Wang（2014）则运用由 GTAP 数据库构建的 CGE 模型模拟得到的国家/地区分行业的减排成本曲线探讨国家或者地区面临在交易部门和非交易部门间分摊减排责任时出现的策略性配额分配行为。Böhringer 等（2014）进而讨论了此时碳市场有关扩大覆盖范围的机制设计对各地区社会总福利的影响。

我们需要强调的是，上述类似 CGE 模型的自上而下（Top - down）建模方法仅能用来估计宏观层面市场参与主体的减排成本曲线而不能估计微观厂商的减排成本曲线。这类曲线最为理想的估计方法是依据其所选取减排技术的成本与减排潜力评估的自下而上（Bottom - up）建模方法。从严格意义上来说，评估厂商的减排潜力需要通过开展大量的调查以获取厂商节能减排技术及其采用成本支出等相关信息与数据。但实际上因为受市场化减排政策约束的厂商众多，采用这一自下而上建模的方法去估计厂商减排成本曲线是极为困难的（Hyman et al.，2003）。Betz 等（2010）曾利用 EU ETS 各排放设备（Installation）的实际数据对各行业中的所有设备进行分类，并运用基于自底向上建模得到的行业减排潜力数据拟合出各行业中四个代表性设备而非全部设备的边际减排成本曲线。但如果我们需要考虑的厂商数目众多，针对这些厂商展开大范围调查获取足够的信息也是不可能实现的。此外，目前鲜有采用自底向上建模方法评估中国多个工业部门减排潜力的研究。因此，我们不能采用 Betz 等（2010）使用的方法获得厂商边际减排成本曲线。而目前类似关注厂商层面的实证分析极为鲜见。同时，中国目前尚未有基于减排技术评估得到的多行业减排成本数据库，同时获取相关信息的难度极大，因此基于自底向上建模的方法估计碳市场所覆盖厂商的边际减排成本曲线几乎是不可能实现的。

本书作者则在近年来依据由 CGE 模型估计得到的国家/地区层面行业边际减排成本曲线和坐标轴平移技术而尝试提出集成估计方法（aggregated approach），以作为估计厂商减排成本曲线的一种替代方案。该方法的设计思路最早被 Bohm 和 Larsen（1994）与 Okada（2007）所提出；他们依据美国边际减排成本曲线而分别估计得到东欧国家以及欧盟、日本的减排成本曲线。这一方法的主旨思想在于，假定上述国家或地区与美国之间在减排潜力上的差异主要体现在碳排放强度的不同上，因而依据美国边际减排成本曲线和各国/地区碳排放强度之间的比例关系来估计其他国家/地区的减排成本曲线。这一方法后来被李陶等（2010）、范英（2011）、崔连标等（2013）、Cui 等（2014）与 Fan 和 Wang（2014）用于估计中国地区/行业减排成本曲线：他们的研究将全国碳排放强度视为各地区碳排放强度的平均值，从而依据由 CGE 模型得到的中国边际减排成本曲线和各地区与国家层面碳排放强度之间的比例关系建立了各地区减排成本曲线的估计模型。

二、碳排放权交易减排成本曲线集成估计方法的主要思想

我们所提出的集成估计方法的基本思想源于 Bohm 和 Larsen（1994）与 Okada（2003）的研究。Nordhaus（1991）给出的由 CGE 模型得到并以对数函数形式表示的美国、西欧等地区的边际减排曲线则是这一研究的数据基础；而这一方法的基本假设则在于，国家或地区间减排潜力的差异仅由其碳排放强度所决定。Bohm 和 Larsen（1994）运用这一数据并依据地区间排放和碳排放强度之间的关系估计了东欧和苏联两个地区的边际减排成本曲线，Okada（2003）则对此方法加以扩展并分析各国在国际碳市场中的非合作博弈行为。Bohm 和 Larsen（1994）的这一思路可被称为以 CGE 模型为基础的边际减排成本曲线坐标轴平移技术（Coordinate Translation Technique）。

上述方法已被李陶等（2010）、崔连标等（2013）、Cui 等（2014）等学者用于中国各省份边际减排成本曲线的估计。首先，他们采用 CGE 模型模拟得到参照国家或地区的边际减排成本数据，并仍选用 Nordhous（1990）提出的对数函数形式对相应的边际减排成本函数加以估计。其次，他们将全国层面的碳排放强度看作是各地区层面碳排放强度的加权平均值，在考虑地区间碳排放强度差异的基础上对国家层面边际减排成本函数加以修正从而得到各地区边际减排成本函数与边际减排成本曲线。而 Fan 和 Wang（2014）则在运用 CGE 模型估计宏观层面边际减排成本曲线时对行业加以拆分，并运用坐标轴平移技术得到中国和各省份不同行业的边际减排成本曲线。

我们则对上述估计方法加以拓展以得到厂商层面的边际减排成本曲线，而这一方法因同时结合国家、地区、行业和厂商层面减排成本曲线的估计而被称为集成估计方法：首先，我们借鉴上述研究的思路估计得到特定行业的国家和地区层面的减排成本曲线；其次，我们再次以对数函数形式对行业减排成本曲线加以重新拟合，并依据厂商及其所属行业碳排放强度的数据通过修正行业减排成本函数而得到厂商边际减排成本曲线。此时，我们仍然给出一个合理的假设，即厂商间减排潜力的差异仅由其碳排放强度所决定。

在本书中，我们将这一方法应用于中国碳排放权交易试点地区覆盖厂商边际减排成本曲线的估计中。目前，各试点地区并未对参与排放权交易的厂商信息加以详细的披露。但是，中国在“十二五”规划期间实施的“万家企业节能低碳行动”则为我们获取厂商微观数据提供了新的来源。由国家发展改革委于2011年起实施的这一行动计划覆盖包括15000家每年能耗超过10000吨标准煤的工业厂商和每年能耗超过5000吨标准煤的交通运输企业和公共建筑。它们所带来的能源消费量占据中国能源消费总量的2/3。这一行动计划要求这些企业到2015年实现250兆吨标准煤的节能目标。我们依据该行动计划的相关资料得到厂商名录及其节能量目标信息，从而为我们估计厂商排放量提供了数据支持。考虑到试点地区参与这一行动的大型工业排放厂商也基本被纳入碳排放权交易，我们根据这些厂商信息得到的微观边际减排成本曲线可被用于针对碳市场机制有效性评估的实例分析中（Wang et al.，2018；Wang et al.，2019；Zhu et al.，2020）。

三、碳市场配额交易者减排成本曲线的集成估计方法

1. 国家层面分行业边际减排成本曲线的估计

首先，我们借鉴Bohm和Larsen（1994）与李陶等（2010）的思路，依据静态的CGE模型得到中国国家层面各行业的减排成本曲线。其次，我们基于Nordhaus（1991）给出的对数函数形式对模拟得到行业减排潜力数据加以拟合，将各行业的边际减排成本表示为相应减排比例R的函数。因此，对于行业j（j＝1，…，S，S为最终划分的行业个数），其在全国层面的边际减排成本曲线如附图1所示，而其边际减排成本函数则以常数项为0的对数函数形式给出，如式（附式1）所示：

$$MC_j = \beta_j \cdot \ln(1 - R_j) \qquad \text{（附式1）}$$

其中，MC_j为边际减排成本，R_j为相应的减排比例，而β_j为采用最小二乘法拟合行业减排成本数据所估计得到的系数。

2. 地区层面分行业边际减排成本曲线的估计

对于给定的行业j，我们需要依据其国家层面的边际减排成本函数MC_j以及国家和地区层面该行业碳排放强度的关系来估计得到地区层面该行业的减排成本曲线。我们需要说明的是，本书在实例分析部分所定义的地区均为省级行政区（即省、自治区和直辖市）[①]。我们首先将行业j在全国层面的碳排放强度定义为$\overline{e}_j = E_j/GDP_j$，而该行业在地区i的碳排放强度定义为$e_{i,j} = E_{i,j}/GDP_{i,j}$。

我们认为，该行业在不同地区减排成本曲线的形状具有以下特征：如果该行业在地区i的碳排放强度低于全国平均水平，则它仍具有一定的潜力而通过采用

① 考虑到数据的可获得性，本书的实例分析不关注西藏自治区、香港特别行政区、澳门特别行政区和台湾省。

适当措施来减少碳排放，从而该行业在这些地区的边际减排成本相对较高；因此，它的边际减排成本曲线的起点被假设位于附图 1 中的第一象限内，即处于全国层面边际减排成本曲线相对陡峭的位置 $R_{l,j}^0$。而如果该行业在地区 i 的碳排放强度高于全国平均水平，它的边际减排成本曲线的起点则被假设位于附图 1 中的第三象限内，即处于全国层面边际减排成本曲线相对陡峭的位置 $R_{h,j}^0$。

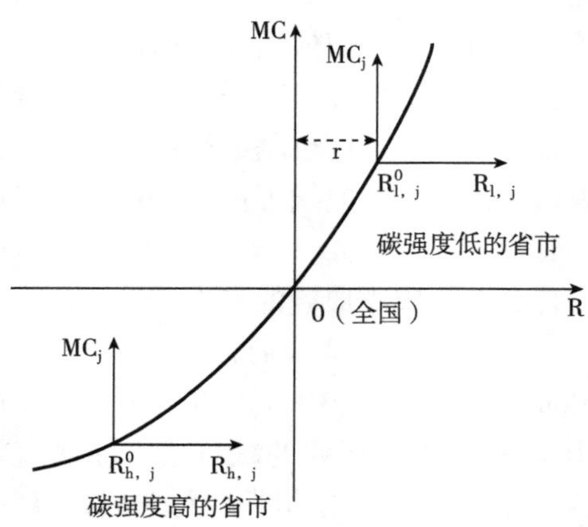

附图 1　国家与地区层面行业边际减排成本函数之间的关系图

注：横坐标 R 为减排比例，纵坐标 MC 为相应的减排成本。

资料来源：李陶等（2010）、崔连标等（2013）、Cui 等（2014）、Fan 和 Wang（2014）、Wang 等（2018）、Zhu 等（2020）。

正如 Okada（2007）所指出的，我们依据行业 j 在地区 i 的碳排放强度 $e_{i,j}$ 与其全国平均水平 $\bar{e}_j$ 之间的关系而假设相应边际减排成本曲线的起始点 $R_{i,j}^0$ 对应的横坐标 $r_{i,j}$（$r_{i,j}>0$，$i=l$；$r_{i,j}<0$，$i=h$）分别满足：

$$r_{i,j}=\begin{cases}1-\dfrac{e_{i,j}}{\bar{e}}, & \text{if} \quad e_{i,j}<\bar{e}\\ -1+\dfrac{\bar{e}}{e_{i,j}}, & \text{if} \quad e_{i,j}>\bar{e}\end{cases} \tag{附式 2}$$

而该行业在地区 i 的边际减排成本函数的起点无论位于哪一个象限，它在该地区的边际减排成本函数 $MC_{i,j}$ 仍表示为相应减排比例 $R_{i,j}$ 的函数，并满足：

$$MC_{i,j}(R_{i,j})=MC_j(R_{i,j}+r_{i,j})-MC_j(r_{i,j})=\beta_j\cdot\ln\left(1-\frac{R_{i,j}}{1-r_{i,j}}\right) \tag{附式 3}$$

我们将行业 j 在地区 i 的绝对减排量定义为 $A_{i,j}$，而将它在该地区无减排约束情景下的排放量定义为 $E_{i,j}$，从而上述减排比例满足 $R_{i,j}=\dfrac{A_{i,j}}{E_{i,j}}$。由此，我们将行

业 j 在地区 i 的边际减排成本 $MC_{i,j}$表示为其相应减排量的形式，即：

$$MC_{i,j}(A_{i,j}) = \beta_j \cdot \ln\left(1 - \frac{A_{i,j}}{E_{i,j} \cdot (1 - r_{i,j})}\right) \quad \text{（附式 4）}$$

3. *厂商层面边际减排成本曲线的估计*

我们将上述坐标轴平移的方法与已估计得到的地区层面各行业边际减排成本函数相结合来得到各地区各行业样本厂商的边际减排成本曲线（Firm – specific MAC Curve）。为此，我们需要将式（附式 4）所给出的地区层面行业边际减排成本曲线按照式（附式 1）的对数函数形式重新拟合而得到新的参数 $\beta_{i,j}$。具体而言，我们首先依据式（附式 4）中参数 β_j、$E_{i,j}$和 $r_{i,j}$的估计值生成有关行业 j 在地区 i 的任意减排量与相应边际减排成本的一组“观测值”；其次，我们仍然选择 Nordhaus（1991）给出的无常数项的对数函数形式对这一组“观测值”再次进行拟合，并运用最小二乘法估计得到新的地区层面行业减排成本函数的参数 $\beta_{i,j}$。因此，行业 j 在地区 i 的边际减排成本函数被表示为式（附式 5）：

$$MC_{i,j}(R_{i,j}) = \beta_{i,j} \cdot \ln(1 - R_{i,j}) \quad \text{（附式 5）}$$

其中，$R_{i,j}$为行业 j 在地区 i 的减排比例。

我们认为式（附式 5）仍可以类似于附图 1 中曲线 MC_j 的形态给出。并且我们继续假设，我们所定义的行业 j 在地区 i 的碳排放强度 $e_{i,j}$可以被看作是在该地区隶属于这一行业的所有厂商碳排放强度的平均值。因此，我们继续沿用坐标轴平移的思想而对拥有不同碳排放强度水平的厂商边际减排成本曲线的形式给出如下判断：碳排放强度较低的厂商边际减排成本曲线的起点应在第一象限，即在地区层面行业边际减排成本曲线相对陡峭的位置；而碳排放强度较高的厂商边际减排成本曲线的起点应在第三象限，即在地区层面边际减排成本曲线相对平缓的位置。因此，对于在地区 i 隶属于行业 j 的样本厂商 k，它的边际减排成本函数坐标轴的起点 $r_{i,j,k}$应被表示为：

$$r_{i,j,k} = \begin{cases} 1 - \dfrac{e_{i,j,k}}{e_{i,j}}, & \text{if} \quad e_{i,j,k} < e_{i,j} \\ -1 + \dfrac{e_{i,j}}{e_{i,j,k}}, & \text{if} \quad e_{i,j,k} > e_{i,j} \end{cases} \quad \text{（附式 6）}$$

其中，$e_{i,j,k}$为在地区 i 隶属于行业 j 的样本厂商 k 的碳排放强度。进而，我们采用类似的方法计算得到该厂商的边际减排成本函数：

$$MC_{i,j,k}(A_{i,j,k}) = \beta_{i,j} \cdot \ln\left(1 - \frac{A_{i,j,k}}{E_{i,j,k} \cdot (1 - r_{i,j,k})}\right) \quad \text{（附式 7）}$$

其中，$A_{i,j,k}$为该厂商相应的减排量，而 $E_{i,j,k}$为其在无减排约束情景下的排放量。

四、地区层面分行业边际减排成本函数中参数的校准

我们运用上述集成估计方法能够得到式（附式 7）给出的厂商边际减排成本函数。但是我们需要指出的是，这一集成估计方法在整个过程中实际上两次使用了坐标轴平移技术从而将会为厂商边际减排成本曲线的估计带来一定的偏差。而这一估计偏差具体源自以下两个方面：第一，坐标轴平移技术本身就会带来碳排放强度较低的地区减排潜力被过分高估，而碳排放强度较高的地区减排潜力被过分低估的现象；第二，厂商边际减排成本函数的新参数 $\beta_{i,j}$ 是对由地区层面行业减排成本函数得到的一组有关减排量和相应边际减排成本的“观测值”拟合估计得到，从而也存在一定的估计误差。而厂商边际减排成本曲线的上述估计偏差对相关实例分析带来的影响体现在，运用这些未调整的边际减排成本函数开展碳排放权交易模拟分析会出现“配额市场均衡价格过低而碳排放权交易机制成本节约效应过高”的现象。因此，如果我们不对参数 $\beta_{i,j}$ 加以校准就会造成一定的估计误差，从而影响后续案例分析结果的可信性。

而从行业层面开展的碳排放权交易模拟分析则为我们校准地区层面行业减排成本函数的参数提供了有效的思路。这一参数校准工作的基本理论依据在于，当各行业在不同地区的初始排放配额均由一致的规则得到且排放总量控制目标不变，我们在完全竞争市场的假设条件下依据全国层面各行业边际减排成本曲线模拟得到的碳配额市场均衡价格应当与依据地区层面的各行业边际减排成本曲线模拟所得到的碳配额市场均衡价格相等。

因此，本书校准地区层面行业减排成本函数中参数 $\beta_{i,j}$ 的基本思路在于，依据由 CGE 模型得到全国层面各行业减排成本曲线和依据坐标轴平移方法得到的地区层面行业减排成本曲线分别进行全国碳排放权交易政策的模拟，并运用两次政策模拟得到的碳配额市场均衡价格的差异对参数 $\beta_{i,j}$ 加以校准。为简单起见，我们还为参数校准给出以下两点假设：第一，中国所有行业均被纳入碳排放权交易机制中并得到相应的初始排放配额；第二，中国各地区所有行业所需完成的减排比例均相等，即 $R_{i,j}=\overline{R}$。

我们将这一校准方法的具体实施步骤表述如下：

（1）分别运用国家和地区层面行业减排成本曲线进行全国碳排放权交易模拟。

首先，我们运用国家层面的行业边际减排成本曲线 $MC_j(R_j)=\beta_j\cdot\ln(1-R_j)$ 模拟各行业参与全国碳排放权交易的政策情景，从而计算得到相应的碳配额市场均衡价格 $p_{\overline{R},national}$。

其次，我们运用地区层面的行业边际减排成本曲线 $MC_{i,j}(R_{i,j})=\beta_{i,j}\cdot\ln(1-R_{i,j})$ 模拟分地区各行业参与全国碳排放权交易的政策情景，从而计算得到相应的

碳配额市场均衡价格 $p_{\bar{R},regional}$。

（2）依据上述政策模拟得到的碳配额市场均衡价格设计参数校准系数。

在理论上，上述两次全国碳排放权交易政策模拟得到的碳配额市场均衡价格 $p_{\bar{R},national}$ 和 $p_{\bar{R},regional}$ 在数值上应该是相等的。但坐标轴平移方法和参数的二次估计为地区层面行业减排成本曲线带来了估计误差，从而造成这两个配额市场均衡价格的计算结果存在明显差异。我们依据后续实例分析中的数据开展多次模拟后发现，运用地区层面行业减排成本曲线进行政策模拟一般会出现减排成本较低的行业减排潜力被高估的现象，从而计算得到的碳配额市场均衡价格偏低，即 $p_{\bar{R},regional} < p_{\bar{R},national}$。由此，依据两个碳配额市场均衡价格的实际计算结果而构造参数 $\beta_{i,j}$ 的校准系数 $Ratio_{\bar{R}}$：

$$Ratio_{\bar{R}} = \frac{p_{\bar{R},national}}{p_{\bar{R},regional}} \quad \text{（附式 8）}$$

（3）运用参数校准系数对地区层面行业减排成本函数的系数进行校准。

我们依据式（附式 8）得到的校准系数 $Ratio_{\bar{R}}$ 而将地区层面行业减排成本函数的原系数 $\beta_{i,j}$ 的数值扩大相应的倍数，会使依据国家和地区层面行业减排成本曲线分别开展的全国碳排放权交易政策模拟计算得到的配额市场均衡价格相等，从而在一定程度上修正了地区层面行业减排成本曲线估计的测量误差。依据这一思路，我们给出行业 j 在地区 i 的边际减排成本函数中新参数 $\overline{\beta}_{i,j,\bar{R}}$ 的计算公式：

$$\overline{\beta}_{i,j,\bar{R}} = Ratio_{\bar{R}} \cdot \beta_{i,j} = \frac{p_{\bar{R},national}}{p_{\bar{R},regional}} \cdot \beta_{i,j} \quad \text{（附式 9）}$$

因此，经参数校准后的厂商层面边际减排成本函数可被表示为：

$$MC_{i,j,k}(A_{i,j,k}) = \overline{\beta}_{i,j,\bar{R}} \cdot \ln\left(1 - \frac{A_{i,j,k}}{E_{i,j,k} \cdot (1 - r_{i,j,k})}\right) \quad \text{（附式 10）}$$

附录二 中国碳排放权交易试点地区高耗能厂商减排成本数据库的构建

一、国家层面分行业减排成本曲线的估计

我们采用全球贸易分析项目（GTAP）团队开发的 GTAP – E 模型并依据自上而下建模的方法估计得到中国分行业的边际减排成本曲线。GTAP 模型是一个可详细分析国际贸易流动的一般均衡模型；而作为该模型的扩展版，GTAP – E 模型（Energy – Environmental Version of the GTAP Model）将能源替代效应引入到标准模型中，并且考虑到化石燃料燃烧所引起的碳排放。因此，该模型特别适合用于估计国家和行业层面的边际减排成本曲线。

考虑到后续碳减排政策案例分析的需要，我们需要慎重地在该模型中对行业进行选取和划分，并且希望依据可以获取得到的数据使工业行业的子类得以更加充分地拆分。因此，我们通过对比 GTAP－E 模型的行业划分方法和中国行业分类标准（CICS）而将中国主要经济活动划分为 21 个类别，包括 16 个工业子部门以及农林牧渔业、建筑业、交通运输与仓储邮政业、批发零售与住宿餐饮业和其他部门。有关中国工业子部门的详细划分如附表 1 所示。

附表 1　中国工业行业的分类方法

行业大类 （案例分析使用）	GTAP 对应 的行业代码	中国行业分类标准 （CICS）包含的行业小类
煤炭行业（Coal）	coa	煤炭开采和洗选业
石油和天然气行业（Petroleum and Natural Gas）	oil；gas；gdt	石油和天然气开采业；燃气生产和供应业
石油、煤炭及其他燃料加工业（Processing of Petroleum，Coal and Other Fuels）	p_ c	石油、煤炭及其他燃料加工业
采矿业（Mining）	omn	黑色金属矿采选业；有色金属矿采选业；非金属矿采选业；开采专业及辅助性活动；其他采矿业
食品制造及烟草加工业（Foods and Tobacco）	cmt；omt；vol；mil；pcr；sgr；nfd；b_ t	农副食品加工业；食品制造业；酒、饮料和精制茶制造业；烟草制品业
纺织相关行业（Textile）	tex；wap；lea	纺织业；纺织服装、服饰业；皮革、毛皮、羽毛及其制品和制鞋业
木制品相关行业（Wood）	lum	木材加工和木、竹、藤、棕、草制品业；家具制造业
造纸印刷业（Paper and Printing）	ppp	造纸和纸制品业；印刷和记录媒介复制业
化工行业（Chemical Products）	crp	化学原料和化学制品制造业；医药制造业；化学纤维制造业；橡胶和塑料制品业
非金属矿物制品业（Non－metal Products）	nmm	非金属矿物制品业
金属冶炼业（Metals）	i_ s；nfm	黑色金属冶炼和压延加工业；有色金属冶炼和压延加工业
金属制品业（Metal Products）	fmp	金属制品业

续表

行业大类 （案例分析使用）	GTAP 对应 的行业代码	中国行业分类标准 （CICS）包含的行业小类
交通运输设备制造业（Transport Machinery）	mvh；otn	汽车制造业；铁路、船舶、航空航天和其他运输设备制造业
其他设备制造业（Other Machinery）	ele；ome；omf；	文教、工美、体育和娱乐用品制造业；通用设备制造业；专用设备制造业；电气机械和器材制造业；计算机、通信和其他电子设备制造业；仪器仪表制造业；其他制造业；废弃资源综合利用业；金属制品、机械和设备修理业
电力、热力行业（Production and Supply of Electric Power）	ely	电力、热力生产和供应业
水行业（Water）	wtr	水的生产和供应业

由此，我们开展碳税政策模拟以得到国家层面分行业的边际减排成本曲线：首先，我们通过施加统一的碳税来观察一系列碳税实施情景下各行业排放量的变化；其次，我们计算得到在相应边际减排成本即各碳税税额的条件下各行业的减排量数据；最后，我们采用式（附式 1）的对数函数形式对上述一系列“观测值”加以拟合得到行业边际减排成本函数，并估计得到相应的参数 β_j。我们也在这一过程中依据其他一些可获得的信息对数据进行了校准。

我们运用 GTAP - E 模型进行政策模拟所选择的基准年份是 2010 年。虽然目前所使用的 GTAP - 9.0 版本的基准年份是 2011 年，但相关参数的设置不会造成模拟结果的显著变化而影响我们实例分析主要结论的合理性。我们认为这一合理性有两个方面的依据：第一，目前除福建外的碳排放权交易试点地区有关排放总量控制目标和初始配额分配方式的设定均依据中国及相应地区“十二五”规划中的相关规定，而这一规划也是依据这些地区 2010 年的相关指标所设定的（Fan and Wang，2014）；第二，虽然中国工业结构可能变化迅速，但是开展碳排放权交易试点的多数地区经济发展水平和产业结构近年来保持相对稳定。

二、地区层面分行业减排成本曲线的估计

我们需要收集中国各地区分行业的碳排放强度数据从而运用坐标轴平移的方法估计得到相应的地区层面分行业减排成本曲线。附表 2 给出了中国国家、地区层面各行业相关数据以及厂商微观层面碳排放强度数据的主要来源与核算方法。

附表 2　中国国家与地区层面分行业以及厂商层面碳排放强度核算的数据来源和方法

层面	符号	定义	数据来源/核算方法
国家	GDP_j	行业 j 的工业增加值	中国统计年鉴 2011
	EC_j	行业 j 的能源消费量	中国能源统计年鉴 2011
	E_j	行业 j 的碳排放量	该行业分能源品种的能源消费量（EC_j）和相应碳排放系数乘积的加和
	$\bar{e}_j$	行业 j 的碳排放强度	该行业碳排放量与工业增加值的商（E_j/GDP_j）
地区	$GDP_{i,j}$	地区 i 行业 j 的工业增加值	各地区 2011 年的统计年鉴
	$EC_{i,j}$	地区 i 行业 j 的能源消费量	各地区 2011 年的统计年鉴
	$E_{i,j}$	地区 i 行业 j 的碳排放量	该行业分能源品种的能源消费量（$E_{i,j}$）和相应碳排放系数乘积的加和
	$e_{i,j}$	地区 i 行业 j 的碳排放强度	该行业碳排放量与工业增加值的商（$E_{i,j}/GDP_{i,j}$）
企业	$GDP_{i,j,k}$	地区 i 行业 j 厂商 k 的工业增加值	中国工业企业数据库 2011（国家发展和改革委员会，2011）
	$E_{i,j,k}$	地区 i 行业 j 厂商 k 的碳排放量	根据所在地区该行业的排放量和厂商在《万家企业节能低碳行动实施方案》中的节能量目标加以估计
	$e_{i,j,k}$	地区 i 行业 j 厂商 k 的碳排放强度	该厂商碳排放量与工业增加值的商（$E_{i,j,k}/GDP_{i,j,k}$）

我们需要说明的是，碳排放核算原则是有关碳排放权交易机制设计研究中一个基础性的议题。目前针对碳排放量的核算主要有两种方法：

（1）基于能源生产端的核算方法（Upstream Approach）。这一方法被新西兰排放权交易机制所使用。该方法的优点在于所需核算的企业数据少，易于操作（Kerr and Duscha，2014）；但是，运用这一方法核算并以此为依据确定厂商的初始配额所实施的政策效果类似于征收能源税，使排放厂商很容易地将这部分成本转嫁到下游产品的生产者和消费者，从而削弱该政策的环境有效性，不能激励这些厂商实现真正减排。

（2）基于能源消费端的核算方法（Downstream Approach）。这一方法依据能源消费端计量厂商除部分过程排放外主要来自下游产品生产所带来的温室气体排放，从而有效克服了基于能源生产端核算的弊端。这一方法虽然涉及厂商数量众多而可能带来较高的管理成本与 MRV 费用成本，但却有利于有效激励排放厂商参与减排行动中来。IPCC 所倡导的排放发生地原则和 EU ETS 等多数碳市场机制所采用的排放核算思路均符合这一方法的基本思想。因此，本书均采用 IPCC 排放核算准则进行有关温室气体排放的核算。

我们需要强调的是，中国目前各碳排放权交易试点地区也基本依据排放发生地原则计算直接排放，并以此原则明确排放履约主体及其减排责任。但是现有的电价管制政策限制了发电厂商碳减排成本的转嫁能力。因此，厂商的间接排放被大多数碳排放权交易试点地区所考虑（Munnings et al.，2016）。但是，我们在研究中仅计算与下游厂商生产活动相关的排放量。这一算法将有助于避免在国家层面（而非区域层面）的排放权交易机制中排放量重复计算的发生。同时，目前中国碳排放权交易试点地区大多仅考虑二氧化碳的排放，我们的实例分析也暂不考虑其他温室气体。

因此，我们采用基于能源消费端的排放核算方法计算各行业在国家与地区层面由生产活动的能源消费所产生的二氧化碳排放量。而我们所使用的各一次能源品种对应的排放因子是根据《国家温室气体清单指南》（IPCC，2006）中相应的单位净发热值和碳含量等数据计算得到的。然后，我们运用坐标轴平移技术得到各行业在不同地区的边际减排成本曲线。

三、中国碳排放权交易试点地区高耗能厂商减排成本数据库的构建

我们所提出的集成估计方法最为关键的一步在于厂商层面边际减排成本曲线的估计。而确定厂商的样本范围并核算相应的碳排放强度数据是完成这一步骤的重要基础。我们所构建的高耗能厂商减排成本数据库即包括厂商的碳排放强度数据以及相应的减排成本曲线。

作为构建数据库并开展实例分析的主要关注对象，样本厂商的选择至关重要。针对这些样本厂商的选取方法，我们有以下两点需要说明：

第一，各试点地区参与碳排放权交易的工业实体单位是我们所构建数据库的主要对象。我们在第二章中已指出，钢铁、水泥等若干高耗能工业行业因在中国温室气体排放总量上占据极大份额而成为中国碳排放权交易市场建设的重点关注部门（Wu et al.，2017；Zhang et al.，2017）。而其他部门（例如交通运输和商业建筑）虽被某些试点地区纳入到碳排放权交易机制中，但这些部门在全国层面的排放份额相对较低因而不被我们所考虑。

第二，除福建以外的碳排放权交易试点地区是我们所构建数据库的主要关注地区。福建在 2016 年才启动碳排放权交易，所以本书的研究中暂不考虑来自福建的排放企业。而其他地区碳市场覆盖厂商的名录可在各地发展和改革委员会（以下简称“发改委”）官方网站上找到。

但很遗憾的是，除企业名录和部分配额交易量信息外，各地发改委目前所公布的厂商层面信息有限，从而无法帮助我们准确地估计样本厂商的直接碳排放量。因此，我们提出了有关厂商直接碳排放核算的替代方法进而构建中国碳排放权交易试点地区高耗能厂商减排成本数据库。这一方法的主要步骤如下：

（1）收集碳排放权交易试点地区高耗能厂商名录及相关信息。

我们运用各试点地区发展改革委公布的碳市场覆盖厂商名录和《万家企业节能低碳行动实施方案》（以下简称《实施方案》）中公布的厂商信息确定样本厂商的范围。依据《实施方案》的相关规定，参与这一《实施方案》的工业企业的能源消费量超过 1 万吨标准煤从而基本符合如表 2－8 所示的碳市场纳入厂商的门槛值。因此，这些厂商也基本被纳入到试点地区的碳排放权交易机制中。并且，我们将参与这一《实施方案》的工业厂商列表和各地区发展和改革委员会网站上公布的各自碳市场覆盖厂商名录进行了交叉检查，从而保证每个样本厂商均参与所在地区的碳排放权交易。最终，来自中国试点地区的总计 1867 家工业厂商被选作高耗能厂商减排成本数据库的样本。

同时，我们依据中国工业企业数据库（2011）收集得到这些样本厂商 2011 年的工业增加值。

（2）计算样本厂商的直接排放量数据。

由于难以直接获得有关样本厂商排放量的数据信息，我们在实例分析中主要依据各地区行业排放量来折算得到样本厂商的直接排放数据。《实施方案》给出了参与这一行动的工业厂商在“十二五”规划期间的节能量指标，而这一指标为我们的折算提供了有效的思路。为此，我们首先将所有的样本厂商依据 4 位数的标准工业分类（SIC）代码进行了分类，然后按照附表 1 将它们归类到各地区的 16 个工业部门中。

我们可运用《实施方案》所给出的各厂商节能量目标进行碳排放量折算的依据在于，各厂商在参与这一《实施方案》的过程中首先依据其过去的能源消费水平向所在地区相关主管部门上报其节能量目标；然后，各地方政府与中央政府经过审核与再协调以确定最终的地区节能量目标，并由此分解得到各厂商的节能量目标。因为排放量与能源消费量是直接相关的，从而我们很容易地做出如下推断，即“排放量大的厂商在这一《实施方案》中会被要求完成更高的节能任务”；同时，《实施方案》已指出参与厂商的能源消费量占中国能源消费总量的 60%，而工业行业的能源消费量在“十二五”规划期间占据全国总能源消费总量的 70%。因此，我们可以假设各工业部门的排放量可以被看作是隶属相应部门的样本厂商排放量的总和，而各厂商在行业节能量目标中的占比就反映了该厂商在相应地区所隶属行业总排放量中的占比。综上所述，我们依据上述较为合理的假设并运用各样本厂商节能量在其所属行业总节能量目标中的占比以及依据附

表 2 计算得到的行业排放量来计算各样本厂商的排放量。

此外，我们也参考其他相关数据对样本厂商的排放量加以修正和校对。例如，我们采用已上市的样本厂商 2010 年度《企业社会责任报告》中的能源消耗数据对其排放量进行校准。

（3）估计样本厂商的边际减排成本曲线。

我们运用计算得到的样本厂商排放量及其工业增加值数据计算得到各厂商的碳排放强度，进而运用坐标轴平移的方法得到样本厂商的边际减排成本曲线。

我们在这里依然需要强调的是，地区层面行业减排成本函数的参数需要校准以更加合理地反映地区与厂商的减排潜力。而我们在模拟分析中发现，因为这一校准系数的大小取决于模拟计算得到的配额市场均衡价格，而在完全竞争市场条件下这一价格水平与减排目标的大小直接相关，从而所谓的校准系数 $Ratio_{\bar{R}}$ 的数值大小对政策模拟所设定的减排目标十分敏感。我们通过改变减排目标进行政策模拟后计算得到的校准系数值的变化趋势如附图 2 所示。我们可以看出，碳排放强度高的地区减排潜力高估的现象随着减排目标的提高而会有所缓解，因此国家和地区层面碳排放权交易政策模拟得到的碳配额市场均衡价格的差异逐渐减弱而校准系数 $Ratio_{\bar{R}}$ 也会逐渐下降。

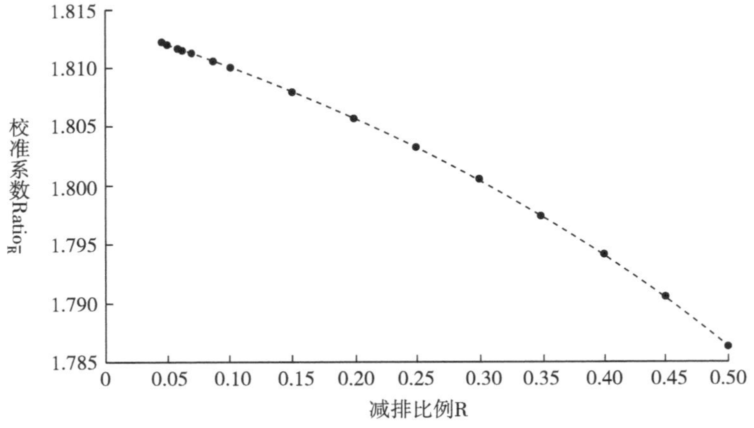

附图 2 减排比例与校准系数之间的关系

因此，我们建议在运用坐标轴平移方法估计厂商层面边际减排成本曲线时需要对减排目标的设置加以考量，并据此对相应成本函数的系数加以必要的校准。本书在相关实例分析中所使用的地区层面行业减排成本曲线和厂商边际减排成本曲线均是采用本部分提出的方法所得到的。

附录三 关于中国碳排放权交易机制有效性评估实例分析的相关假设与说明

一、中国各地区碳排放总量控制目标的确定

我们依据 Fan 和 Wang（2014）所给出的方法设定中国各地区碳排放总量的控制目标。中国明确规定了“十二五”规划期间各地区的碳排放强度下降目标(见附表3)。而为计算得到各地区的量化减排目标，我们还需要分别计算无减排约束的 BAU 情景和依据碳排放强度下降目标设定的有减排约束情景下各地区的排放量。为计算方便，我们假设各地区的减排目标均是在“十二五”规划的最后一年，即 2015 年完成的。

附表 3 “十二五”期间中国各地区单位国内生产总值二氧化碳排放下降指标

单位：%

地区	单位国内生产总值二氧化碳排放下降目标	地区	单位国内生产总值二氧化碳排放下降目标
北京	18	河南	17
天津	19	湖北	17
河北	18	湖南	17
山西	17	广东	19.5
内蒙古	16	广西	16
辽宁	18	海南	11
吉林	17	重庆	17
黑龙江	16	四川	17.5
上海	19	贵州	16
江苏	19	云南	16.5
浙江	19	陕西	17
安徽	17	甘肃	16
福建	17.5	宁夏	16
江西	17	新疆	11
山东	18		

为此，我们首先分别计算两种政策情景下各地区 2015 年碳排放强度的预测

值。无减排约束的 BAU 情景是指，各地区即便在没有减排约束的条件下也会因技术进步和产业结构的优化升级而出现的碳排放强度逐步降低的情况。崔连标等（2013）通过改进 CHINAGEM 模型构造 2002～2015 年中国宏观经济的动态基准情景，模拟得出在无减排约束的 BAU 情景下中国 2010～2015 年年均碳排放强度自然下降率约为 2.41%。同时，我们计算了“十一五”规划期间各地区碳排放强度的年均降幅并与国家层面的数据加以对比，从而设定各地区在无减排约束的 BAU 情景下的碳排放强度，并依据各地区 2010 年的碳排放强度数据计算得到相应的 2015 年碳排放强度的预测值（见附表 4）。并且，我们依据各地区 2010 年的碳排放强度数据和“十二五”规划中各地区的碳排放强度下降目标计算得到有减排约束情景下 2015 年碳排放强度的预测值。

附表 4　无减排约束的 BAU 情景下中国各地区 2015 年碳排放强度的预测值

地区	碳排放强度（吨/万元）	碳排放强度年均自然下降率	地区	碳排放强度（吨/万元）	碳排放强度年均自然下降率
北京	0.77	0.03	河南	2.28	0.0235
天津	1.69	0.0275	湖北	2.23	0.0241
河北	3.65	0.0241	湖南	1.66	0.0245
山西	4.69	0.026	广东	1.04	0.025
内蒙古	4.51	0.02	广西	1.88	0.02
辽宁	2.84	0.025	海南	1.39	0.015
吉林	2.44	0.026	重庆	1.67	0.025
黑龙江	2.10	0.025	四川	1.73	0.0275
上海	1.32	0.0275	贵州	4.42	0.02
江苏	1.48	0.0245	云南	2.92	0.015
浙江	1.23	0.024	陕西	2.11	0.027
安徽	2.10	0.024	甘肃	3.34	0.026
福建	1.43	0.01	宁夏	5.97	0.015
江西	1.49	0.026	新疆	3.10	0.02
山东	2.08	0.02			

然后，我们依据各地区“十二五”规划中的 GDP 增长率目标（见附表 5）和 2010 年的实际 GDP 数据计算得到各地区 2015 年的 GDP 预测值。我们又运用这一数据与两种政策情景下碳排放强度预测值分别计算得到各地区 2015 年的二氧化碳排放量。各地区的量化减排目标即为两种政策情景下二氧化碳排放量的差

额，相应的具体数据如附表6所示。

附表5 中国各地区“十二五”规划设定的GDP年均增长率 单位：%

地区	年均增长率	地区	年均增长率
北 京	8	河 南	9
天 津	12	湖 北	10
河 北	9	湖 南	10
山 西	13	广 东	8
内蒙古	12	广 西	10
辽 宁	11	海 南	13
吉 林	12	重 庆	13
黑龙江	12	四 川	12
上 海	8	贵 州	12
江 苏	10	云 南	10
浙 江	8	陕 西	12
安 徽	15	甘 肃	12
福 建	10	宁 夏	12
江 西	11	新 疆	10
山 东	9		

附表6 中国各地区依据“十二五”规划期间碳排放强度下降目标所需完成的量化减排任务

单位：百万吨

地区	2010年排放量	BAU情景下 2015年排放量	减排约束情景下 2015年排放量	减排量
北京	125.85	158.79	151.63	7.16
天津	179.42	275.05	256.13	18.93
河北	839.89	1117.89	1035.58	82.30
山西	491.84	794.35	752.14	42.22
内蒙古	582.56	928.03	862.40	65.63
辽宁	595.15	883.63	822.35	61.27
吉林	241.17	372.57	352.77	19.80
黑龙江	247.43	384.21	366.29	17.92
上海	260.27	332.65	309.76	22.89
江苏	695.10	988.88	906.76	82.12

续表

地区	2010 年排放量	BAU 情景下 2015 年排放量	减排约束情景下 2015 年排放量	减排量
浙江	384.58	500.45	457.71	42.73
安徽	293.07	522.04	489.25	32.79
福建	221.83	339.75	294.74	45.01
江西	160.45	237.01	224.41	12.60
山东	899.27	1250.70	1134.58	116.12
河南	592.88	809.95	757.14	52.81
湖北	403.07	574.61	538.80	35.81
湖南	301.55	429.00	403.09	25.91
广东	545.42	706.11	645.12	60.98
广西	199.54	290.48	269.94	20.54
海南	30.94	52.86	50.74	2.12
重庆	150.18	238.45	224.62	13.83
四川	341.38	523.33	496.35	26.99
贵州	225.29	358.89	333.51	25.38
云南	227.61	339.88	306.08	33.80
陕西	245.03	376.60	358.42	18.18
甘肃	156.85	242.31	232.20	10.11
宁夏	108.77	177.74	161.03	16.72
新疆	186.39	271.34	267.16	4.18

二、中国碳排放权交易试点地区覆盖厂商初始配额分配方式的确定

虽然 Coase（1960）持有“产权的初始分配与机制效率无关”的观点，但是现实市场环境下排放权的初始配额分配方式会直接影响到厂商对配额市场价格的操纵能力（Hahn，1984）。本书并不讨论初始配额分配方式的变化对厂商策略性行为表现的影响，从而采用统一的初始配额分配方式。鉴于我们在上一部分依据各地区历史碳排放强度变化特征和“十二五”规划期间碳排放强度下降目标设定地区量化减排目标，我们统一采用祖父制（Grandfathering）原则进行厂商初始配额的分配：碳排放权交易试点地区高耗能厂商减排成本数据库中的各样本厂商均依据其在所属行业 2010 年碳排放量中所占比例得到相应的减排任务。我们在这里特别要说明的是，深圳碳排放权交易机制所覆盖的厂商在本书实例分析中被假定依据广东地区的排放总量控制目标获得初始排放配额。并且，本书的理论与

实例分析均不考虑厂商违约等其他行为的发生（Song et al.，2018）。

三、中国碳排放权交易机制成本有效性的实例分析

我们在运用中国碳排放权交易试点地区高耗能厂商减排成本数据库开展实例分析之前，首先分别选取其中的行业减排成本曲线与厂商微观减排成本曲线开展地区与厂商层面碳排放权交易政策的模拟分析以验证本书所提出的集成估计方法的合理性。

1. 基于地区层面分行业减排成本曲线的全国碳排放权交易模拟分析

我们首先运用各行业在地区层面的减排成本曲线从宏观视角开展全国碳排放权交易的模拟分析。为此，我们假设所有行业所获得的初始减排配额均是依据附表6所给出的所在地区减排目标和相应行业在各地区的排放占比得到。同时，我们给出“所有行业参与碳排放权交易”“所有工业部门参与碳排放权交易”和“部分工业部门参与碳排放权交易”三种政策情景开展模拟分析。并在第三种政策情景下，我们考虑将石油加工与煤制品、造纸印刷、化工、非金属矿物制品、金属冶炼以及电力与热力生产业纳入碳排放权交易机制中。而这些行业与航空业排放均是目前中国统一碳排放交易市场所重点关注的。

通用代数建模系统（GAMS）作为一种从事数学规划和优化的高级建模系统而被本书用于相关实例分析的均衡求解。我们通过政策模拟得到上述三种情景下碳排放权交易机制成本节约效应的相关结果如附表7所示。

附表7　中国行业间碳排放权交易机制的成本节约效应分析

政策情景	配额市场均衡价格（元/吨）	总履约成本节约率（%）	配额总交易量（百万吨）
所有行业参与碳排放权交易	46.47	21.40	186.39
所有工业部门参与碳排放权交易	40.40	22.39	153.26
部分工业部门参与碳排放权交易	40.26	19.40	127.66

我们从附表7中可以看出，随着碳排放权交易机制行业覆盖范围的扩大，配额市场均衡价格会有所提高，同时厂商总履约成本的节约效应稍有提升而配额总交易量也有明显上升。这一模拟结果符合理论预期，说明我们所构造的行业减排成本曲线是合理可行的。同时我们发现，在目前全国碳排放权交易机制所关注的八大行业的基础上适当扩大行业覆盖范围似乎对总履约成本节约效应的影响并不

显著；同时，除高耗能行业以外的其他部门参与碳市场所带来的交易成本可能更高，进而会影响最终碳市场机制的成本有效性。Fan 和 Wang（2014）曾对此问题做过深入的分析并探讨中国统一碳排放权交易机制行业覆盖范围的设定方案。

2. 基于厂商边际减排成本曲线的中国试点地区碳排放权交易模拟分析

本书更为关注的是厂商微观层面的碳排放权交易行为。因此，我们在这里运用由“集成估计方法”得到的各碳排放权交易试点地区高耗能厂商减排成本数据库的相关数据模拟各试点地区的碳排放权交易情况。由于我们的实例分析考虑各试点地区“十二五”规划期间的减排表现，所以我们将各试点地区的模型模拟结果与截至 2015 年底的实际市场表现加以比较（见附表 8）。

附表 8 中国各碳排放权交易试点地区碳市场交易模拟结果分析

地区	配额市场均衡价格模拟（元/吨）	配额总交易量模拟（百万吨）	配额实际现货价格（元/吨）	配额实际累计交易量（百万吨）
北京	23.34	0.62	37.8	2.32
天津	50.05	1.82	22.82	1.53
上海	74.07	2.23	11.8	3.40
重庆	33.42	1.71	12.5	0.27
湖北	31.70	3.69	24.4	22.92
广东	51.97	10.51	18.85	5.83
深圳	68.11	0.56	36.05	6.42

注：配额实际现货价格取自各试点地区碳市场 2015 年最后一个交易日的配额市场价格；配额实际累计交易量取自各试点地区碳市场截至 2015 年最后一个交易日的累计交易量。相应数据来源于中国碳排放权交易网（http://www.tanpaifang.com/）。

我们从附表 8 可以看出，运用厂商微观减排成本曲线开展的各试点地区碳排放权交易政策模拟结果反映出各地区高耗能厂商减排潜力的差异。经济最为发达的上海和深圳的工业部门技术较为先进，碳减排效率较高从而减排潜力较小，因此配额市场价格相对较高（Wu et al., 2014；Du et al., 2104）；湖北、重庆地处中国中西部而产业结构偏重型化，行业减排潜力较大从而边际减排成本较低；作为中国东部重要重工业基地的天津、广东地区配额市场价格差异不大且处于中间水平；北京工业部门比重较低且重型化工厂商较少，因而配额市场均衡价格偏低。同时，我们模拟得到的配额总交易量虽然与现实情况有一定差异但仍能较好地反映出地区间的差异：工业占比较高的广东、湖北两地碳市场确实拥有相对较高的配额交易量。

我们认为，由模型模拟得到的计算结果与实际市场表现的差异是由多方面因素导致的：一方面，我们没有考虑厂商市场势力与不完全竞争市场结构的影响，而本书对此进行了重点讨论；另一方面，我们所选取的样本仅考虑工业排放厂商而没有考虑目前各试点地区碳排放权交易机制覆盖范围的多样性。部分试点地区碳排放权交易机制也将能源消费量较大的商业设施、大学和其他非工业厂商考虑在内。这一覆盖范围的设定也可能是导致配额市场价格差异明显的一个因素。

综上所述，本书运用集成估计方法得到的行业与厂商减排成本曲线能够较好地反映中国高耗能行业的减排潜力，所得到的有关碳排放权交易市场的均衡解基本符合我们的预期。因此，本书第三至第六章即在理论研究的基础上运用中国试点地区高耗能厂商减排成本数据库中的信息，针对不完全竞争市场下中国碳排放权交易机制的有效性开展实例分析。